次頁以降は，監督員の指示があるまで，開いてはいけません。

筆 記 試 験 〔試験時間 2時間20分〕

試験が始まる前に，次の注意事項をよく読んでおいてください。

1．答案用紙（マークシート）の記入方法について
　（1）HBの鉛筆（又はHBの芯を用いたシャープペンシル）を使用して，答案用紙に例示された「良い例」にならって，マーク（濃く塗りつぶす）してください。**色鉛筆及びボールペン等は，絶対に使用しないでください。**
　（2）訂正する場合は，プラスチック消しゴムできれいに，完全に消してください。
　（3）答案用紙の記入欄以外の余白及び裏面には，何も記入しないでください。
　（4）答案用紙には，受験番号，氏名，生年月日，試験地を必ず記入してください。
　　　特に，受験番号は受験票と照合して，右の記入例に従って正しく記入，マークしてください。
　　注）受験番号に「1」がある場合，誤って「0」にマークしないよう特に注意してください。

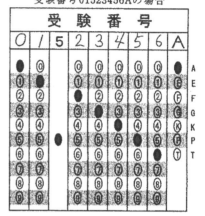
（受験番号記入例）
受験番号01523456Aの場合

2．解答の記入方法について
　（1）解答は四肢択一式ですから，1問につき答えを1つだけ選択（マーク）してください。
　（2）答案用紙に解答を記入する場合は，次の例にならって答案用紙の解答欄の符号にマークしてください。

（解答記入例）

問 い	答 え
日本で一番人口の多い都道府県は。	イ．北海道　ロ．東京都　ハ．大阪府　ニ．沖縄県

正解は「ロ．」ですから，答案用紙には，

（マーク記入前）　　　　　（マーク記入後）
　イ ロ ハ ニ　　→　　　イ ● ハ ニ

のように正解と思う選択肢記号の ○ を濃く塗りつぶしてください。

答案用紙は，機械で読み取りますので，「1．答案用紙（マークシート）の記入方法について」，「2．解答の記入方法について」の指示に従わない場合は，採点されませんので特に注意してください。

＜筆記試験受験上の注意事項＞
　（1）電卓（電子式卓上計算機），スマートフォン，携帯電話，PHS及び電卓機能・通信機能のある時計等は，使用できません。
　　　（持参した場合は，電源を切って，しまっておいてください）
　（2）机の上に出してよいものは，次のものだけです。
　　　・受験票　・受験申込書②兼写真票（写真を貼付してあるもの）　・HBの鉛筆（シャープペンシルを含む）　・鉛筆削り
　　　・プラスチック消しゴム　・時計

試験問題に使用する図記号等と国際規格の本試験での取り扱いについて
1．試験問題に使用する図記号等
　平成29年度の試験問題に使用される図記号は，原則として「JIS C 0617-1～13電気用図記号」及び「JIS C 0303：2000構内電気設備の配線用図記号」を使用することとします。
2．「電気設備の技術基準の解釈」の適用について
　「電気設備の技術基準の解釈について」の第218条（旧第272条）国際規格である「IEC 60364規格の適用」の条項は平成29年度の試験には適用しません。

第一種電気工事士 筆記模擬試験の答案用紙

平成 29 年

問題1．一般問題 (問題数40，配点は1問当たり2点)

次の各問いには4通りの答え（イ，ロ，ハ，ニ）が書いてある。それぞれの問いに対して答えを1つ選びなさい。

	問い	答え
1	図のように，巻数nのコイルに周波数fの交流電圧Vを加え，電流Iを流す場合に，電流Iに関する説明として，**誤っているものは**。	イ．巻数nを増加すると，電流Iは減少する。 ロ．コイルに鉄心を入れると，電流Iは減少する。 ハ．周波数fを高くすると，電流Iは増加する。 ニ．電圧Vを上げると，電流Iは増加する。
2	図のような直流回路において，スイッチSが開いているとき，抵抗Rの両端の電圧は36Vであった。スイッチSを閉じたときの抵抗Rの両端の電圧[V]は。	イ．3　　ロ．12　　ハ．24　　ニ．30
3	図のような交流回路において，電源電圧は100V，電流は20A，抵抗Rの両端の電圧は80Vであった。リアクタンスX[Ω]は。	イ．2　　ロ．3　　ハ．4　　ニ．5
4	図のような交流回路において，電源電圧120V，抵抗20Ω，誘導性リアクタンス10Ω，容量性リアクタンス30Ωである。図に示す回路の電流I[A]は。	イ．8　　ロ．10　　ハ．12　　ニ．14

問い	答え
5　図のような三相交流回路において，電源電圧は V[V]，抵抗 $R=5\,\Omega$，誘導性リアクタンス $X_L=3\,\Omega$ である。回路の全消費電力[W]を示す式は。	イ．$\dfrac{3V^2}{5}$　　ロ．$\dfrac{V^2}{3}$　　ハ．$\dfrac{V^2}{5}$　　ニ．V^2
6　定格容量200 kV・A，消費電力120 kW，遅れ力率 $\cos\theta_1=0.6$ の負荷に電力を供給する高圧受電設備に高圧進相コンデンサを施設して，力率を $\cos\theta_2=0.8$ に改善したい。必要なコンデンサの容量[kvar]は。 ただし，$\tan\theta_1=1.33$，$\tan\theta_2=0.75$ とする。	イ．35　　ロ．70　　ハ．90　　ニ．160
7　図のように，定格電圧200 V，消費電力17.3 kWの三相抵抗負荷に電気を供給する配電線路がある。負荷の端子電圧が200 Vであるとき，この配電線路の電力損失[kW]は。 ただし，配電線路の電線1線当たりの抵抗は $0.1\,\Omega$ とし，配電線路のリアクタンスは無視する。	イ．0.30　　ロ．0.55　　ハ．0.75　　ニ．0.90

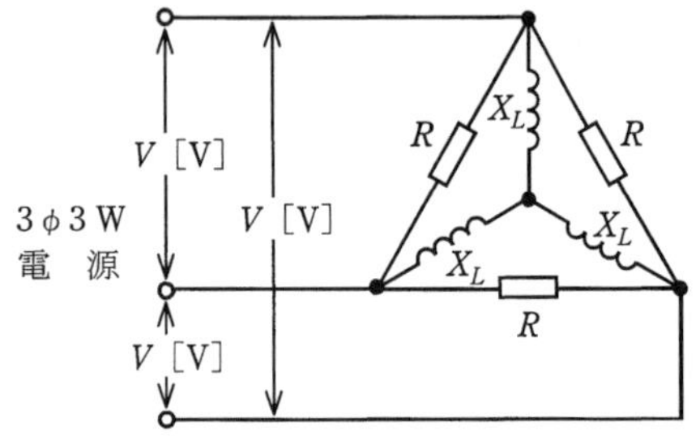

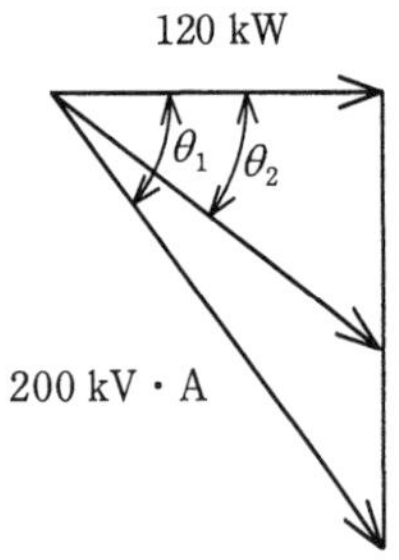

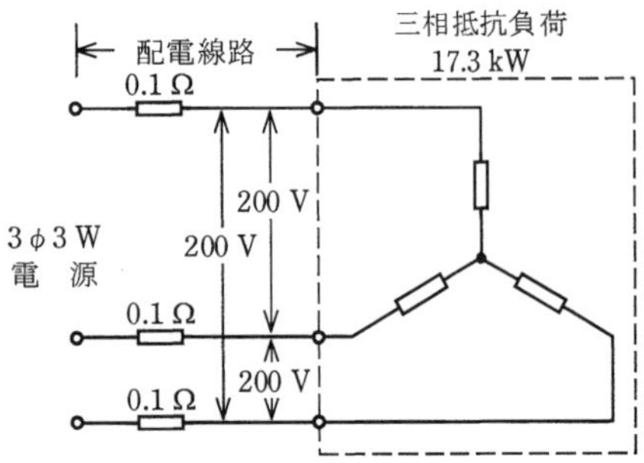

	問 い	答 え
8	図は単相2線式の配電線路の単線結線図である。電線1線当たりの抵抗は，A-B間で0.1 Ω，B-C間で0.2 Ωである。A点の線間電圧が210 Vで，B点，C点にそれぞれ負荷電流10 Aの抵抗負荷があるとき，C点の線間電圧[V]は。ただし，線路リアクタンスは無視する。 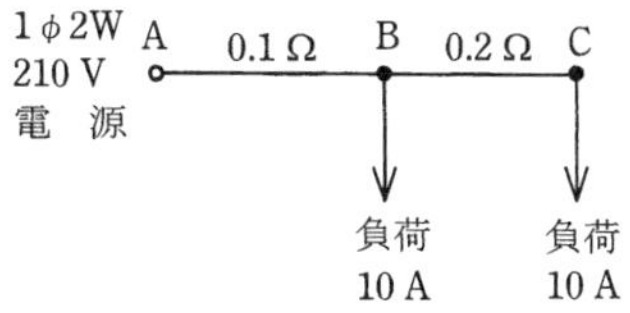	イ．200　　ロ．202　　ハ．204　　ニ．208
9	図のような配電線路において，変圧器の一次電流 I_1 [A]は。ただし，負荷はすべて抵抗負荷であり，変圧器と配電線路の損失及び変圧器の励磁電流は無視する。 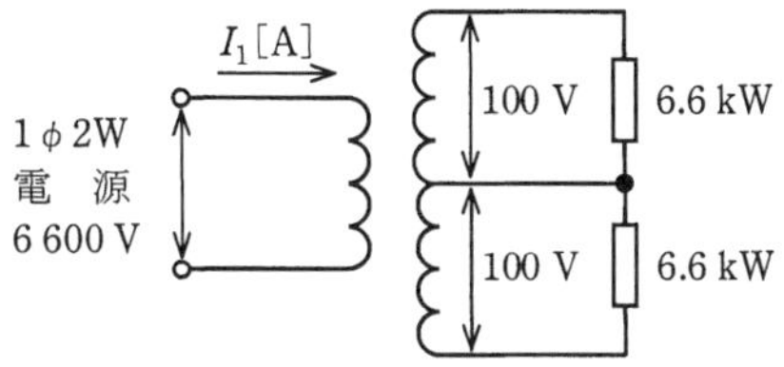	イ．1.0　　ロ．2.0　　ハ．132　　ニ．8 712
10	図において，一般用低圧三相かご形誘導電動機の回転速度に対するトルク曲線は。 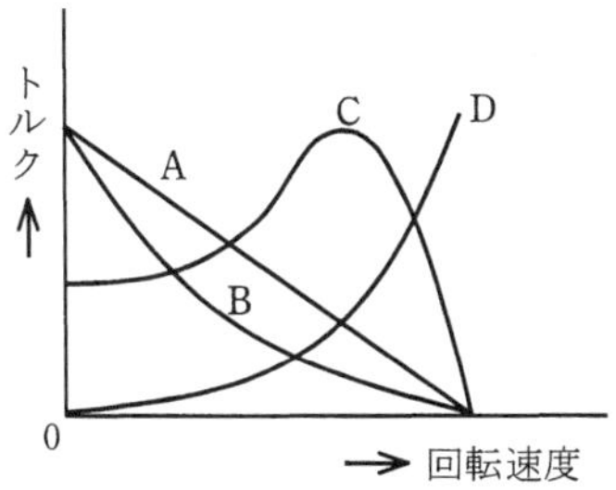	イ．A　　ロ．B　　ハ．C　　ニ．D
11	定格出力22 kW，極数4の三相誘導電動機が電源周波数60 Hz，滑り5 %で運転されている。このときの1分間当たりの回転数は。	イ．1 620　　ロ．1 710　　ハ．1 800　　ニ．1 890
12	同容量の単相変圧器2台をV結線し，三相負荷に電力を供給する場合の変圧器1台当たりの最大の利用率は。	イ．$\frac{1}{2}$　　ロ．$\frac{\sqrt{2}}{2}$　　ハ．$\frac{\sqrt{3}}{2}$　　ニ．$\frac{2}{\sqrt{3}}$

	問い	答え
13	図に示すサイリスタ（逆阻止3端子サイリスタ）回路の出力電圧v_0の波形として，**得ることのできない波形**は。 ただし，電源電圧は正弦波交流とする。 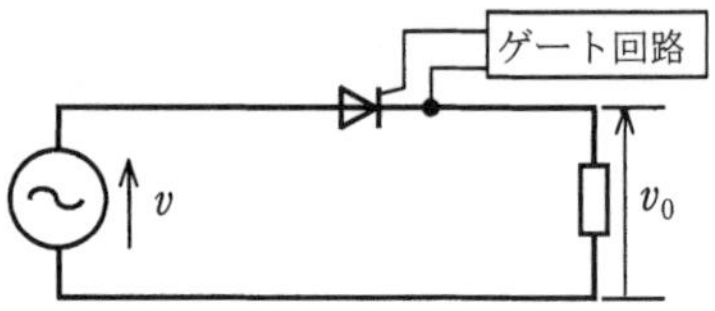	  イ．（正弦波波形） ロ．（位相制御波形） ハ．（位相制御波形） ニ．（負の半波を含む波形）  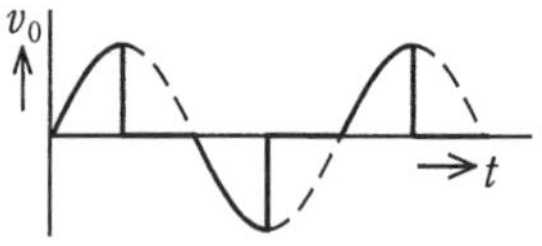
14	写真の照明器具には矢印で示すような表示マークが付されている。この器具の用途として，**適切なもの**は。  （日本照明工業会 S_B・S_GI・S_G形適合品）	イ．断熱材施工天井に埋め込んで使用できる。 ロ．非常用照明として使用できる。 ハ．屋外に使用できる。 ニ．ライティングダクトに設置して使用できる。
15	写真に示す機器の矢印部分の名称は。 	イ．熱動継電器 ロ．電磁接触器 ハ．配線用遮断器 ニ．限時継電器
16	太陽光発電に関する記述として，**誤っているもの**は。	イ．太陽電池を使用して1 kWの出力を得るには，一般的に1 m²程度の受光面積の太陽電池を必要とする。 ロ．太陽電池の出力は直流であり，交流機器の電源として用いる場合は，インバータを必要とする。 ハ．太陽光発電設備を一般送配電事業者の電力系統に連系させる場合は，系統連系保護装置を必要とする。 ニ．太陽電池は，半導体のpn接合部に光が当たると電圧を生じる性質を利用し，太陽光エネルギーを電気エネルギーとして取り出すものである。
17	架空送電線路に使用されるダンパの記述として，**正しいもの**は。	イ．がいしの両端に設け，がいしや電線を雷の異常電圧から保護する。 ロ．電線と同種の金属を電線に巻き付けて補強し，電線の振動による素線切れなどを防止する。 ハ．電線におもりとして取り付け，微風により生じる電線の振動を吸収し，電線の損傷などを防止する。 ニ．多導体に使用する間隔材で，強風による電線相互の接近・接触や負荷電流，事故電流による電磁吸引力から素線の損傷を防止する。

問い	答え
18 燃料電池の発電原理に関する記述として，**誤って**いるものは。	イ．燃料電池本体から発生する出力は交流である。 ロ．燃料の化学反応により発電するため，騒音はほとんどない。 ハ．負荷変動に対する応答性にすぐれ，制御性が良い。 ニ．りん酸形燃料電池は発電により水を発生する。
19 変電設備に関する記述として，**誤っている**ものは。	イ．開閉設備類をSF₆ガスで充たした密閉容器に収めたGIS式変電所は，変電所用地を縮小できる。 ロ．空気遮断器は，発生したアークに圧縮空気を吹き付けて消弧するものである。 ハ．断路器は，送配電線や変電所の母線，機器などの故障時に電路を自動遮断するものである。 ニ．変圧器の負荷時タップ切換装置は電力系統の電圧調整などを行うことを目的に組み込まれたものである。
20 高圧母線に取り付けられた，通電中の変流器の二次側回路に接続されている電流計を取り外す場合の手順として，**適切な**ものは。	イ．変流器の二次側端子の一方を接地した後，電流計を取り外す。 ロ．電流計を取り外した後，変流器の二次側を短絡する。 ハ．変流器の二次側を短絡した後，電流計を取り外す。 ニ．電流計を取り外した後，変流器の二次側端子の一方を接地する。
21 高圧受電設備の短絡保護装置として，**適切な組合せ**は。	イ．過電流継電器 　　高圧柱上気中開閉器 ロ．地絡継電器 　　高圧真空遮断器 ハ．地絡方向継電器 　　高圧柱上気中開閉器 ニ．過電流継電器 　　高圧真空遮断器
22 写真に示す機器の用途は。 	イ．高電圧を低電圧に変圧する。 ロ．大電流を小電流に変流する。 ハ．零相電圧を検出する。 ニ．コンデンサ回路投入時の突入電流を抑制する。
23 写真に示す機器の略号（文字記号）は。 	イ．MCCB ロ．PAS ハ．ELCB ニ．VCB

	問 い	答 え		
24	低圧分岐回路の施設において，分岐回路を保護する過電流遮断器の種類，軟銅線の太さ及びコンセントの組合せで，**誤っているもの**は。			

	分岐回路を保護する過電流遮断器の種類	軟銅線の太さ	コンセント
イ	定格電流15 A	直径1.6 mm	定格15 A
ロ	定格電流20 Aの配線用遮断器	直径2.0 mm	定格15 A
ハ	定格電流30 A	直径2.0 mm	定格20 A
ニ	定格電流30 A	直径2.6 mm	定格20 A（定格電流が20 A未満の差込みプラグが接続できるものを除く。）

25　写真に示す材料のうち，電線の接続に使用しないものは。

イ．　　ロ．

ハ．　　ニ．

26　写真に示す工具の名称は。

イ．トルクレンチ
ロ．呼び線挿入器
ハ．ケーブルジャッキ
ニ．張線器

27　高圧屋内配線を，乾燥した場所であって展開した場所に施設する場合の記述として，**不適切なもの**は。

イ．高圧ケーブルを金属管に収めて施設した。
ロ．高圧絶縁電線を金属管に収めて施設した。
ハ．接触防護措置を施した高圧絶縁電線をがいし引き工事により施設した。
ニ．高圧ケーブルを金属ダクトに収めて施設した。

28　使用電圧が300 V以下のケーブル工事の記述として，**誤っているもの**は。

イ．ビニルキャブタイヤケーブルを点検できない隠ぺい場所に施設した。
ロ．MIケーブルを，直接コンクリートに埋め込んで施設した。
ハ．ケーブルを収める防護装置の金属製部分に，D種接地工事を施した。
ニ．機械的衝撃を受けるおそれがある箇所に施設するケーブルには，防護装置を施した。

29　地中電線路の施設に関する記述として，**誤っているもの**は。

イ．地中電線路を暗きょ式で施設する場合に，地中電線を不燃性又は自消性のある難燃性の管に収めて施設した。
ロ．地中電線路に絶縁電線を使用した。
ハ．長さが15 mを超える高圧地中電線路を管路式で施設し，物件の名称，管理者名及び電圧を表示した埋設表示シートを，管と地表面のほぼ中間に施設した。
ニ．地中電線路に使用する金属製の電線接続箱にD種接地工事を施した。

問い30から問い34は，下の図に関する問いである。

図は，自家用電気工作物（500 kW未満）の引込柱から屋内キュービクル式高圧受電設備（JIS C 4620適合品）に至る施設の見取図である。この図に関する各問いには4通りの答え（イ，ロ，ハ，ニ）が書いてある。それぞれの問いに対して，答えを一つ選びなさい。

〔注〕 図において，問いに直接関係ない部分等は省略又は簡略化してある。

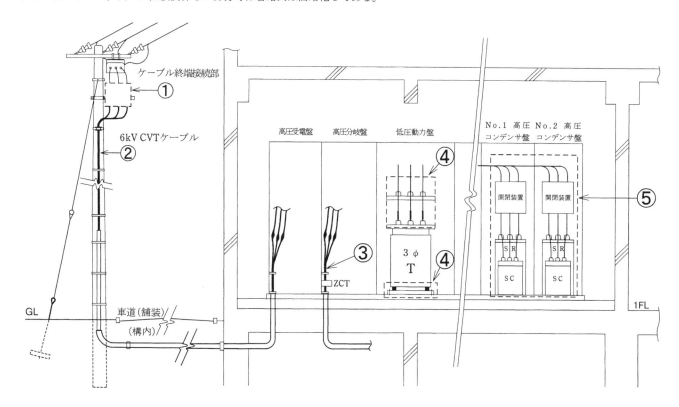

	問 い	答 え
30	①に示すケーブル終端接続部に関する記述として，**不適切なもの**は。	イ．ストレスコーンは雷サージ電圧が侵入したとき，ケーブルのストレスを緩和するためのものである。 ロ．終端接続部の処理では端子部から雨水等がケーブル内部に侵入しないように処理する必要がある。 ハ．ゴムとう管形屋外終端接続部にはストレスコーン部が内蔵されているので，あらためてストレスコーンを作る必要はない。 ニ．耐塩害終端接続部の処理は海岸に近い場所等，塩害を受けるおそれがある場所に適用される。
31	②に示す高圧ケーブルの太さを検討する場合に必要のない事項は。	イ．電線の許容電流 ロ．電線の短時間耐電流 ハ．電路の地絡電流 ニ．電路の短絡電流
32	③に示す高圧ケーブル内で地絡が発生した場合，確実に地絡事故を検出できるケーブルシールドの接地方法として，正しいものは。	イ． ロ． ハ． ニ．

	問 い	答 え
33	④に示す変圧器の防振又は，耐震対策等の施工に関する記述として，**適切でないものは**。	イ．低圧母線に銅帯を使用したので，変圧器の振動等を考慮し，変圧器と低圧母線との接続には可とう導体を使用した。 ロ．可とう導体は，地震時の振動でブッシングや母線に異常な力が加わらないよう十分なたるみを持たせ，かつ，振動や負荷側短絡時の電磁力で母線が短絡しないように施設した。 ハ．変圧器を基礎に直接支持する場合のアンカーボルトは，移動，転倒を考慮して引き抜き力，せん断力の両方を検討して支持した。 ニ．変圧器に防振装置を使用する場合は，地震時の移動を防止する耐震ストッパが必要である。耐震ストッパのアンカーボルトには，せん断力が加わるため，せん断力のみを検討して支持した。
34	⑤で示す高圧進相コンデンサに用いる開閉装置は，自動力率調整装置により自動で開閉できるよう施設されている。このコンデンサ用開閉装置として，**最も適切なものは**。	イ．高圧交流真空電磁接触器 ロ．高圧交流真空遮断器 ハ．高圧交流負荷開閉器 ニ．高圧カットアウト

	問 い	答 え
35	人が触れるおそれがある場所に施設する機械器具の金属製外箱等の接地工事について，電気設備の技術基準の解釈に**適合するものは**。 ただし，絶縁台は設けないものとする。	イ．使用電圧200 Vの電動機の金属製の台及び外箱には，B種接地工事を施す。 ロ．使用電圧6 kVの変圧器の金属製の台及び外箱には，C種接地工事を施す。 ハ．使用電圧400 Vの電動機の金属製の台及び外箱には，D種接地工事を施す。 ニ．使用電圧6 kVの外箱のない乾式変圧器の鉄心には，A種接地工事を施す。
36	電気設備の技術基準の解釈において，停電が困難なため低圧屋内配線の絶縁性能を，漏えい電流を測定して判定する場合，使用電圧が200 Vの電路の漏えい電流の上限値として，**適切なもの**は。	イ．0.1 mA ロ．0.2 mA ハ．0.4 mA ニ．1.0 mA
37	最大使用電圧6 900 Vの交流電路に使用するケーブルの絶縁耐力試験を直流電圧で行う場合の試験電圧［V］の計算式は。	イ．6 900×1.5 ロ．6 900×2 ハ．6 900×1.5×2 ニ．6 900×2×2
38	電気設備に関する技術基準において，交流電圧の高圧の範囲は。	イ．600 Vを超え　7 000 V以下 ロ．750 Vを超え　7 000 V以下 ハ．600 Vを超え　10 000 V以下 ニ．750 Vを超え　10 000 V以下
39	第一種電気工事士免状の交付を受けている者でなければ**従事できない作業は**。	イ．最大電力800 kWの需要設備の6.6 kV変圧器に電線を接続する作業 ロ．出力500 kWの発電所の配電盤を造営材に取り付ける作業 ハ．最大電力400 kWの需要設備の6.6 kV受電用ケーブルを電線管に収める作業 ニ．配電電圧6.6 kVの配電用変電所内の電線相互を接続する作業
40	電気用品安全法の適用を受ける特定電気用品は。	イ．交流60 Hz用の定格電圧100 Vの電力量計 ロ．交流50 Hz用の定格電圧100 V，定格消費電力56 Wの電気便座 ハ．フロアダクト ニ．定格電圧200 Vの進相コンデンサ

問題2．配線図 (問題数10，配点は1問当たり2点)

図は，高圧受電設備の単線結線図である。この図の矢印で示す10箇所に関する各問いには4通りの答え（イ，ロ，ハ，ニ）が書いてある。それぞれの問いに対して，答えを1つ選びなさい。

〔注〕 図において，直接関係のない部分等は省略又は簡略化してある。

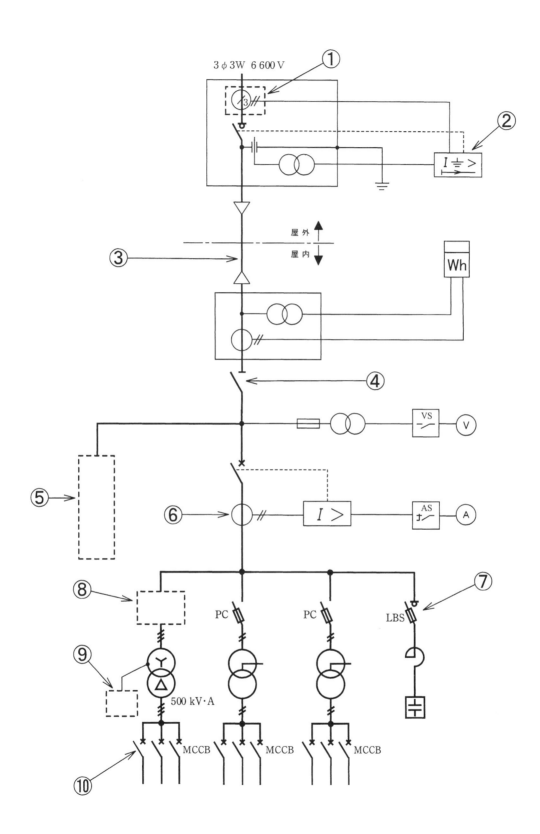

	問 い	答 え
41	①で示す機器に関する記述として，正しいものは。	イ．零相電圧を検出する。 ロ．異常電圧を検出する。 ハ．短絡電流を検出する。 ニ．零相電流を検出する。
42	②で示す機器の略号（文字記号）は。	イ．ELR ロ．DGR ハ．OCR ニ．OCGR
43	③で示す部分に使用するCVTケーブルとして，適切なものは。	イ．（導体／架橋ポリエチレン／ビニルシース） ロ．（導体／内部半導電層／架橋ポリエチレン／外部半導電層／銅シールド／ビニルシース） ハ．（導体／ビニル絶縁体／ビニルシース） ニ．（導体／内部半導電層／架橋ポリエチレン／外部半導電層／銅シールド／ビニルシース）
44	④で示す機器に関する記述で，正しいものは。	イ．負荷電流を遮断してはならない。 ロ．過負荷電流及び短絡電流を自動的に遮断する。 ハ．過負荷電流は遮断できるが，短絡電流は遮断できない。 ニ．電路に地絡が生じた場合，電路を自動的に遮断する。
45	⑤に設置する機器と接地線の最小太さの組合せで，適切なものは。	イ．E 8　ロ．E 14　ハ．E 8　ニ．E 14
46	⑥で示す機器の端子記号を表したもので，正しいものは。	イ．K-L / k-l　ロ．K-k / l-L　ハ．l-k / L-K　ニ．L-K / l-k

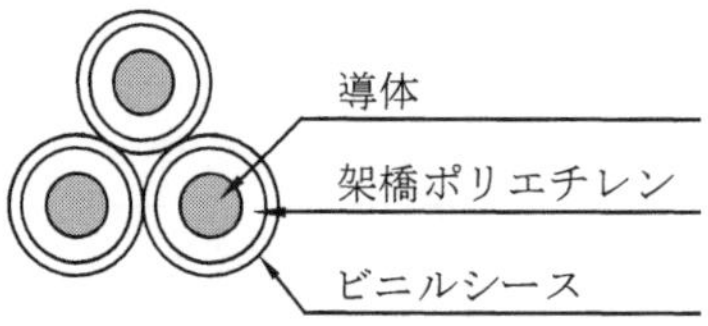

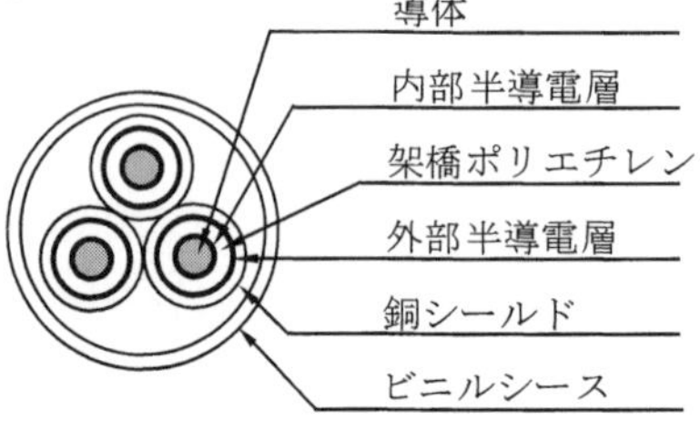

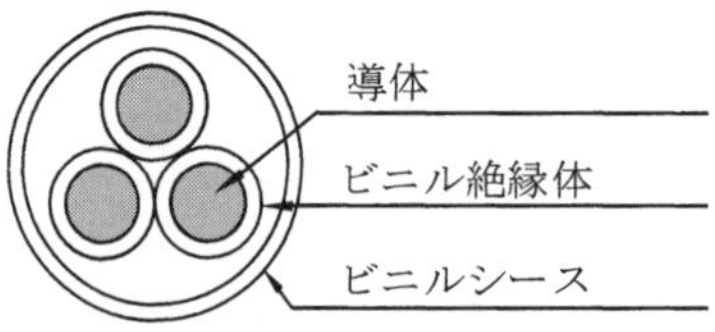

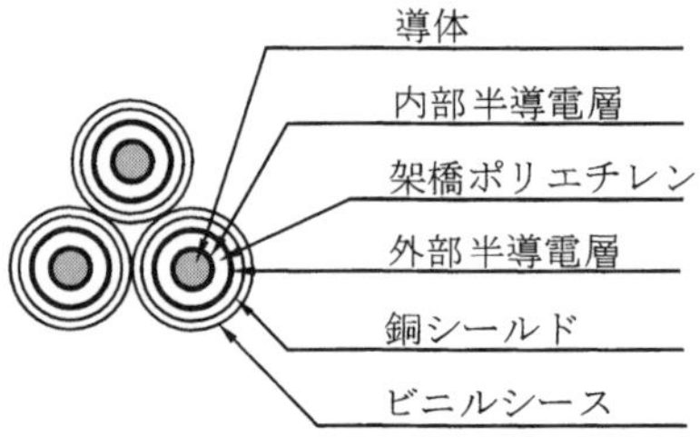

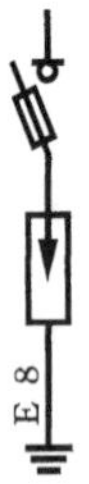

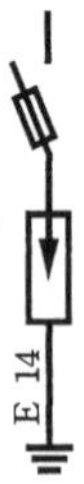

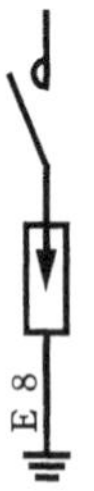

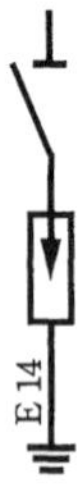

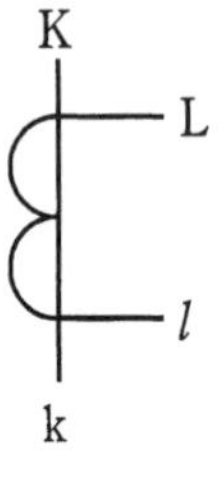

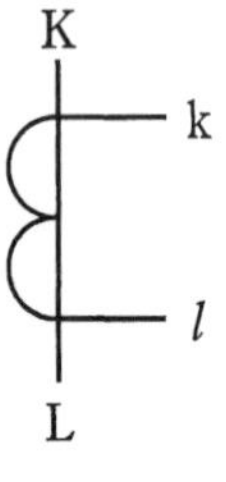

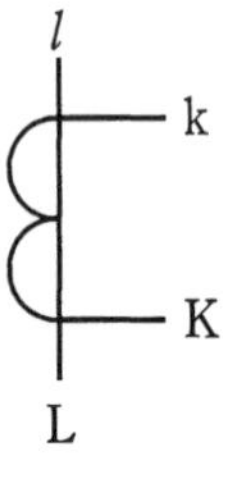

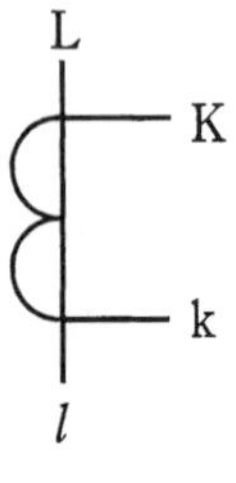

	問 い	答 え
47	⑦に設置する機器は。	イ． 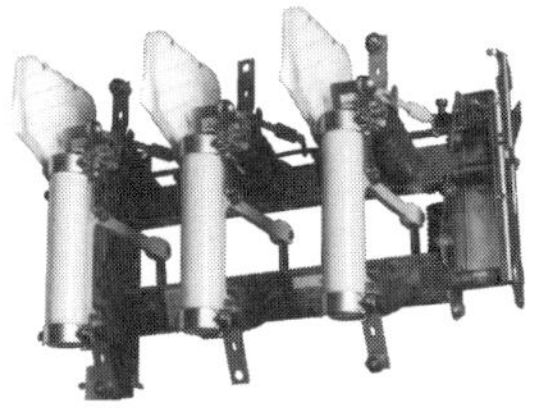　　　　　　　　　　ロ．  ハ． 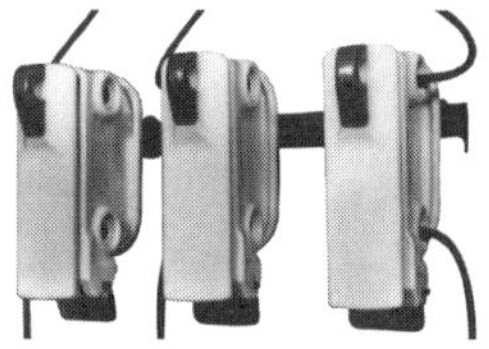　　　　　　　　　　ニ． 
48	⑧で示す部分に設置する機器の図記号として，**適切なもの**は。	イ． 　　　ロ． 　　　ハ． 　　　ニ． 
49	⑨で示す部分の図記号で，**正しいもの**は。	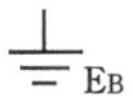 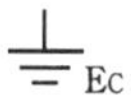 イ． 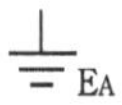 E_A　　ロ． E_B　　ハ． E_C　　ニ． E_D 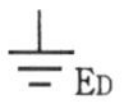
50	⑩で示す機器の使用目的は。	イ．低圧電路の地絡電流を検出し，電路を遮断する。 ロ．低圧電路の過電圧を検出し，電路を遮断する。 ハ．低圧電路の過負荷及び短絡を検出し，電路を遮断する。 ニ．低圧電路の過負荷及び短絡を開閉器のヒューズにより遮断する。

第一種電気工事士 筆記模擬試験の答案用紙　　平成 28 年

問題1．一般問題（問題数40，配点は1問当たり2点）

次の各問いには4通りの答え（イ，ロ，ハ，ニ）が書いてある。それぞれの問いに対して答えを1つ選びなさい。

	問 い	答 え
1	図のように，面積 A の平板電極間に，厚さが d で誘電率 ε の絶縁物が入っている平行平板コンデンサがあり，直流電圧 V が加わっている。このコンデンサの静電エネルギーに関する記述として，正しいものは。 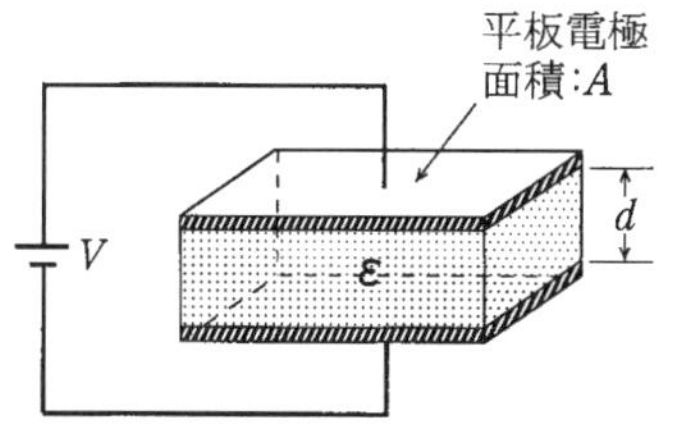	イ．電圧 V の2乗に比例する。 ロ．電極の面積 A に反比例する。 ハ．電極間の距離 d に比例する。 ニ．誘電率 ε に反比例する。
2	図のような直流回路において，抵抗 2Ω に流れる電流 I [A]は。 ただし，電池の内部抵抗は無視する。 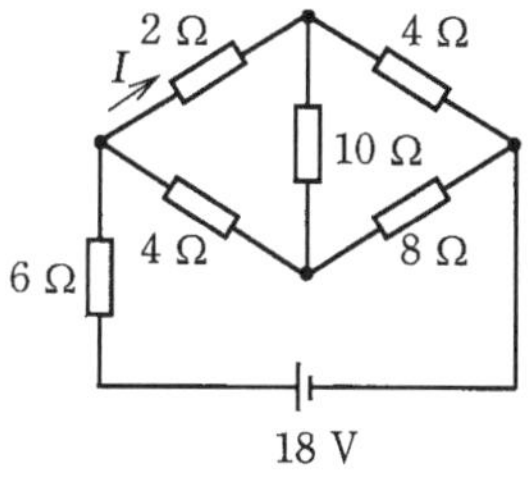	イ．0.6　　ロ．1.2　　ハ．1.8　　ニ．3.0
3	図のような交流回路において，抵抗 $R=10\ \Omega$，誘導性リアクタンス $X_L=10\ \Omega$，容量性リアクタンス $X_C=10\ \Omega$ である。この回路の力率[％]は。 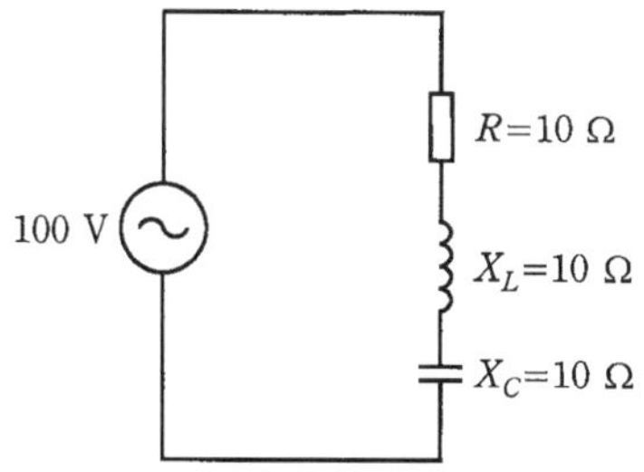	イ．30　　ロ．50　　ハ．70　　ニ．100
4	図のような交流回路において，$10\ \Omega$ の抵抗の消費電力[W]は。 ただし，ダイオードの電圧降下や電力損失は無視する。 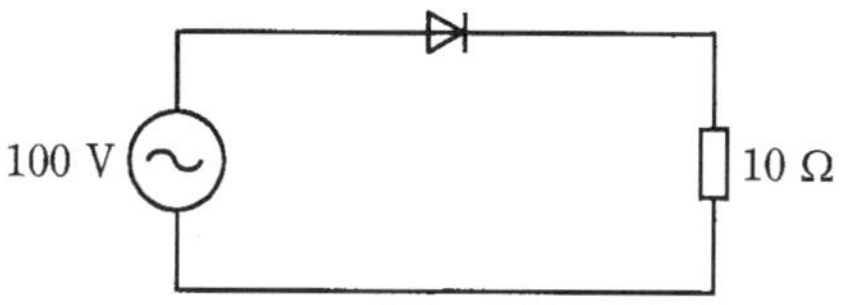	イ．100　　ロ．200　　ハ．500　　ニ．1 000

—17—

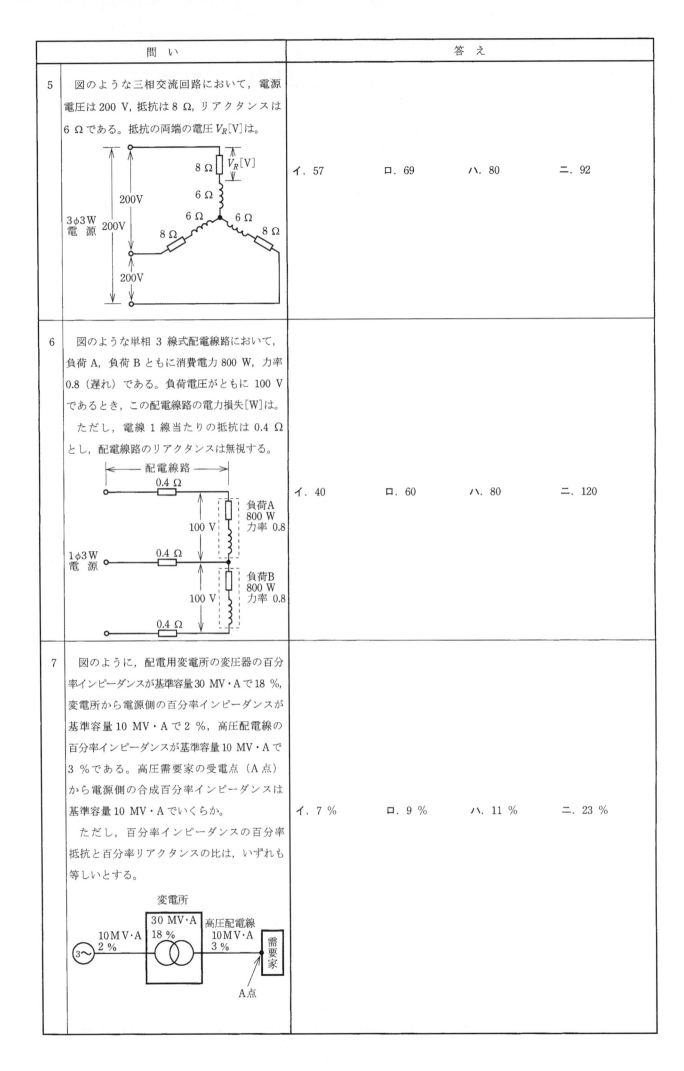

問 い	答 え
8 図のように，変圧比が 6 600 / 210 V の単相変圧器の二次側に抵抗負荷が接続され，その負荷電流は 440 A であった。このとき，変圧器の一次側に設置された変流器の二次側に流れる電流 I [A] は。 ただし，変流器の変流比は 25 / 5 A とし，負荷抵抗以外のインピーダンスは無視する。 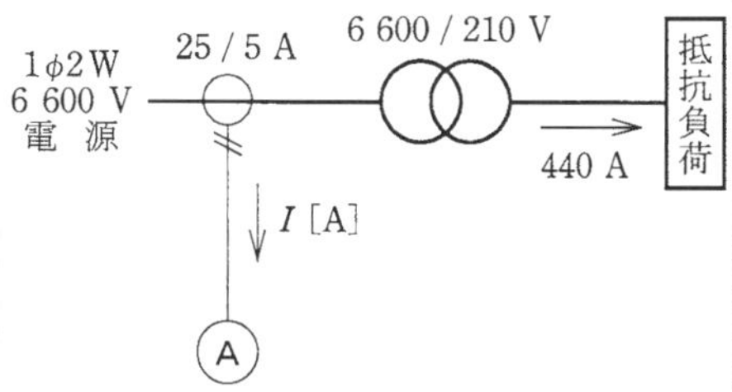	イ．2.6　　ロ．2.8　　ハ．3.0　　ニ．3.2
9 図のような電路において，変圧器二次側の B 種接地工事の接地抵抗値が 10 Ω，金属製外箱の D 種接地工事の接地抵抗値が 20 Ω であった。負荷の金属製外箱の A 点で完全地絡を生じたとき，A 点の対地電圧 [V] は。 ただし，金属製外箱，配線及び変圧器のインピーダンスは無視する。 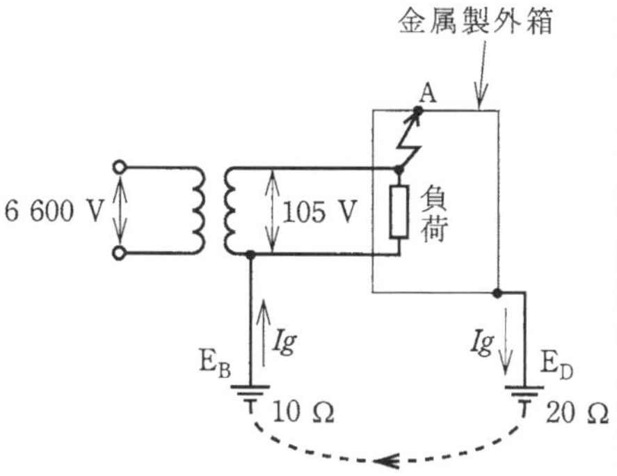	イ．35　　ロ．60　　ハ．70　　ニ．105
10 電気機器の絶縁材料として耐熱クラスごとに最高連続使用温度 [℃] の低いものから高いものの順に左から右に並べたものは。	イ．H，E，Y ロ．Y，E，H ハ．E，Y，H ニ．E，H，Y
11 床面上 r [m] の高さに，光度 I [cd] の点光源がある。光源直下の床面照度 E [lx] を示す式は。	イ． $E=\dfrac{I^2}{r}$　　ロ． $E=\dfrac{I^2}{r^2}$　　ハ． $E=\dfrac{I}{r}$　　ニ． $E=\dfrac{I}{r^2}$
12 定格出力 22 kW，極数 6 の三相誘導電動機が電源周波数 50 Hz，滑り 5 % で運転している。このときの，この電動機の同期速度 N_S [min⁻¹] と回転速度 N [min⁻¹] との差 $N_S - N$ [min⁻¹] は。	イ．25　　ロ．50　　ハ．75　　ニ．100

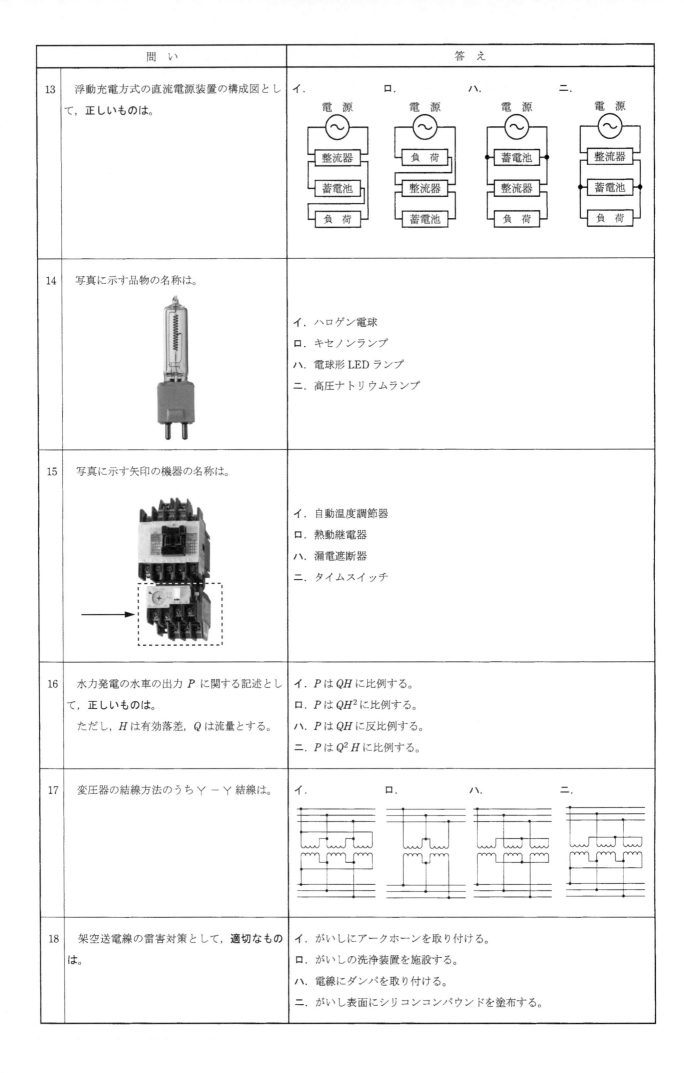

問い	答え
19　送電線に関する記述として，**誤っているもの**は。	イ．交流電流を流したとき，電線の中心部より外側の方が単位断面積当たりの電流は大きい。 ロ．同じ容量の電力を送電する場合，送電電圧が低いほど送電損失が小さくなる。 ハ．架空送電線路のねん架は，全区間の各相の作用インダクタンスと作用静電容量を平衡させるために行う。 ニ．直流送電は，長距離・大電力送電に適しているが，送電端，受電端にそれぞれ交直変換装置が必要となる。
20　電気設備の技術基準の解釈では，地中電線路の施設について「地中電線路は，電線にケーブルを使用し，かつ，管路式，暗きょ式又は□□□により施設すること。」と規定されている。 　上記の空欄にあてはまる語句として，**正しいもの**は。	イ．深層埋設式 ロ．間接埋設式 ハ．直接埋設式 ニ．浅層埋設式
21　高圧電路に施設する避雷器に関する記述として，**誤っているもの**は。	イ．高圧架空電線路から電気の供給を受ける受電電力 500 kW 以上の需要場所の引込口に施設した。 ロ．雷電流により，避雷器内部の限流ヒューズが溶断し，電気設備を保護した。 ハ．避雷器にはA種接地工事を施した。 ニ．近年では酸化亜鉛(ZnO)素子を利用したものが主流となっている。
22　写真に示す品物の用途は。 	イ．容量 300 kV･A 未満の変圧器の一次側保護装置として用いる。 ロ．保護継電器と組み合わせて，遮断器として用いる。 ハ．電力ヒューズと組み合わせて，高圧交流負荷開閉器として用いる。 ニ．停電作業などの際に，電路を開路しておく装置として用いる。
23　写真に示す品物の用途は。 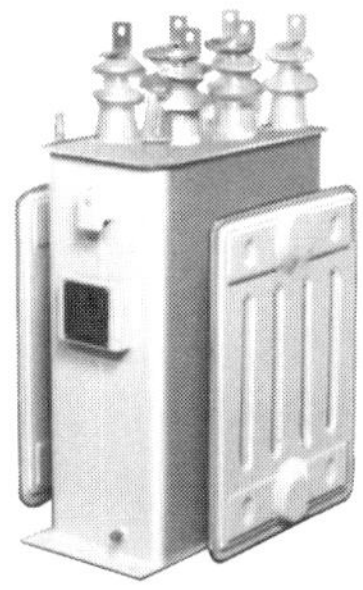	イ．高調波電流を抑制する。 ロ．大電流を小電流に変流する。 ハ．負荷の力率を改善する。 ニ．高電圧を低電圧に変圧する。

	問 い	答 え
24	写真に示す配線器具の名称は。 （表）　　　（裏） 	イ．接地端子付コンセント ロ．抜止形コンセント ハ．防雨形コンセント ニ．医用コンセント
25	写真に示す材料の名称は。 	イ．ボードアンカ ロ．インサート ハ．ボルト形コネクタ ニ．ユニバーサルエルボ
26	低圧配電盤に，CVケーブル又はCVTケーブルを接続する作業において，一般に使用しない工具は。	イ．電工ナイフ ロ．油圧式圧着工具 ハ．油圧式パイプベンダ ニ．トルクレンチ
27	使用電圧が300V以下の低圧屋内配線のケーブル工事の記述として，誤っているものは。	イ．ケーブルの防護装置に使用する金属製部分にD種接地工事を施した。 ロ．ケーブルを造営材の下面に沿って水平に取り付け，その支持点間の距離を3mにして施設した。 ハ．ケーブルに機械的衝撃を受けるおそれがあるので，適当な防護装置を施した。 ニ．ケーブルを接触防護措置を施した場所に垂直に取り付け，その支持点間の距離を5mにして施設した。
28	展開した場所のバスダクト工事に関する記述として，誤っているものは。	イ．低圧屋内配線の使用電圧が200Vで，かつ，接触防護措置を施したので，ダクトの接地工事を省略した。 ロ．低圧屋内配線の使用電圧が400Vで，かつ，接触防護措置を施したので，ダクトにはD種接地工事を施した。 ハ．低圧屋内配線の使用電圧が200Vで，かつ，湿気が多い場所での施設なので，屋外用バスダクトを使用し，バスダクト内部に水が浸入してたまらないようにした。 ニ．ダクトを造営材に取り付ける際，ダクトの支持点間の距離を2mとして施設した。
29	可燃性ガスが存在する場所に低圧屋内電気設備を施設する施工方法として，不適切なものは。	イ．金属管工事により施工し，厚鋼電線管を使用した。 ロ．可搬形機器の移動電線には，接続点のない3種クロロプレンキャブタイヤケーブルを使用した。 ハ．スイッチ，コンセントは，電気機械器具防爆構造規格に適合するものを使用した。 ニ．金属管工事により施工し，電動機の端子箱との可とう性を必要とする接続部に金属製可とう電線管を使用した。

問い30から問い34までは，下の図に関する問いである。

図は，供給用配電箱（高圧キャビネット）から自家用構内を経由して，地下1階電気室に施設する屋内キュービクル式高圧受電設備（JIS C 4620 適合品）に至る電線路及び低圧屋内幹線設備の一部を表した図である。この図に関する各問いには，4通りの答え（イ，ロ，ハ，ニ）が書いてある。それぞれの問いに対して，答えを1つ選びなさい。

〔注〕1．図において，問いに直接関係のない部分等は，省略又は簡略化してある。
　　　2．UGS：地中線用地絡継電装置付き高圧交流負荷開閉器

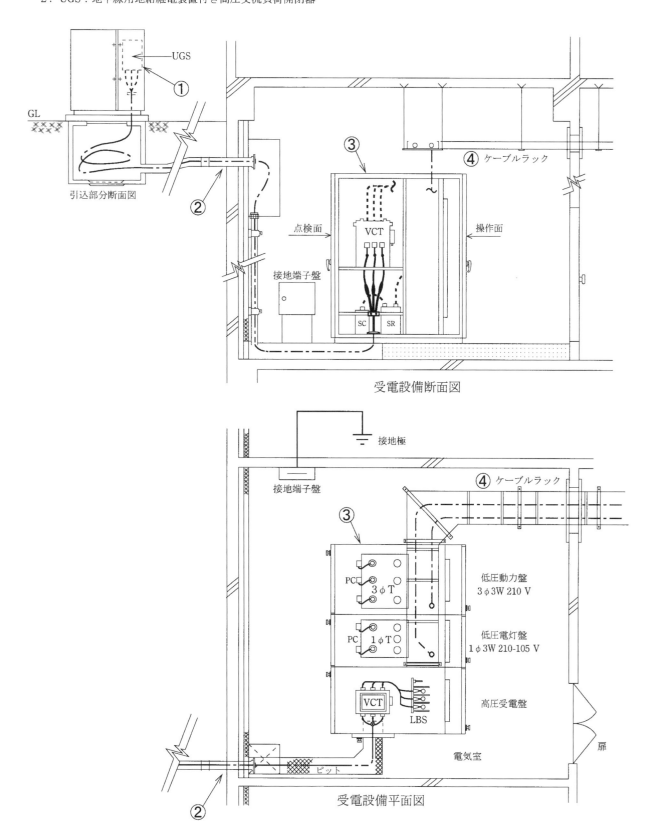

問い	答え
30　①に示す地中線用地絡継電装置付き高圧交流負荷開閉器（UGS）に関する記述として，**不適切なもの**は。	イ．電路に地絡が生じた場合，自動的に電路を遮断する機能を内蔵している。 ロ．定格短時間耐電流が，系統（受電点）の短絡電流以上のものを選定する。 ハ．電路に短絡が生じた場合，瞬時に電路を遮断する機能を有している。 ニ．波及事故を防止するため，電気事業者の地絡保護継電装置と動作協調をとる必要がある。
31　②に示す地中高圧ケーブルが屋内に引き込まれる部分に使用される材料として，**最も適切なもの**は。	イ．合成樹脂管 ロ．防水鋳鉄管 ハ．金属ダクト ニ．シーリングフィッチング
32　③に示す高圧キュービクル内に設置した機器の接地工事において，使用する接地線の太さ及び種類について，**適切なもの**は。	イ．変圧器二次側，低圧の1端子に施す接地線に，断面積 3.5 mm² の軟銅線を使用した。 ロ．変圧器の金属製外箱に施す接地線に，直径 2.0 mm の硬アルミ線を使用した。 ハ．LBS の金属製部分に施す接地線に，直径 1.6 mm の硬銅線を使用した。 ニ．高圧進相コンデンサの金属製外箱に施す接地線に，断面積 5.5 mm² の軟銅線を使用した。
33　④に示すケーブルラックの施工に関する記述として，**誤っているもの**は。	イ．同一のケーブルラックに電灯幹線と動力幹線のケーブルを布設する場合，両者の間にセパレータを設けなければならない。 ロ．ケーブルラックは，ケーブル重量に十分耐える構造とし，天井コンクリートスラブからアンカーボルトで吊り，堅固に施設した。 ハ．ケーブルラックには，D種接地工事を施した。 ニ．ケーブルラックが受電室の壁を貫通する部分は，火災の延焼防止に必要な耐火処理を施した。
34　図に示す受電設備（UGS含む）の維持管理に必要な定期点検のうち，年次点検で通常行わないものは。	イ．接地抵抗測定 ロ．保護継電器試験 ハ．絶縁耐力試験 ニ．絶縁抵抗測定

	問い	答え
35	低圧屋内配線の開閉器又は過電流遮断器で区切ることができる電路ごとの絶縁性能として，電気設備の技術基準（解釈を含む）に**適合するもの**は。	イ．使用電圧100 V（対地電圧100 V）のコンセント回路の絶縁抵抗を測定した結果，0.08 MΩであった。 ロ．使用電圧200 V（対地電圧200 V）の空調機回路の絶縁抵抗を測定した結果，0.17 MΩであった。 ハ．使用電圧400 Vの冷凍機回路の絶縁抵抗を測定した結果，0.43 MΩであった。 ニ．使用電圧100 Vの電灯回路は，使用中で絶縁抵抗測定ができないので，漏えい電流を測定した結果，1.2 mAであった。
36	需要家の月間などの1期間における平均力率を求めるのに必要な計器の組合せは。	イ．電力計　電力量計 ロ．電力量計　無効電力量計 ハ．無効電力量計　最大需要電力計 ニ．最大需要電力計　電力計
37	自家用電気工作物として施設する電路又は機器について，D種接地工事を**施さなければならないもの**は。	イ．高圧電路に施設する外箱のない変圧器の鉄心 ロ．定格電圧400 Vの電動機の鉄台 ハ．6.6 kV／210 Vの変圧器の低圧側の中性点 ニ．高圧計器用変成器の二次側電路
38	電気工事士法において，第一種電気工事士に関する記述として，**誤っているもの**は。	イ．第一種電気工事士は，一般用電気工作物に係る電気工事の作業に従事するときは，都道府県知事が交付した第一種電気工事士免状を携帯していなければならない。 ロ．第一種電気工事士は，電気工事の業務に関して，都道府県知事から報告を求められることがある。 ハ．都道府県知事は，第一種電気工事士が電気工事士法に違反したときは，その電気工事士免状の返納を命ずることができる。 ニ．第一種電気工事士試験の合格者には，所定の実務経験がなくても第一種電気工事士免状が交付される。
39	電気工事業の業務の適正化に関する法律において，電気工事業者が，一般用電気工事のみの業務を行う営業所に**備え付けなくてもよい器具**は。	イ．低圧検電器 ロ．絶縁抵抗計 ハ．抵抗及び交流電圧を測定することができる回路計 ニ．接地抵抗計
40	電気用品安全法において，交流の電路に使用する定格電圧100 V以上300 V以下の機械器具であって，**特定電気用品**は。	イ．定格電流60 Aの配線用遮断器 ロ．定格出力0.4 kWの単相電動機 ハ．定格静電容量100 μFの進相コンデンサ ニ．(PS)Eと表示された器具

問題２．配線図１ (問題数5，配点は1問当たり2点)

図は，三相誘導電動機を，押しボタンの操作により始動させ，タイマの設定時間で停止させる制御回路である。この図の矢印で示す5箇所に関する各問いには，4通りの答え（イ，ロ，ハ，ニ）が書いてある。それぞれの問いに対して，答えを1つ選びなさい。

〔注〕 図において，問いに直接関係のない部分等は，省略又は簡略化してある。

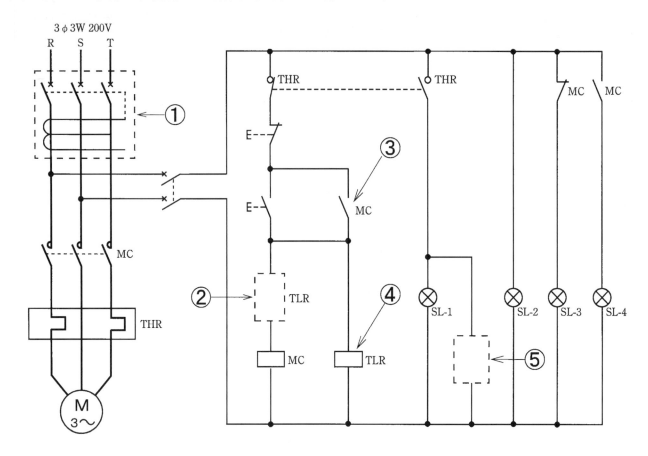

	問い	答え
41	①の部分に設置する機器は。	イ．配線用遮断器 ロ．電磁接触器 ハ．電磁開閉器 ニ．漏電遮断器（過負荷保護付）
42	②で示す部分に使用される接点の図記号は。	イ．　　ロ．　　ハ．　　ニ．
43	③で示す接点の役割は。	イ．押しボタンスイッチのチャタリング防止 ロ．タイマの設定時間経過前に電動機が停止しないためのインタロック ハ．電磁接触器の自己保持 ニ．押しボタンスイッチの故障防止
44	④に設置する機器は。	イ．　　ロ．　　ハ．　　ニ．
45	⑤で示す部分に使用されるブザーの図記号は。	イ．　　ロ．　　ハ．　　ニ．

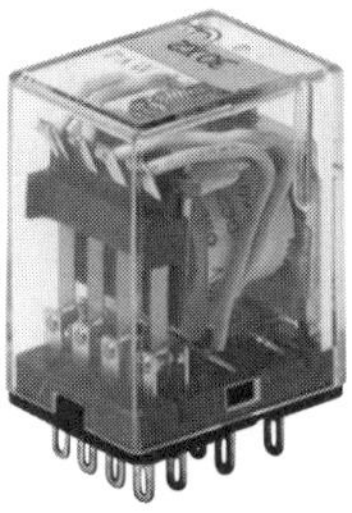

問題3．配線図2 (問題数5，配点は1問当たり2点)

図は，高圧受電設備の単線結線図である。この図の矢印で示す5箇所に関する各問いには，4通りの答え（イ，ロ，ハ，ニ）が書いてある。それぞれの問いに対して，答えを1つ選びなさい。

〔注〕 図において，問いに直接関係のない部分等は，省略又は簡略化してある。

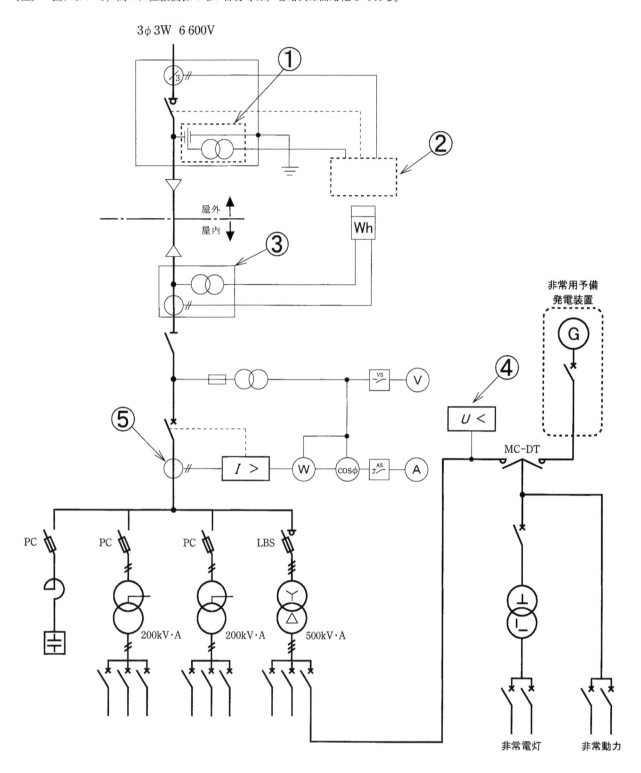

	問 い	答 え
46	①で示す機器を設置する目的として，正しいものは。	イ．零相電流を検出する。 ロ．零相電圧を検出する。 ハ．計器用の電流を検出する。 ニ．計器用の電圧を検出する。
47	②に設置する機器の図記号は。	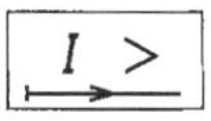 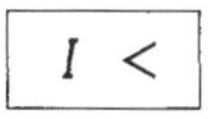 イ． 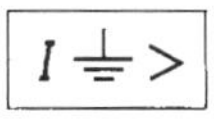 $I \doteqdot >$ ロ． $I >$ ハ． $I <$ ニ． $I \doteqdot >$ 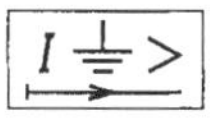
48	③に設置する機器は。	イ．ロ．ハ．ニ．（機器の写真）    
49	④で示す機器は。	イ．不足電力継電器 ロ．不足電圧継電器 ハ．過電流継電器 ニ．過電圧継電器
50	⑤で示す部分に設置する機器と個数は。	イ．1個 ロ．1個 ハ．2個 ニ．2個    

第一種電気工事士 筆記模擬試験の答案用紙　平成 27 年

問題 1. 一般問題 （2点×40問）

問	答	問	答	問	答	問	答
1	イ ロ ハ ニ	11	イ ロ ハ ニ	21	イ ロ ハ ニ	31	イ ロ ハ ニ
2	イ ロ ハ ニ	12	イ ロ ハ ニ	22	イ ロ ハ ニ	32	イ ロ ハ ニ
3	イ ロ ハ ニ	13	イ ロ ハ ニ	23	イ ロ ハ ニ	33	イ ロ ハ ニ
4	イ ロ ハ ニ	14	イ ロ ハ ニ	24	イ ロ ハ ニ	34	イ ロ ハ ニ
5	イ ロ ハ ニ	15	イ ロ ハ ニ	25	イ ロ ハ ニ	35	イ ロ ハ ニ
6	イ ロ ハ ニ	16	イ ロ ハ ニ	26	イ ロ ハ ニ	36	イ ロ ハ ニ
7	イ ロ ハ ニ	17	イ ロ ハ ニ	27	イ ロ ハ ニ	37	イ ロ ハ ニ
8	イ ロ ハ ニ	18	イ ロ ハ ニ	28	イ ロ ハ ニ	38	イ ロ ハ ニ
9	イ ロ ハ ニ	19	イ ロ ハ ニ	29	イ ロ ハ ニ	39	イ ロ ハ ニ
10	イ ロ ハ ニ	20	イ ロ ハ ニ	30	イ ロ ハ ニ	40	イ ロ ハ ニ

問題 2. 配線図 （2点×10問）

問	答
41	イ ロ ハ ニ
42	イ ロ ハ ニ
43	イ ロ ハ ニ
44	イ ロ ハ ニ
45	イ ロ ハ ニ
46	イ ロ ハ ニ
47	イ ロ ハ ニ
48	イ ロ ハ ニ
49	イ ロ ハ ニ
50	イ ロ ハ ニ

氏　名

生　年　月　日　　昭和／平成　　年　　月　　日

試　験　地

受験番号

受験番号を数字で記入して下さい。

百万の位	十万の位	万の位	千の位	百の位	十の位	一の位	記号
0	0	0	0	0	0	0	A
1	1	1	1	1	1	1	E
2	2	2	2	2	2	2	F
3	3	3	3	3	3	3	G
4	4	4	4	4	4	4	K
5	5	5	5	5	5	5	P
6	6	6	6	6	6	6	T
7	7	7	7	7	7	7	
8	8	8	8	8	8	8	
9	9	9	9	9	9	9	

受験番号に該当する位置にマークして下さい。

よい例／わるい例

1. マークは上の例のようにマークすること。
2. 氏名・生年月日・試験地・受験番号をはみださないように必ず記入すること。
3. 受験番号は欄外にはみださないように正確に記入し、必ず該当する番号にマークすること。
4. マークの記入にあたっては濃度HBの黒鉛筆を使用すること。
5. 誤ってマークしたときは、跡の残らないようにプラスチック消しゴムできれいに消すこと。
6. 答の欄は各問につき一つだけマークすること。
7. 用紙は絶対に折り曲げたり汚したりしないこと。

27年
2頁

問題1．一般問題 (問題数40，配点は1問当たり2点)

次の各問いには4通りの答え（イ，ロ，ハ，ニ）が書いてある。それぞれの問いに対して答えを1つ選びなさい。

	問 い	答 え
1	電線の抵抗値に関する記述として，**誤っているもの**は。	イ．周囲温度が上昇すると，電線の抵抗値は小さくなる。 ロ．抵抗値は，電線の長さに比例し，導体の断面積に反比例する。 ハ．電線の長さと導体の断面積が同じ場合，アルミニウム電線の抵抗値は，軟銅線の抵抗値より大きい。 ニ．軟銅線では，電線の長さと断面積が同じであれば，より線も単線も抵抗値はほぼ同じである。
2	図のような回路において，抵抗 ─▭─ は，すべて2Ωである。a-b間の合成抵抗値[Ω]は。 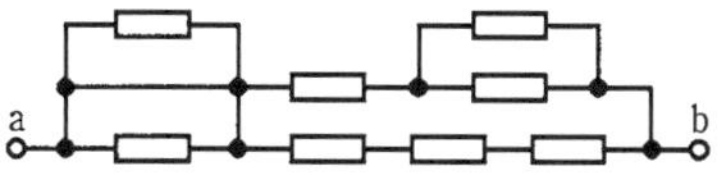	イ．1　　ロ．2　　ハ．3　　ニ．4
3	図のような直流回路において，抵抗 $R=3.4\ \Omega$ に流れる電流が30Aであるとき，図中の電流 I_1 [A]は。 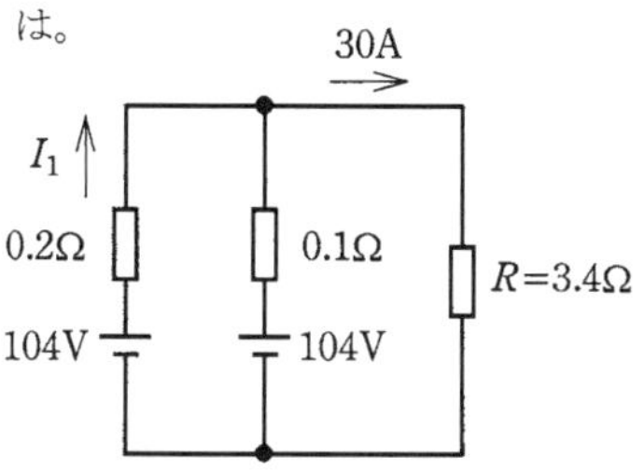	イ．5　　ロ．10　　ハ．20　　ニ．30
4	図のような交流回路において，電源電圧は200V，抵抗は20Ω，リアクタンスは X [Ω]，回路電流は20Aである。この回路の力率[%]は。 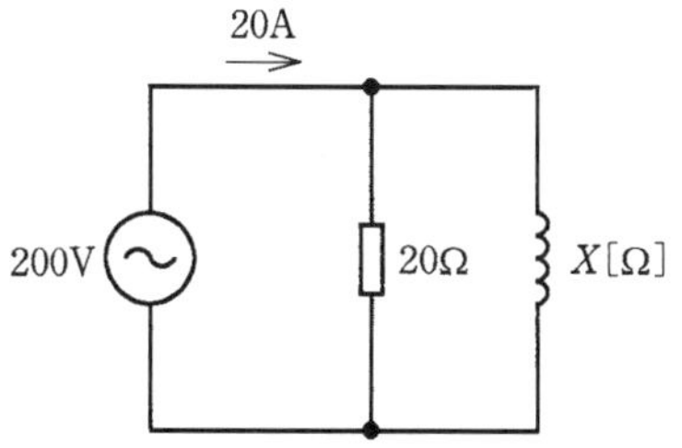	イ．50　　ロ．60　　ハ．80　　ニ．100
5	図のような三相交流回路において，電源電圧は200V，抵抗は4Ω，リアクタンスは3Ωである。回路の全消費電力[kW]は。 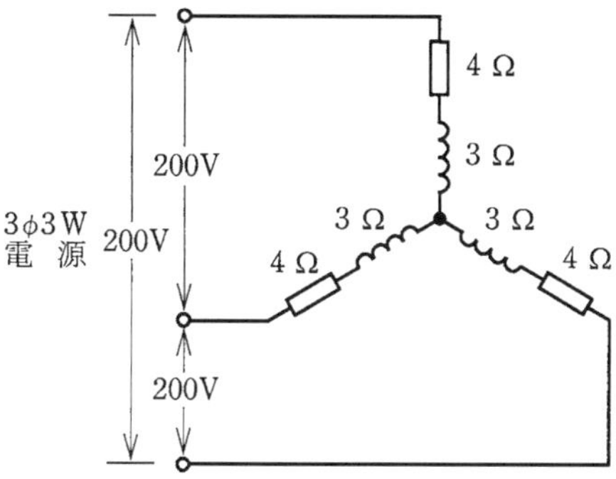	イ．4.0　　ロ．4.8　　ハ．6.4　　ニ．8.0

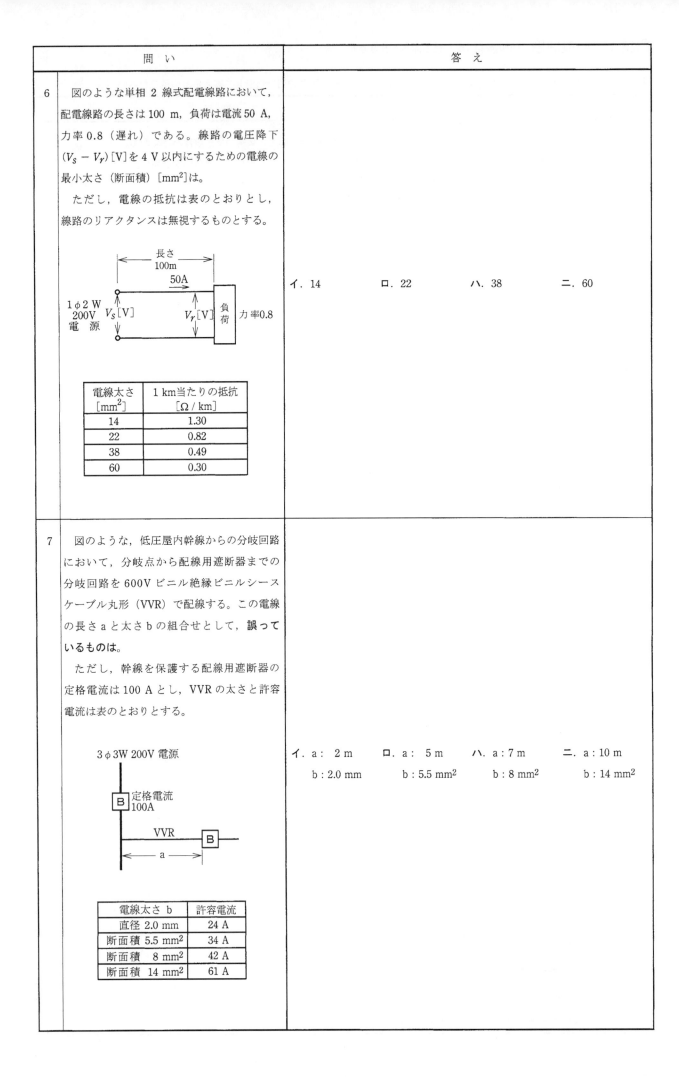

	問 い	答 え
8	図のような単相3線式電路（電源電圧 210 / 105 V）において，抵抗負荷 A 50 Ω，B 25 Ω，C 20 Ω を使用中に，図中の ✖ 印点 P で中性線が断線した。断線後の抵抗負荷 A に加わる電圧[V]は。 ただし，どの配線用遮断器も動作しなかったとする。 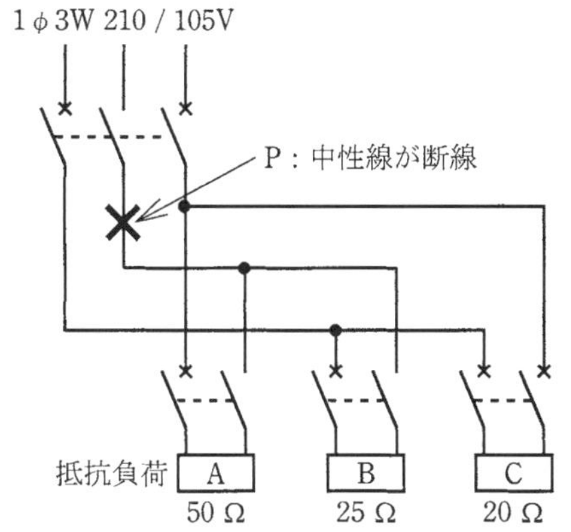	イ．0　　ロ．60　　ハ．140　　ニ．210
9	図のような日負荷率を有する需要家があり，この需要家の設備容量は 375 kW である。 この需要家の，この日の日負荷率 a [%] と需要率 b [%] の組合せとして，正しいものは。 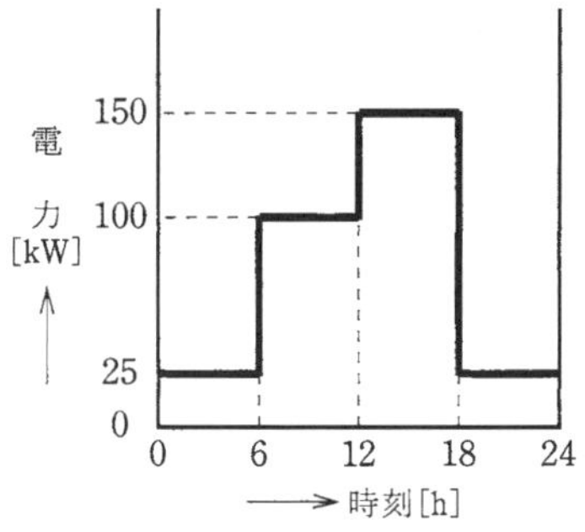	イ．a：20　ロ．a：30　ハ．a：40　ニ．a：50 　　b：40　　b：30　　b：30　　b：40
10	LED ランプの記述として，誤っているものは。	イ．LED ランプは，発光ダイオードを用いた照明用光源である。 ロ．白色 LED ランプは，一般に青色の LED と黄色の蛍光体による発光である。 ハ．LED ランプの発光効率は，白熱灯の発光効率に比べて高い。 ニ．LED ランプの発光原理は，ホトルミネセンスである。
11	三相誘導電動機の結線①を②，③のように変更した時，①の回転方向に対して，②，③の回転方向の記述として，正しいものは。 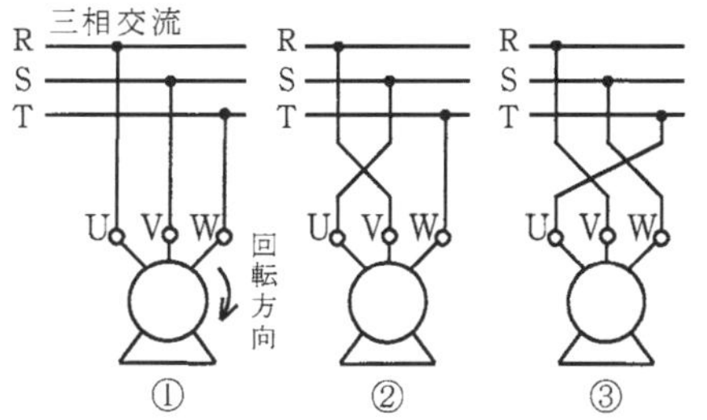	イ．③は①と逆に回転をし，②は①と同じ回転をする。 ロ．②は①と逆に回転をし，③は①と同じ回転をする。 ハ．②，③とも①と逆に回転をする。 ニ．②，③とも①と同じ回転をする。

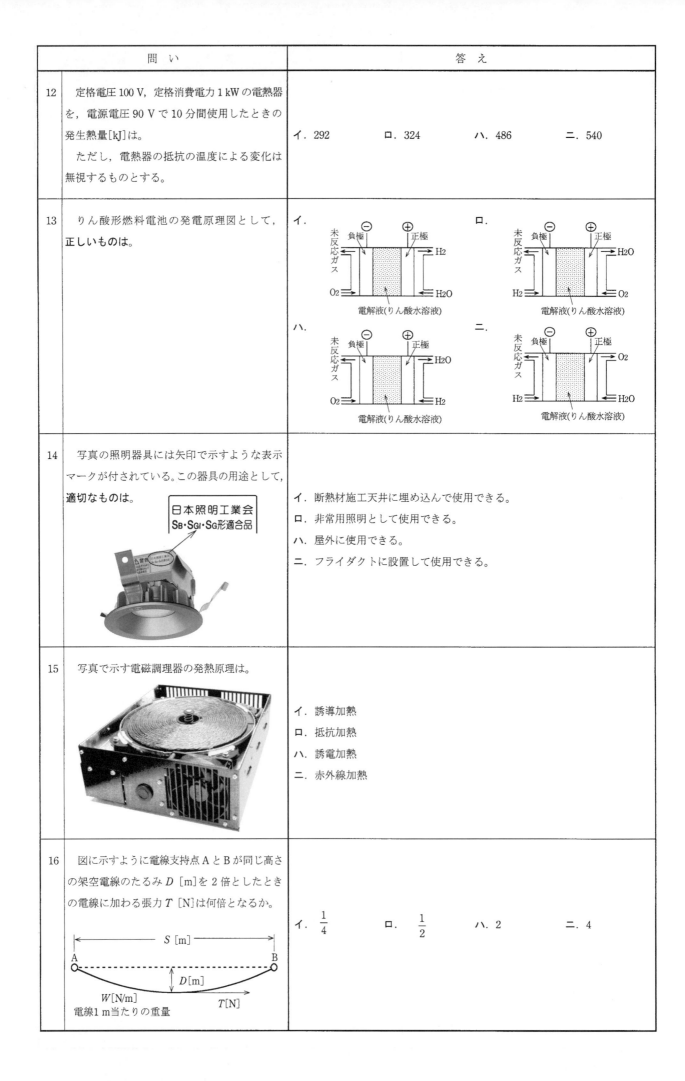

問い	答え
17　風力発電に関する記述として、**誤っているもの**は。	イ．一般に使用されているプロペラ形風車は、垂直軸形風車である。 ロ．風力発電装置は、風速等の自然条件の変化により発電出力の変動が大きい。 ハ．風力発電装置は、風の運動エネルギーを電気エネルギーに変換する装置である。 ニ．プロペラ形風車は、一般に風速によって翼の角度を変えるなど風の強弱に合わせて出力を調整することができる。
18　図は、ボイラの水の循環方式のうち、自然循環ボイラの構成図である。図中の①、②及び③の組合せとして、**正しいもの**は。 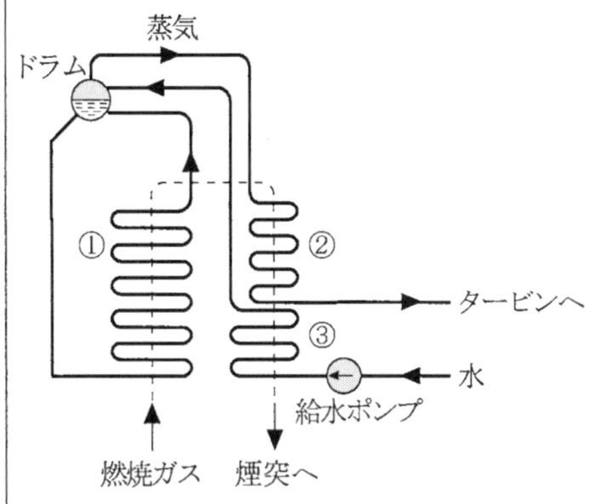	イ．①蒸発管　②節炭器　③過熱器 ロ．①過熱器　②蒸発管　③節炭器 ハ．①過熱器　②節炭器　③蒸発管 ニ．①蒸発管　②過熱器　③節炭器
19　図のような日負荷曲線をもつA, Bの需要家がある。この系統の不等率は。 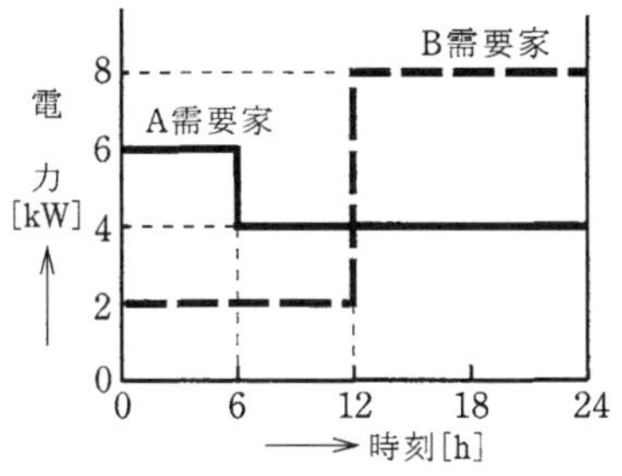	イ．1.17　　ロ．1.33　　ハ．1.40　　ニ．2.33
20　高圧架橋ポリエチレン絶縁ビニルシースケーブルにおいて、水トリーと呼ばれる樹枝状の劣化が生じる箇所は。	イ．銅導体内部 ロ．遮へい銅テープ表面 ハ．ビニルシース内部 ニ．架橋ポリエチレン絶縁体内部
21　公称電圧6.6 kV、周波数50 Hzの高圧受電設備に使用する高圧交流遮断器（定格電圧7.2 kV、定格遮断電流12.5 kA、定格電流600 A）の遮断容量[MV・A]は。	イ．80　　ロ．100　　ハ．130　　ニ．160

問い	答え
22　写真に示す品物の名称は。 	イ．直列リアクトル ロ．高圧交流負荷開閉器 ハ．三相変圧器 ニ．電力需給用計器用変成器
23　写真に示すGR付PASを設置する場合の記述として，誤っているものは。 	イ．電気事業用の配電線への波及事故の防止に効果がある。 ロ．自家用の引込みケーブルに短絡事故が発生したとき，自動遮断する。 ハ．自家用側の高圧電路に地絡事故が発生したとき，自動遮断する。 ニ．電気事業者との保安上の責任分界点又はこれに近い箇所に設置する。
24　写真に示す品物のうち，CVT150mm²のケーブルを，ケーブルラック上に延線する作業で，一般的に使用しないものは。	イ． 　　　　　　ロ．  ハ． 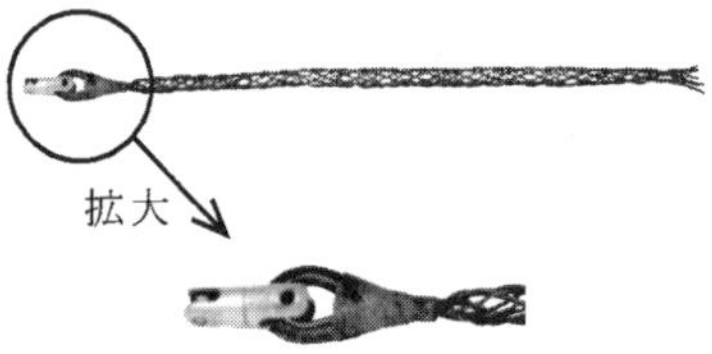　　　　　　ニ． 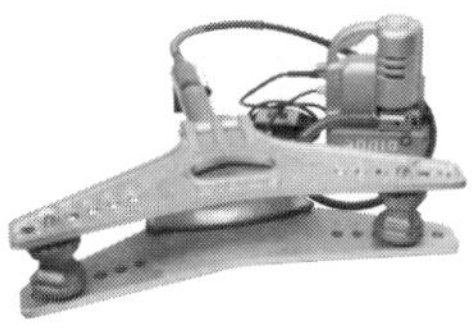
25　写真に示す配線器具を取り付ける施工方法の記述として，誤っているものは。 	イ．接地極にはD種接地工事を施した。 ロ．単相200Vの機器用のコンセントとして取り付けた。 ハ．三相400Vの機器用のコンセントとしては使用できない。 ニ．定格電流20Aの配線用遮断器に保護されている電路に取り付けた。

問い	答え
26　600Vビニル絶縁電線の許容電流（連続使用時）に関する記述として，**適切なものは**。	イ．電流による発熱により，電線の絶縁物が著しい劣化をきたさないようにするための限界の電流値。 ロ．電流による発熱により，絶縁物の温度が80℃となる時の電流値。 ハ．電流による発熱により，電線が溶断する時の電流値。 ニ．電圧降下を許容範囲に収めるための最大の電流値。
27　金属線ぴ工事の記述として，**誤っているものは**。	イ．電線には絶縁電線（屋外用ビニル絶縁電線を除く。）を使用した。 ロ．電気用品安全法の適用を受けている金属製線ぴ及びボックスその他の附属品を使用して施工した。 ハ．湿気のある場所で，電線を収める線ぴの長さが12mなので，D種接地工事を省略した。 ニ．線ぴとボックスを堅ろうに，かつ，電気的に完全に接続した。
28　絶縁電線相互の接続に関する記述として，**不適切なものは**。	イ．接続部分には，接続管を使用した。 ロ．接続部分を，絶縁電線の絶縁物と同等以上の絶縁効力のあるもので，十分被覆した。 ハ．接続部分において，電線の電気抵抗が20％増加した。 ニ．接続部分において，電線の引張り強さが10％減少した。
29　地中電線路の施設において，**誤っているものは**。	イ．地中電線路を暗きょ式で施設する場合に，地中電線を不燃性又は自消性のある難燃性の管に収めて施設した。 ロ．地中電線路に絶縁電線を使用し，車両，その他の重量物の圧力に耐える管に収めて施設した。 ハ．長さが15mを超える高圧地中電線路を管路式で施設する場合，物件の名称，管理者名及び電圧を表示した埋設表示シートを，管と地表面のほぼ中間に施設した。 ニ．地中電線路に使用する金属製の電線接続箱にD種接地工事を施した。

問い30から問い34までは，下の図に関する問いである。

図は，自家用電気工作物構内の受電設備を表した図である。この図に関する各問いには，4通りの答え（イ，ロ，ハ，ニ）が書いてある。それぞれの問いに対して，答えを1つ選びなさい。

〔注〕図において，問いに直接関係のない部分等は，省略又は簡略化してある。

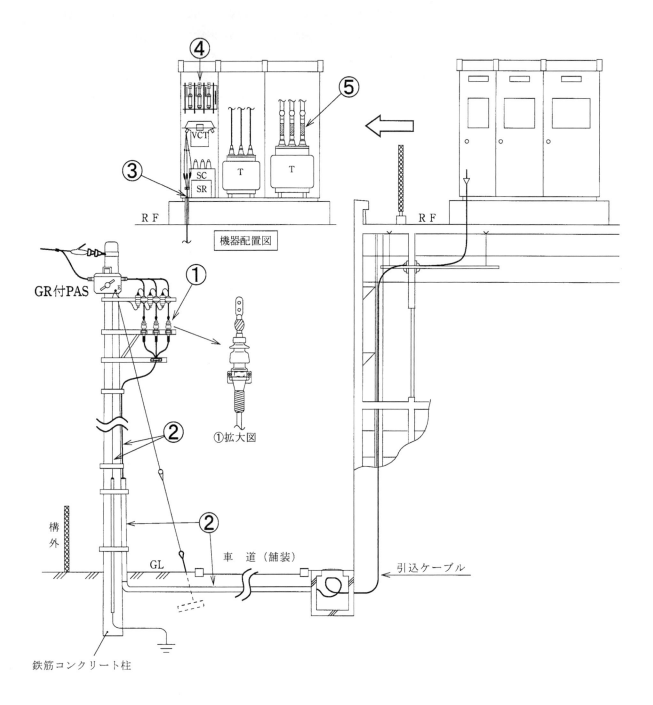

問い	答え
30　①に示すCVTケーブルの終端接続部の名称は。	イ．耐塩害屋外終端接続部 ロ．ゴムとう管形屋外終端接続部 ハ．ゴムストレスコーン形屋外終端接続部 ニ．テープ巻形屋外終端接続部
31　②に示す引込柱及び引込ケーブルの施工に関する記述として，**不適切なもの**は。	イ．引込ケーブル立ち上がり部分を防護するため，地表からの高さ2m，地表下0.2mの範囲に防護管（鋼管）を施設し，雨水の浸入を防止する措置を行った。 ロ．引込ケーブルの地中埋設部分は，需要設備構内であるので，「電力ケーブルの地中埋設の施工方法（JIS C 3653）」に適合する材料を使用し，舗装下面から30cm以上の深さに埋設した。 ハ．地中引込ケーブルは，鋼管による管路式としたが，鋼管に防食措置を施してあるので地中電線を収める鋼管の金属製部分の接地工事を省略した。 ニ．引込柱に設置した避雷器に接地するため，接地極からの電線を薄鋼電線管に収めて施設した。
32　③に示すケーブル引込口などに，必要以上の開口部を設けない主な理由は。	イ．火災時の放水，洪水等で容易に水が浸入しないようにする。 ロ．鳥獣類などの小動物が侵入しないようにする。 ハ．ケーブルの外傷を防止する。 ニ．キュービクルの底板の強度を低下させないようにする。
33　④に示すPF・S形の主遮断装置として，**必要でないもの**は。	イ．過電流ロック機能 ロ．ストライカによる引外し装置 ハ．相間，側面の絶縁バリア ニ．高圧限流ヒューズ
34　⑤に示す可とう導体を使用した施設に関する記述として，**不適切なもの**は。	イ．可とう導体を使用する主目的は，低圧母線に銅帯を使用したとき，過大な外力によりブッシングやがいし等の損傷を防止しようとするものである。 ロ．可とう導体には，地震による外力等によって，母線が短絡等を起こさないよう，十分な余裕と絶縁セパレータを施設する等の対策が重要である。 ハ．可とう導体は，低圧電路の短絡等によって，母線に異常な過電流が流れたとき，限流作用によって，母線や変圧器の損傷を防止できる。 ニ．可とう導体は，防振装置との組合せ設置により，変圧器の振動による騒音を軽減することができる。ただし，地震による機器等の損傷を防止するためには，耐震ストッパの施設と併せて考慮する必要がある。

	問い	答え
35	一般にB種接地抵抗値の計算式は， $\dfrac{150\ \text{V}}{\text{変圧器高圧側電路の1線地絡電流[A]}}\ [\Omega]$ となる。 ただし，変圧器の高低圧混触により，低圧側電路の対地電圧が150 Vを超えた場合に，1秒以下で自動的に高圧側電路を遮断する装置を設けるときは，計算式の150 Vは □ Vとすることができる。 上記の空欄にあてはまる数値は。	イ．300　　ロ．400　　ハ．500　　ニ．600
36	高圧ケーブルの絶縁抵抗の測定を行うとき，絶縁抵抗計の保護端子（ガード端子）を使用する目的として，正しいものは。	イ．絶縁物の表面の漏れ電流も含めて測定するため。 ロ．絶縁物の表面の漏れ電流による誤差を防ぐため。 ハ．高圧ケーブルの残留電荷を放電するため。 ニ．指針の振切れによる焼損を防止するため。
37	CB形高圧受電設備と配電用変電所の過電流継電器との保護協調がとれているものは。 ただし，図中①の曲線は配電用変電所の過電流継電器動作特性を示し，②の曲線は高圧受電設備の過電流継電器動作特性＋CBの遮断特性を示す。	（4つの時間－電流特性曲線グラフ）
38	電気工事士法及び電気用品安全法において，正しいものは。	イ．電気用品のうち，危険及び障害の発生するおそれが少ないものは，特定電気用品である。 ロ．特定電気用品には，(PS)Eと表示されているものがある。 ハ．第一種電気工事士は，電気用品安全法に基づいた表示のある電気用品でなければ，一般用電気工作物の工事に使用してはならない。 ニ．定格電圧が600 Vのゴム絶縁電線（公称断面積22mm²）は，特定電気用品ではない。
39	電気工事士法において，自家用電気工作物（最大電力500 kW未満の需要設備）に係る電気工事のうち「ネオン工事」又は「非常用予備発電装置工事」に従事することのできる者は。	イ．特種電気工事資格者 ロ．認定電気工事従事者 ハ．第一種電気工事士 ニ．第三種電気主任技術者
40	電気工事業の業務の適正化に関する法律において，主任電気工事士に関する記述として，正しいものは。	イ．第一種電気主任技術者は，主任電気工事士になれる。 ロ．第二種電気工事士は，2年の実務経験があれば，主任電気工事士になれる。 ハ．主任電気工事士は，一般用電気工事による危険及び障害が発生しないように一般用電気工事の作業の管理の職務を誠実に行わなければならない。 ニ．第一種電気主任技術者は，一般用電気工事の作業に従事する場合には，主任電気工事士の障害発生防止のための指示に従わなくてもよい。

問題2．配線図 (問題数10，配点は1問当たり2点)

図は，高圧受電設備の単線結線図である。この図の矢印で示す10箇所に関する各問いには，4通りの答え（イ，ロ，ハ，ニ）が書いてある。それぞれの問いに対して，答えを1つ選びなさい。

〔注〕 図において，問いに直接関係のない部分等は，省略又は簡略化してある。

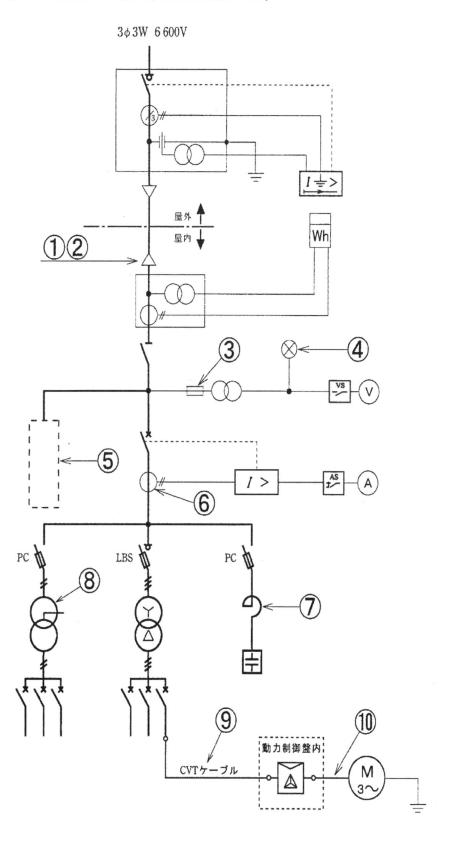

問い	答え
41　①の端末処理の際に，不要なものは。	イ.　（ワイヤカッター画像）　ロ.　（電工ナイフ画像） ハ.　（塩ビ管カッター画像）　ニ.　（電熱器具画像）
42　②で示すストレスコーン部分の主な役割は。	イ．機械的強度を補強する。 ロ．遮へい端部の電位傾度を緩和する。 ハ．電流の不平衡を防止する。 ニ．高調波電流を吸収する。
43　③で示す装置を使用する主な目的は。	イ．計器用変圧器を雷サージから保護する。 ロ．計器用変圧器の内部短絡事故が主回路に波及することを防止する。 ハ．計器用変圧器の過負荷を防止する。 ニ．計器用変圧器の欠相を防止する。
44　④に設置する機器は。	イ.　（押しボタン画像）　ロ.　（タイマ画像） ハ.　（切替スイッチ画像）　ニ.　（セレクタスイッチ画像）
45　⑤に設置する機器として，一般的に使用されるものの図記号は。	イ. 　ロ. 　ハ. 　ニ. 　（図記号4種）

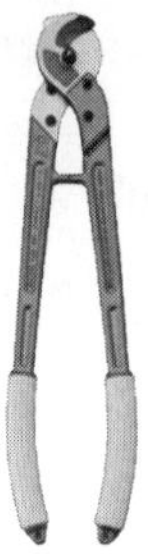

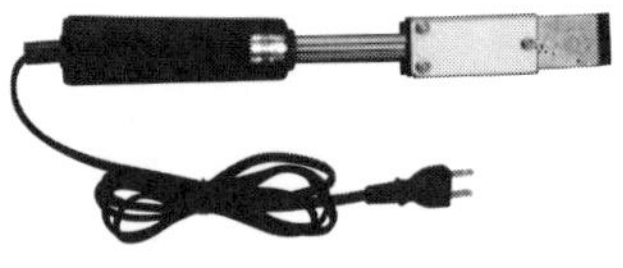

	問い	答え
46	⑥で示す部分に施設する機器の複線図として，**正しいもの**は。	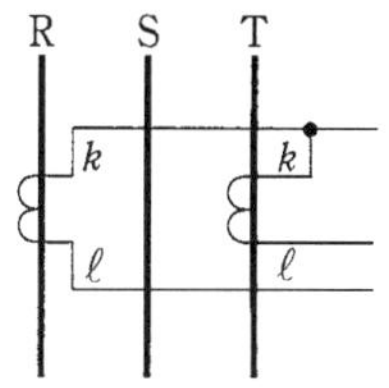 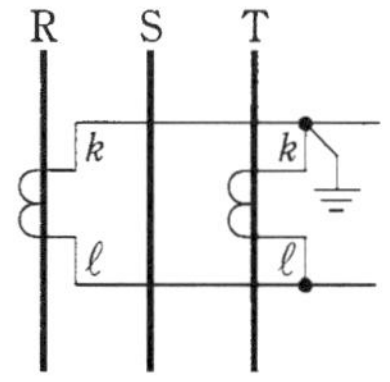 イ．[図] ロ．[図] ハ．[図] ニ．[図] 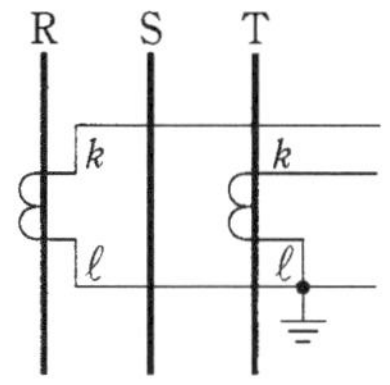 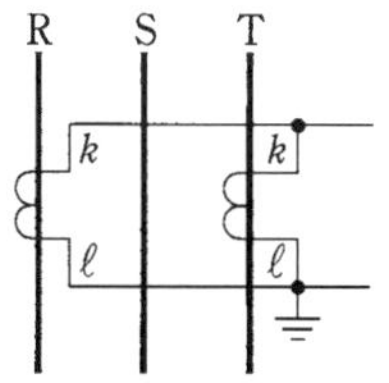
47	⑦で示す機器の役割として，**誤っているもの**は。	イ．コンデンサ回路の突入電流を抑制する。 ロ．第5調波等の高調波障害の拡大を防止する。 ハ．電圧波形のひずみを改善する。 ニ．コンデンサの残留電荷を放電する。
48	⑧で示す部分に使用できる変圧器の最大容量[kV·A]は。	イ．100 ロ．200 ハ．300 ニ．500
49	⑨で示す部分に使用するCVTケーブルとして，**適切なもの**は。	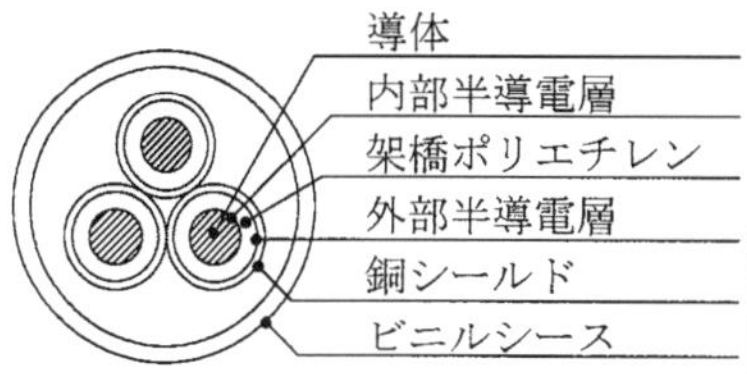 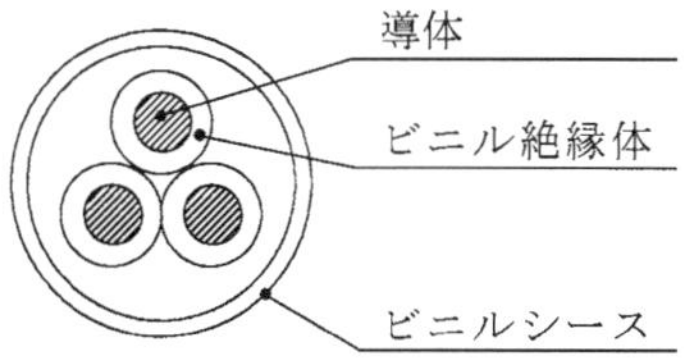 イ．[導体／内部半導電層／架橋ポリエチレン／外部半導電層／銅シールド／ビニルシース] ロ．[導体／内部半導電層／架橋ポリエチレン／外部半導電層／銅シールド／ビニルシース] ハ．[導体／ビニル絶縁体／ビニルシース] ニ．[導体／架橋ポリエチレン／ビニルシース] 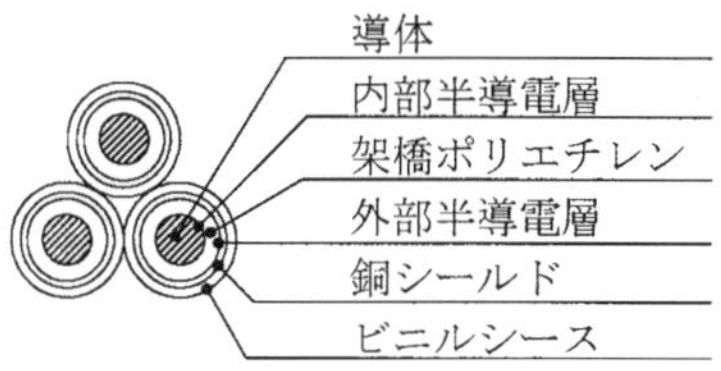 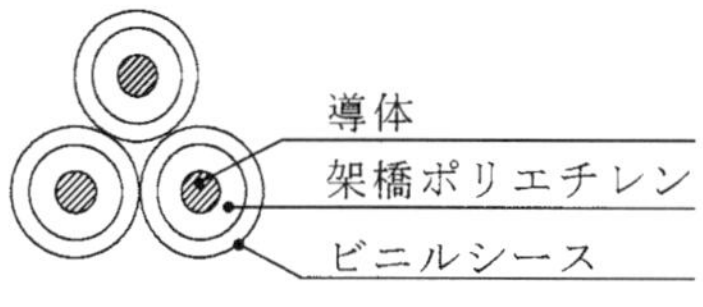
50	⑩で示す動力制御盤内から電動機に至る配線で，必要とする電線本数（心線数）は。	イ．3 ロ．4 ハ．5 ニ．6

27年
16頁

第一種電気工事士 筆記模擬試験の答案用紙

平成 26 年

26年2頁

問題1．一般問題 (問題数40、配点は1問当たり2点)

次の各問いには4通りの答え（イ、ロ、ハ、ニ）が書いてある。それぞれの問いに対して答えを1つ選びなさい。

	問 い	答 え
1	図のように、鉄心に巻かれた巻数Nのコイルに、電流Iが流れている。鉄心内の磁束Φは。ただし、漏れ磁束及び磁束の飽和は無視するものとする。 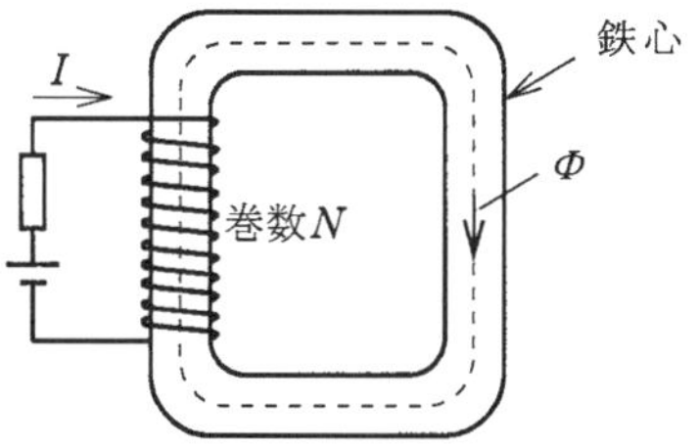	イ．NIに比例する。 ロ．N^2Iに比例する。 ハ．NI^2に比例する。 ニ．N^2I^2に比例する。
2	図のような直流回路において、抵抗3〔Ω〕には4〔A〕の電流が流れている。抵抗Rにおける消費電力〔W〕は。 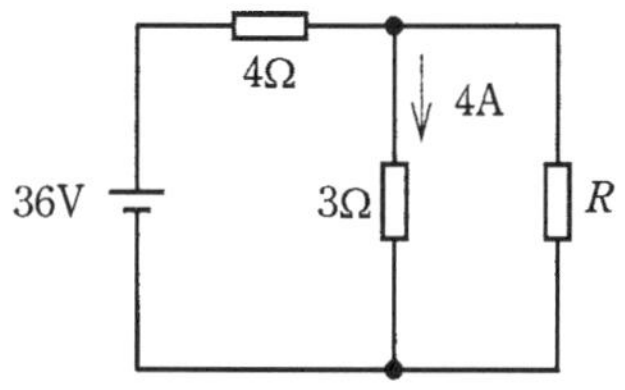	イ．6　　ロ．12　　ハ．24　　ニ．36
3	図のような正弦波交流電圧がある。波形の周期が20〔ms〕（周波数50〔Hz〕）であるとき、角速度ω〔rad/s〕の値は。 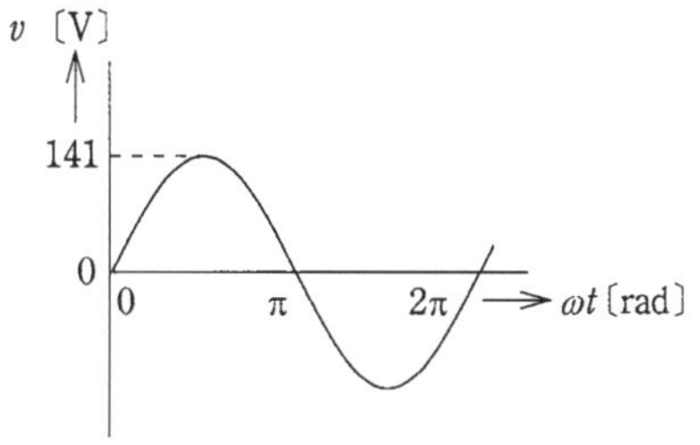	イ．50　　ロ．100　　ハ．314　　ニ．628
4	図のような交流回路において、抵抗$R=15$〔Ω〕、誘導性リアクタンス$X_L=10$〔Ω〕、容量性リアクタンス$X_C=2$〔Ω〕である。この回路の消費電力〔W〕は。 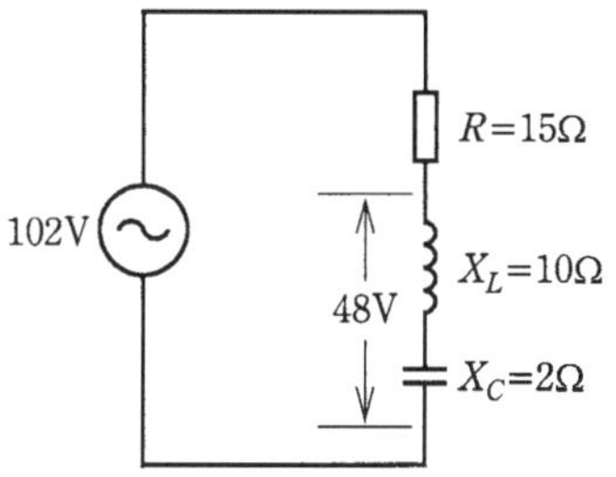	イ．240　　ロ．288　　ハ．505　　ニ．540

	問 い	答 え
5	図のような三相交流回路において、電源電圧は V [V]、抵抗 $R=5$ [Ω]、誘導性リアクタンス $X_L=3$ [Ω] である。回路の全消費電力 [W] を示す式は。	イ. $\dfrac{3V^2}{5}$　　ロ. $\dfrac{V^2}{3}$　　ハ. $\dfrac{V^2}{5}$　　ニ. V^2
6	図のように、定格電圧 V [V]、消費電力 P [W]、力率 $\cos\phi$ （遅れ）の三相負荷に電気を供給する配電線路がある。この配電線路の電力損失 [W] を示す式は。 ただし、配電線路の電線1線当たりの抵抗は r [Ω] とし、配電線路のリアクタンスは無視できるものとする。	イ. $\dfrac{P^2 \cdot r}{V^2 \cos^2\phi}$　　ロ. $\dfrac{P \cdot r}{V \cos\phi}$　　ハ. $\dfrac{P^2 \cdot r}{V^2 \cos\phi}$　　ニ. $\dfrac{P \cdot r^2}{V \cos^2\phi}$
7	図のような単相3線式配電線路において、負荷抵抗は10 [Ω] 一定である。スイッチAを閉じ、スイッチBを開いているとき、図中の電圧 V は100 [V] であった。この状態からスイッチBを閉じた場合、電圧 V はどのように変化するか。 ただし、電源電圧は一定で、電線1線当たりの抵抗 r [Ω] は3線とも等しいものとする。	イ. 約2 [V] 下がる。 ロ. 約2 [V] 上がる。 ハ. 変化しない。 ニ. 約1 [V] 上がる。

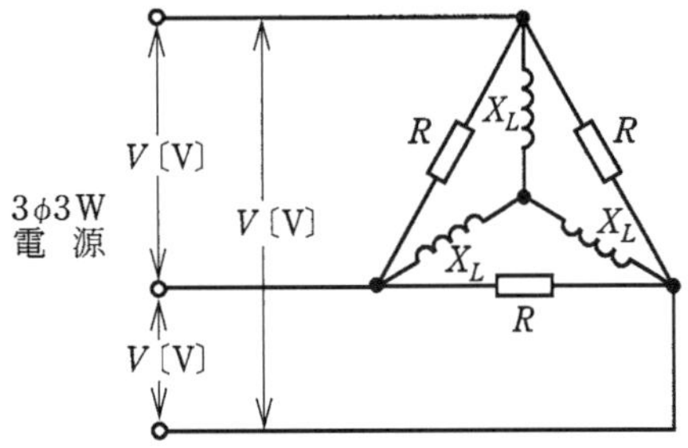

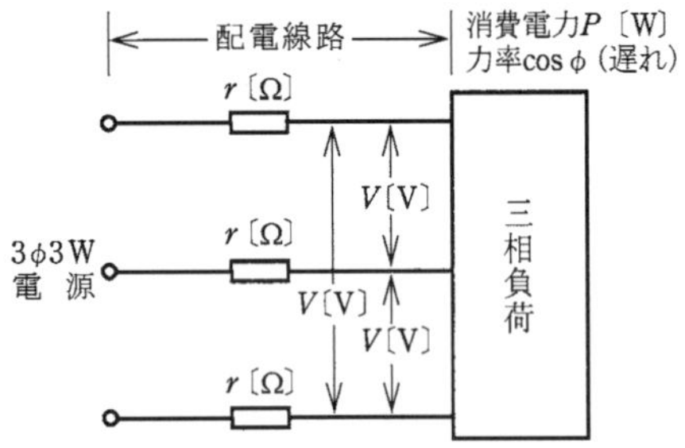

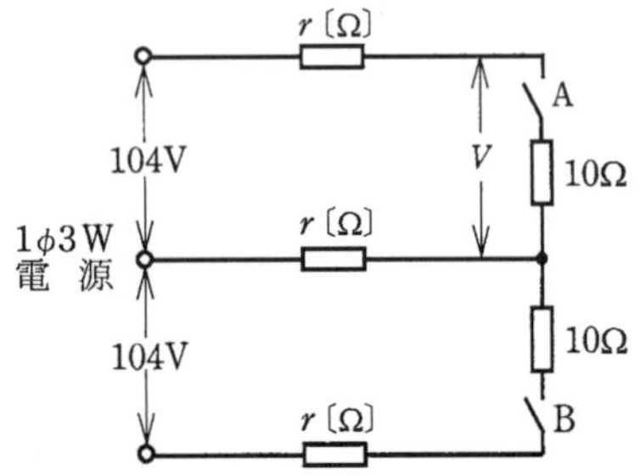

	問 い	答 え
8	定格容量 150〔kV・A〕、定格一次電圧 6 600〔V〕、定格二次電圧 210〔V〕、百分率インピーダンス 5〔％〕の三相変圧器がある。一次側に定格電圧が加わっている状態で、二次側端子間における三相短絡電流〔kA〕は。 ただし、変圧器より電源側のインピーダンスは無視するものとする。 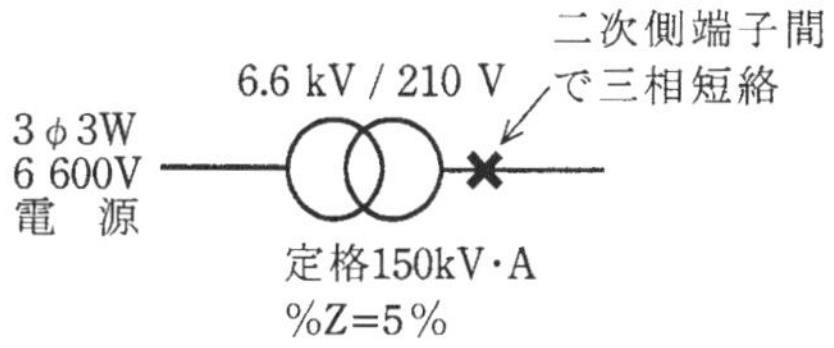	イ．3.00　　ロ．8.25　　ハ．14.29　　ニ．24.75
9	図のように三相電源から、三相負荷（定格電圧 200〔V〕、定格消費電力 20〔kW〕、遅れ力率 0.8）に電気を供給している配電線路がある。図のように低圧進相コンデンサ（容量 15〔kvar〕）を設置して、力率を改善した場合の変化として、**誤っているものは**。 ただし、電源電圧は一定であるとし、負荷のインピーダンスも負荷電圧にかかわらず一定とする。なお、配電線路の抵抗は１線当たり 0.1〔Ω〕とし、線路のリアクタンスは無視できるものとする。 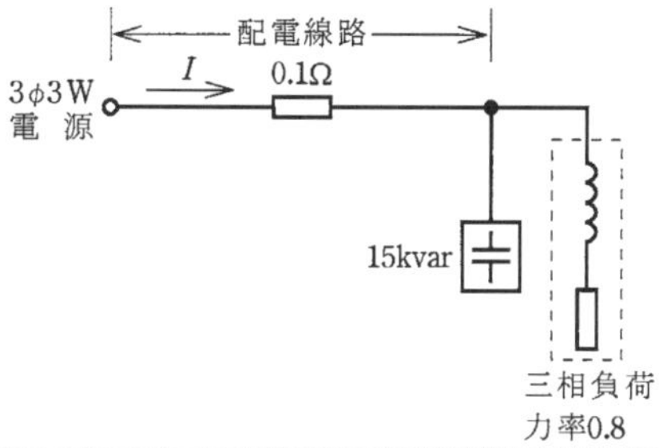	イ．線電流 I が減少する。 ロ．線路の電力損失が減少する。 ハ．電源からみて、負荷側の無効電力が減少する。 ニ．線路の電圧降下が増加する。
10	浮動充電方式の直流電源装置の構成図として、**正しいものは**。	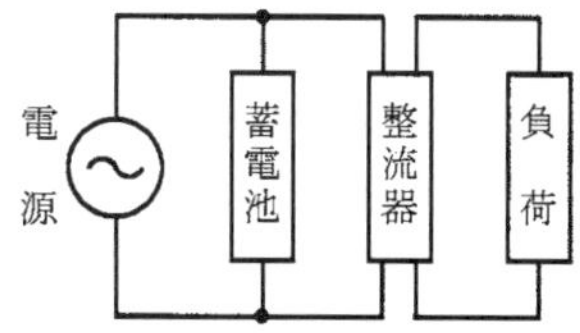 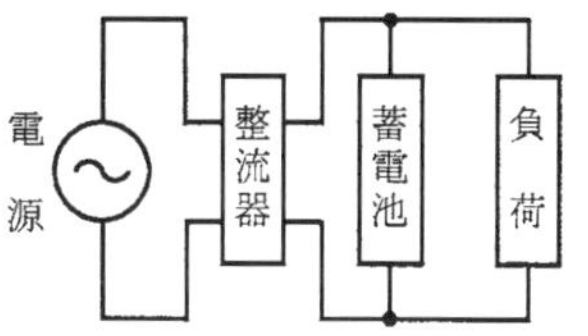 イ．電源－負荷－整流器－蓄電池 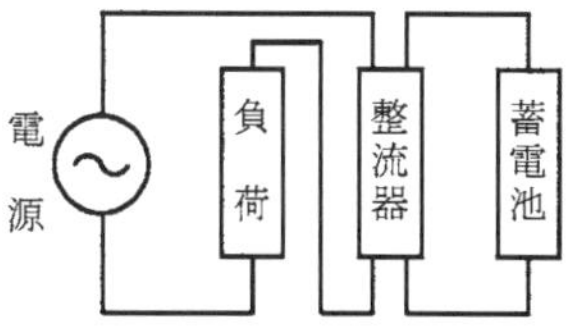 ロ．電源－蓄電池－整流器－負荷 ハ．電源－整流器－蓄電池－負荷 ニ．電源－整流器－蓄電池－負荷 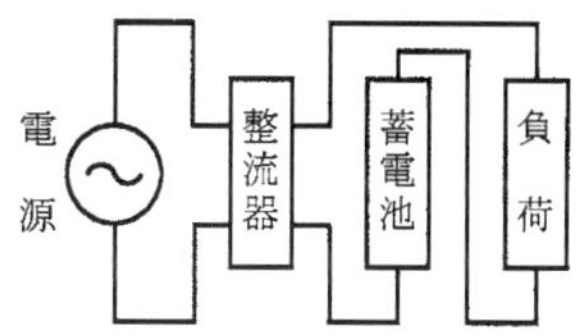
11	三相かご形誘導電動機の始動方法として、**用いられないものは**。	イ．二次抵抗始動 ロ．全電圧始動（直入れ） ハ．スターデルタ始動 ニ．リアクトル始動

	問 い	答 え
12	図のQ点における水平面照度が8〔lx〕であった。点光源Aの光度 I〔cd〕は。 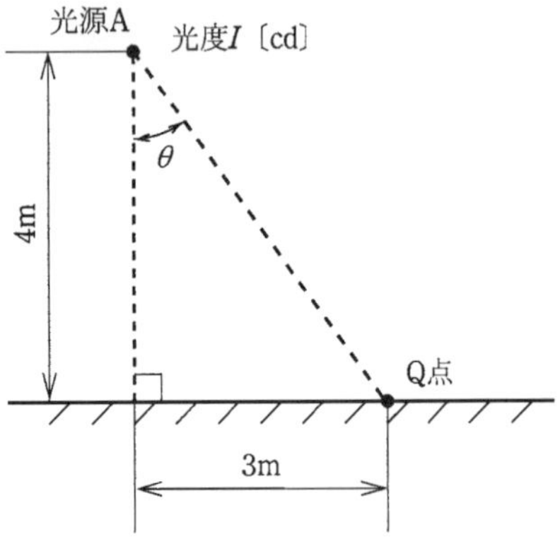	イ．50　　ロ．160　　ハ．250　　ニ．320
13	図に示すサイリスタ（逆阻止3端子サイリスタ）回路の出力電圧 v_0 の波形として、**得ることのできない波形は。** ただし、電源電圧は正弦波交流とする。 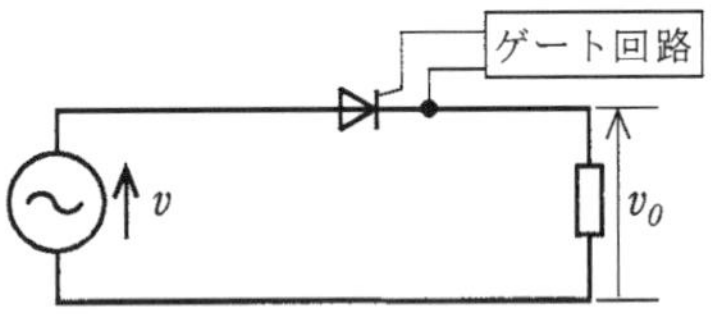	イ． 　　ロ． 　　ハ． 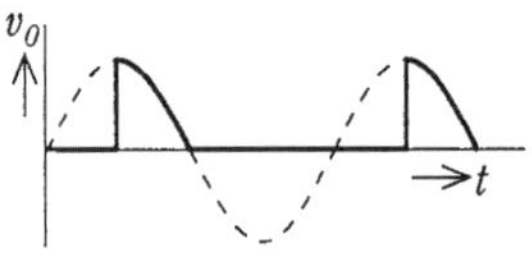　　ニ． 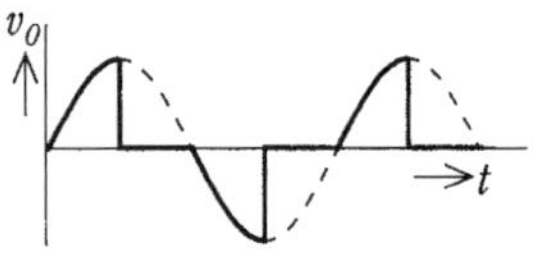
14	写真に示す品物の名称は。 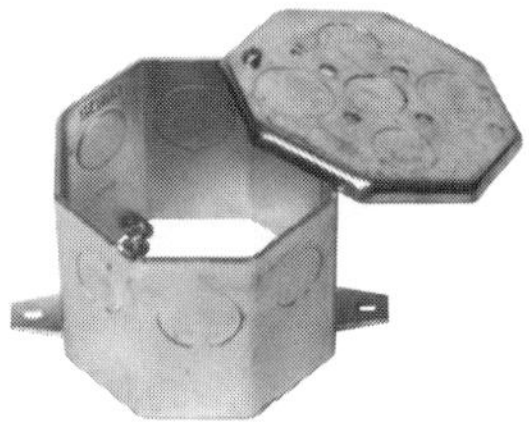	イ．アウトレットボックス ロ．コンクリートボックス ハ．フロアボックス ニ．スイッチボックス
15	写真に示す品物の名称は。 	イ．シーリングフィッチング ロ．カップリング ハ．ユニバーサル ニ．ターミナルキャップ
16	タービン発電機の記述として、**誤っているものは。**	イ．タービン発電機は、水車発電機に比べて回転速度が高い。 ロ．回転子は、円筒回転界磁形が用いられる。 ハ．タービン発電機は、駆動力として蒸気圧などを利用している。 ニ．回転子は、一般に縦軸形が採用される。

	問い	答え
17	架空送電線路に使用されるアーマロッドの記述として、**正しいもの**は。	イ．がいしの両端に設け、がいしや電線を雷の異常電圧から保護する。 ロ．電線と同種の金属を電線に巻きつけ補強し、電線の振動による素線切れなどを防止する。 ハ．電線におもりとして取付け、微風により生じる電線の振動を吸収し、電線の損傷などを防止する。 ニ．多導体に使用する間隔材で強風による電線相互の接近・接触や負荷電流、事故電流による電磁吸引力のための素線の損傷を防止する。
18	コージェネレーションシステムに関する記述として、**最も適切なもの**は。	イ．受電した電気と常時連系した発電システム ロ．電気と熱を併せ供給する発電システム ハ．深夜電力を利用した発電システム ニ．電気集じん装置を利用した発電システム
19	同一容量の単相変圧器を並行運転するための条件として、**必要でないもの**は。	イ．各変圧器の極性を一致させて結線すること。 ロ．各変圧器の変圧比が等しいこと。 ハ．各変圧器のインピーダンス電圧が等しいこと。 ニ．各変圧器の効率が等しいこと。
20	次の文章は、電気設備の技術基準で定義されている調相設備についての記述である。 「調相設備とは、□□□を調整する電気機械器具をいう。」 上記の空欄にあてはまる語句として、**正しいもの**は。	イ．受電電力 ロ．最大電力 ハ．無効電力 ニ．皮相電力
21	次の機器のうち、高頻度開閉を目的に使用されるものは。	イ．高圧交流負荷開閉器 ロ．高圧交流遮断器 ハ．高圧交流電磁接触器 ニ．高圧断路器
22	写真に示す機器の略号（文字記号）は。 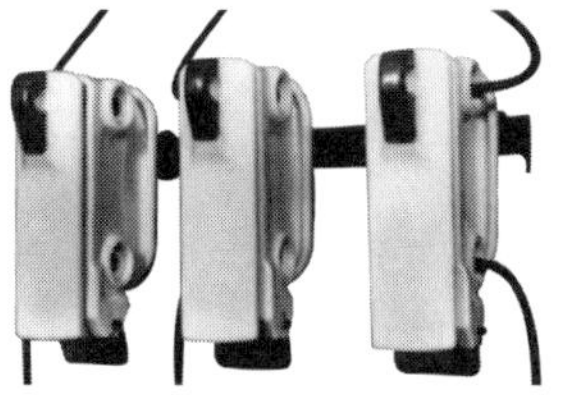	イ．PC ロ．CB ハ．LBS ニ．DS
23	写真の矢印で示す部分の主な役割は。 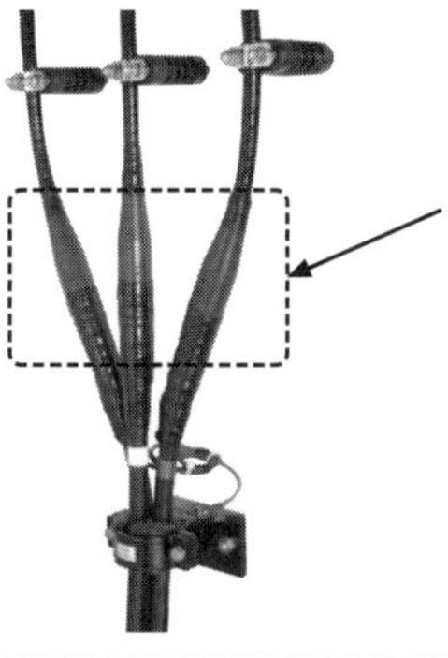	イ．水の浸入を防止する。 ロ．電流の不平衡を防止する。 ハ．遮へい端部の電位傾度を緩和する。 ニ．機械的強度を補強する。

問い	答え
24　人体の体温を検知して自動的に開閉するスイッチで、玄関の照明などに用いられるスイッチの名称は。	イ．遅延スイッチ ロ．自動点滅器 ハ．リモコンセレクタスイッチ ニ．熱線式自動スイッチ
25　引込柱の支線工事に使用する材料の組合せとして、**正しいもの**は。 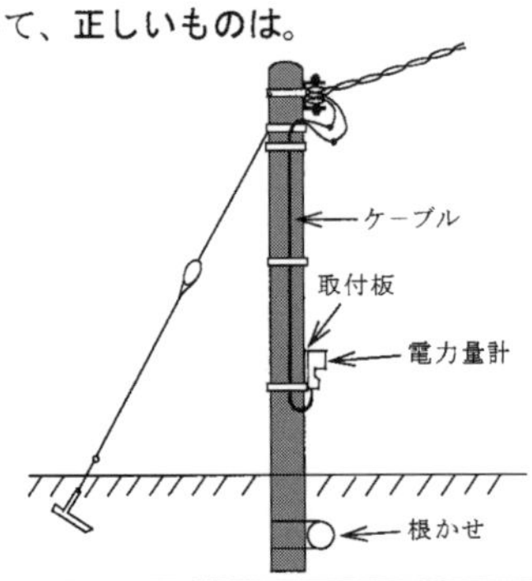	イ．巻付グリップ、スリーブ、アンカ ロ．耐張クランプ、玉がいし、亜鉛めっき鋼より線 ハ．耐張クランプ、巻付グリップ、スリーブ ニ．亜鉛めっき鋼より線、玉がいし、アンカ
26　写真に示す工具の名称は。 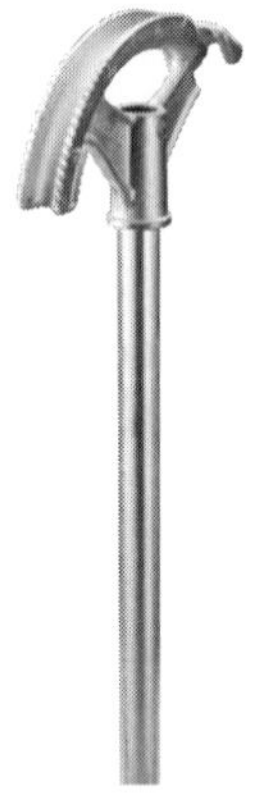	イ．ケーブルジャッキ ロ．パイプベンダ ハ．延線ローラ ニ．ワイヤストリッパ
27　接地工事に関する記述として、**不適切な**ものは。	イ．人が触れるおそれのある場所で、B種接地工事の接地線を地表上 2〔m〕までCD管で保護した。 ロ．D種接地工事の接地極をA種接地工事の接地極（避雷器用を除く）と共用して、接地抵抗を 10〔Ω〕以下とした。 ハ．地中に埋設する接地極に大きさが 900〔mm〕× 900〔mm〕× 1.6〔mm〕の銅板を使用した。 ニ．接触防護措置を施していない 400〔V〕低圧屋内配線において、電線を収めるための金属管にC種接地工事を施した。
28　高圧屋内配線を、乾燥した場所であって展開した場所に施設する場合の記述として、**不適切な**ものは。	イ．高圧ケーブルを金属管に収めて施設した。 ロ．高圧ケーブルを金属ダクトに収めて施設した。 ハ．接触防護措置を施した高圧絶縁電線をがいし引き工事により施設した。 ニ．高圧絶縁電線を金属管に収めて施設した。
29　ライティングダクト工事の記述として、**誤っている**ものは。	イ．ライティングダクトを 1.5〔m〕の支持間隔で造営材に堅ろうに取り付けた。 ロ．ライティングダクトの終端部を閉そくするために、エンドキャップを取り付けた。 ハ．ライティングダクトの開口部を人が容易に触れるおそれがないので、上向きに取り付けた。 ニ．ライティングダクトにD種接地工事を施した。

問い30から問い34までは、下の図に関する問いである。

図は、自家用電気工作物構内の受電設備を表した図である。この図に関する各問いには、4通りの答え（イ、ロ、ハ、ニ）が書いてある。それぞれの問いに対して、答えを1つ選びなさい。

〔注〕図において、問いに直接関係のない部分等は、省略又は簡略化してある。

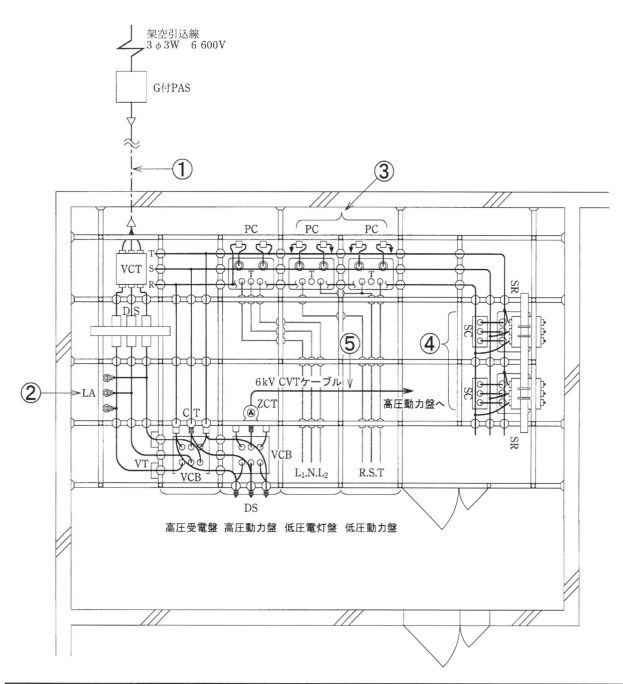

	問 い	答 え
30	①に示す高圧引込ケーブルに関する施工方法等で、**不適切なもの**は。	イ．ケーブルには、トリプレックス形6 600V架橋ポリエチレン絶縁ビニルシースケーブルを使用して施工した。 ロ．施設場所が重汚損を受けるおそれのある塩害地区なので、屋外部分の終端処理はゴムとう管形屋外終端処理とした。 ハ．電線の太さは、受電する電流、短時間耐電流などを考慮し、電気事業者と協議して選定した。 ニ．ケーブルの引込口は、水の浸入を防止するためケーブルの太さ、種類に適合した防水処理を施した。

問 い	答 え
31　②に示す避雷器の設置に関する記述として、**不適切なもの**は。	イ．受電電力 500〔kW〕未満の需要場所では避雷器の設置義務はないが、雷害の多い地区であり、電路が架空電線路に接続されているので、引込口の近くに避雷器を設置した。 ロ．保安上必要なため、避雷器には電路から切り離せるように断路器を施設した。 ハ．避雷器の接地はA種接地工事とし、サージインピーダンスをできるだけ低くするため、接地線を太く短くした。 ニ．避雷器には電路を保護するため、その電源側に限流ヒューズを施設した。
32　③に示す変圧器は、単相変圧器2台を使用して三相200〔V〕の動力電源を得ようとするものである。この回路の高圧側の結線として、**正しいもの**は。	イ． 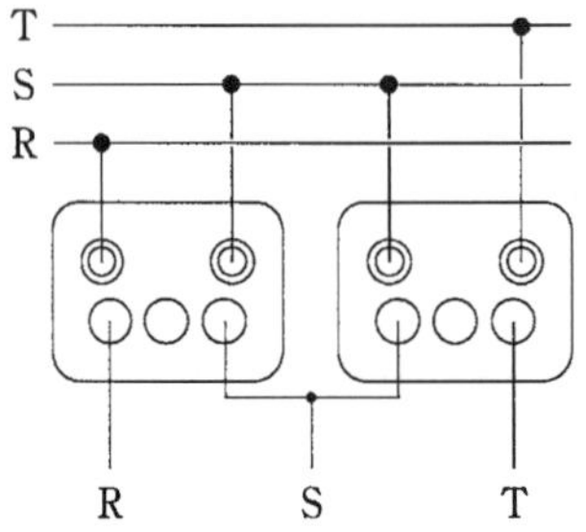　ロ． 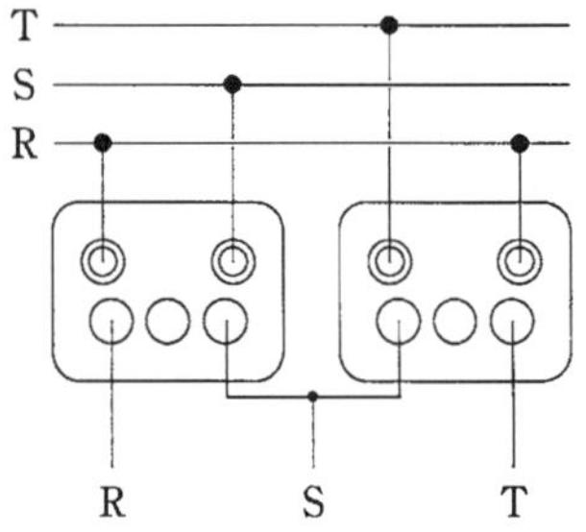　ハ． 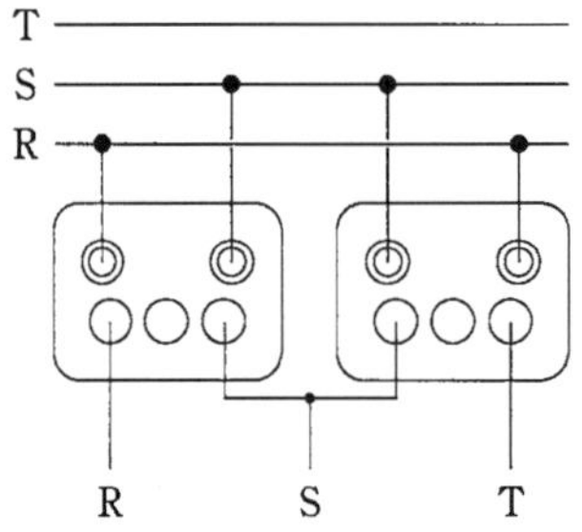　ニ．（結線図） 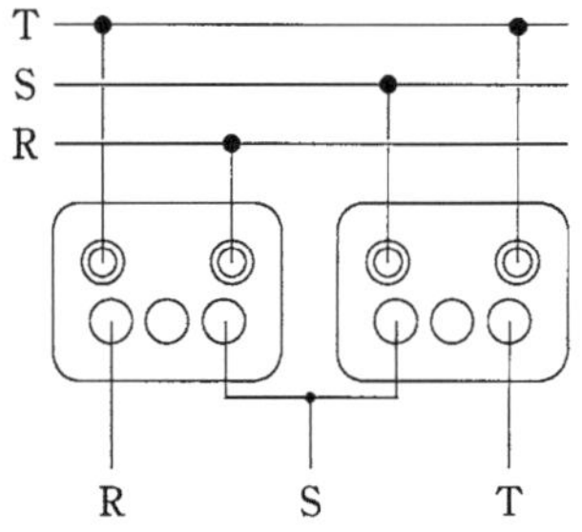
33　④に示す高圧進相コンデンサ設備は、自動力率調整装置によって自動的に力率調整を行うものである。この設備に関する記述として、**不適切なもの**は。	イ．負荷の力率変動に対してできるだけ最適な調整を行うよう、コンデンサは異容量の2群構成とした。 ロ．開閉装置は、開閉能力に優れ自動で開閉できる、高圧交流真空電磁接触器を使用した。 ハ．進相コンデンサの一次側には、限流ヒューズを設けた。 ニ．進相コンデンサに、コンデンサリアクタンスの5〔％〕の直列リアクトルを設けた。
34　⑤に示す高圧ケーブル内で地絡が発生した場合、確実に地絡事故を検出できるケーブルシールドの接地方法として、**正しいもの**は。	イ． 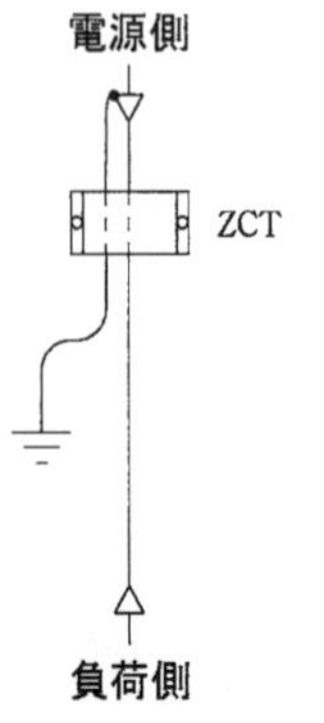　ロ． 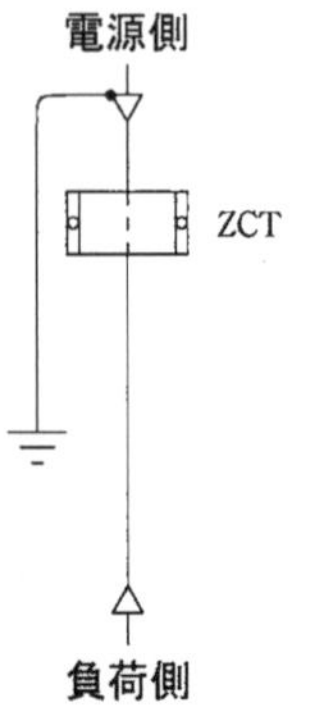　ハ． 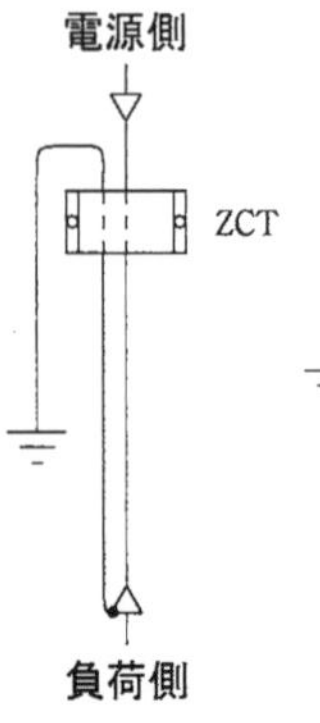　ニ．（ZCT接地図） 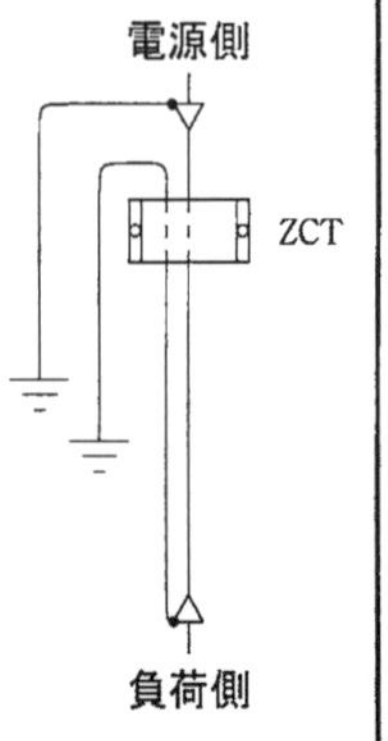

	問 い	答 え
35	電気設備の技術基準の解釈において、停電が困難なため低圧屋内配線の絶縁性能を、漏えい電流を測定して判定する場合、使用電圧が100〔V〕の電路の漏えい電流の上限値として、**適切なものは**。	イ．0.1〔mA〕　　ロ．0.2〔mA〕　　ハ．1.0〔mA〕　　ニ．2.0〔mA〕
36	電気設備の技術基準の解釈において、D種接地工事に関する記述として、**誤っているものは**。	イ．接地抵抗値は、100〔Ω〕以下であること。 ロ．接地抵抗値は、低圧電路において、地絡を生じた場合に0.5秒以内に当該電路を自動的に遮断する装置を施設するときは、500〔Ω〕以下であること。 ハ．D種接地工事を施す金属体と大地との間の電気抵抗値が10〔Ω〕以下でなければ、D種接地工事を施したものとみなされない。 ニ．接地線は故障の際に流れる電流を安全に通じることができるものであること。
37	公称電圧6.6〔kV〕で受電する高圧受電設備の遮断器、変圧器などの高圧側機器（避雷器を除く）を一括で絶縁耐力試験を行う場合、試験電圧〔V〕の計算式は。	イ．6600×1.5 ロ．$6600 \times \dfrac{1.15}{1.1} \times 1.5$ ハ．$6600 \times 1.5 \times 2$ ニ．$6600 \times \dfrac{1.15}{1.1} \times 2$
38	電気工事業の業務の適正化に関する法律において、**正しいものは**。	イ．電気工事士は、電気工事業者の監督の下で、電気用品安全法の表示が付されていない電気用品を電気工事に使用することができる。 ロ．電気工事業者が、電気工事の施工場所に二日間で完了する工事予定であったため、代表者の氏名等を記載した標識を掲げなかった。 ハ．電気工事業者が、電気工事ごとに配線図等を帳簿に記載し、3年経ったので廃棄した。 ニ．一般用電気工事の作業に従事する者は、主任電気工事士がその職務を行うため必要があると認めてする指示に従わなければならない。
39	電気用品安全法の適用を受けるもののうち、特定電気用品でないものは。	イ．差込み接続器（定格電圧125〔V〕、定格電流15〔A〕） ロ．タイムスイッチ（定格電圧125〔V〕、定格電流15〔A〕） ハ．合成樹脂製のケーブル配線用スイッチボックス ニ．600Vビニル絶縁ビニルシースケーブル（導体の公称断面積が8〔mm^2〕、3心）
40	電気事業法において、一般電気事業者が行う一般用電気工作物の調査に関する記述として、**適切でないものは**。	イ．一般電気事業者は、調査を登録調査機関に委託することができる。 ロ．一般用電気工作物が設置された時に調査が行われなかった。 ハ．一般用電気工作物の調査が4年に1回以上行われている。 ニ．登録点検業務受託法人に点検が委託されている一般用電気工作物についても調査する必要がある。

問題2．配線図1 (問題数5、配点は1問当たり2点)

図は、三相誘導電動機を、押しボタンスイッチの操作により正逆運転させる制御回路である。この図の矢印で示す5箇所に関する各問いには、4通りの答え（イ、ロ、ハ、ニ）が書いてある。それぞれの問いに対して、答えを1つ選びなさい。

〔注〕　図において、問いに直接関係のない部分等は、省略又は簡略化してある。

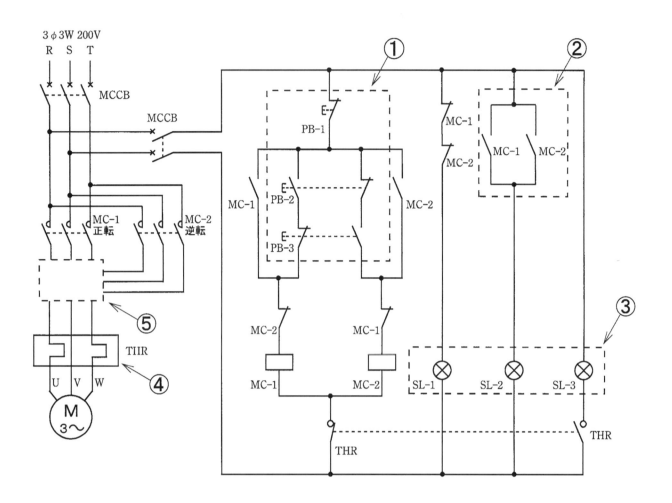

	問　い	答　え
41	①で示す押しボタンスイッチの操作で、停止状態から正転運転した後、逆転運転までの手順として、正しいものは。	イ．PB-3→PB-2→PB-1 ロ．PB-3→PB-1→PB-2 ハ．PB-2→PB-1→PB-3 ニ．PB-2→PB-3→PB-1
42	②で示す回路の名称として、正しいものは。	イ．AND回路 ロ．OR回路 ハ．NAND回路 ニ．NOR回路
43	③で示す各表示灯の用途は。	イ．SL-1 停止表示　　SL-2 運転表示　　SL-3 故障表示 ロ．SL-1 運転表示　　SL-2 故障表示　　SL-3 停止表示 ハ．SL-1 正転運転表示　SL-2 逆転運転表示　SL-3 故障表示 ニ．SL-1 故障表示　　SL-2 正転運転表示　SL-3 逆転運転表示

問い	答え
44 ④で示す図記号の機器は。	イ. 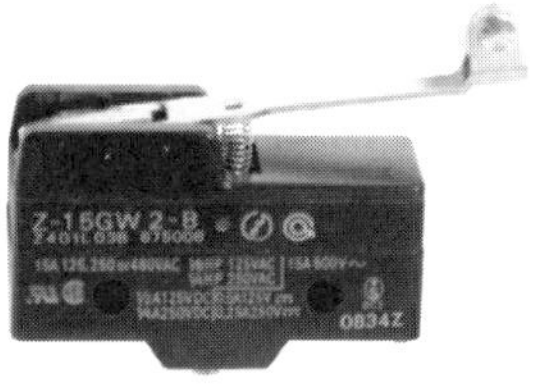 ロ.  ハ. 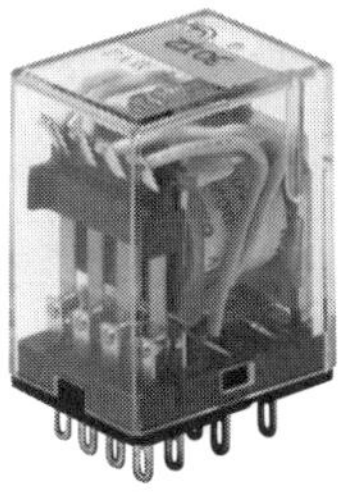 ニ. 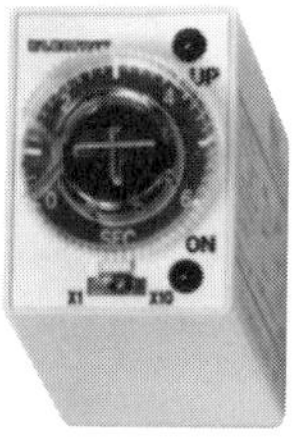
45 ⑤で示す部分の結線図で、正しいものは。	イ. 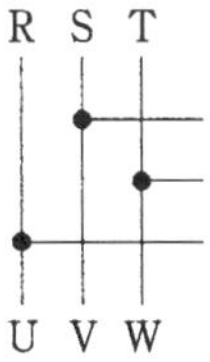 ロ. 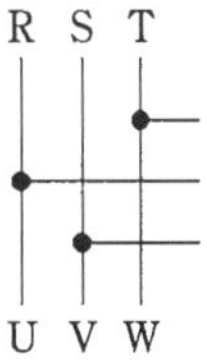 ハ. 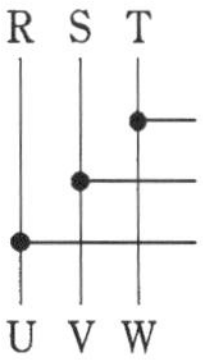 ニ. 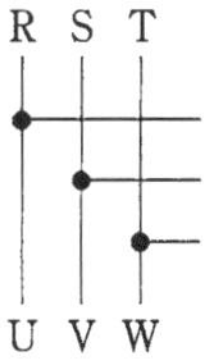

問題3．配線図2 (問題数5、配点は1問当たり2点)

図は、高圧受電設備の単線結線図である。この図の矢印で示す5箇所に関する各問いには、4通りの答え（イ、ロ、ハ、ニ）が書いてある。それぞれの問いに対して、答えを1つ選びなさい。

〔注〕 図において、問いに直接関係のない部分等は、省略又は簡略化してある。

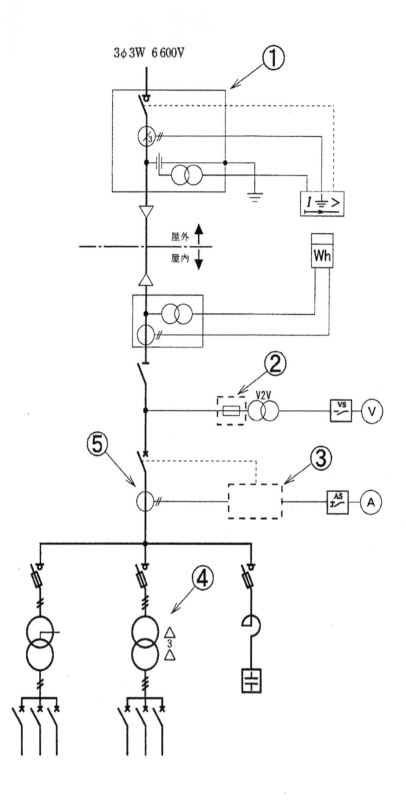

	問 い	答 え
46	①で示す機器の役割は。	イ．需要家側電気設備の地絡事故を検出し、高圧交流負荷開閉器を開放する。 ロ．電気事業者側の地絡事故を検出し、高圧断路器を開放する。 ハ．需要家側電気設備の地絡事故を検出し、高圧断路器を開放する。 ニ．電気事業者側の地絡事故を検出し、高圧交流遮断器を自動遮断する。
47	②の部分に施設する機器と使用する本数は。	イ．(2本)　ロ．(4本)　ハ．(2本)　ニ．(4本) 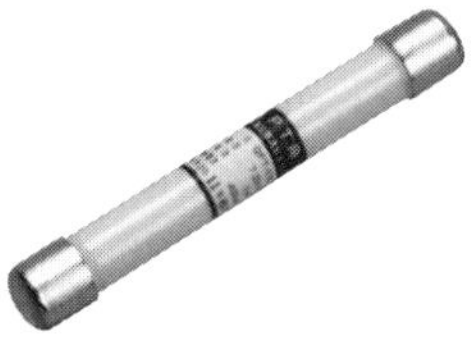 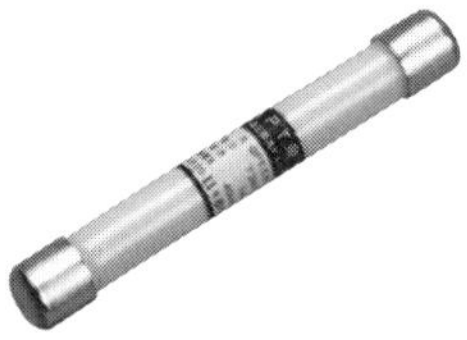 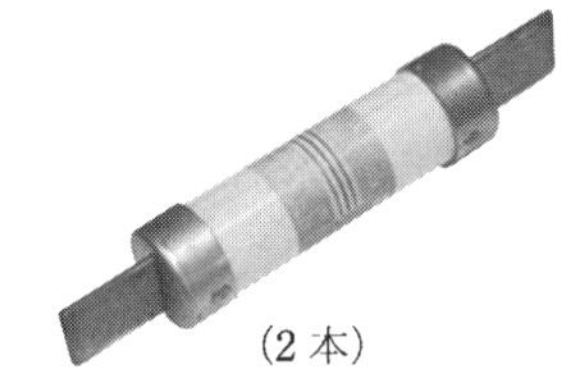 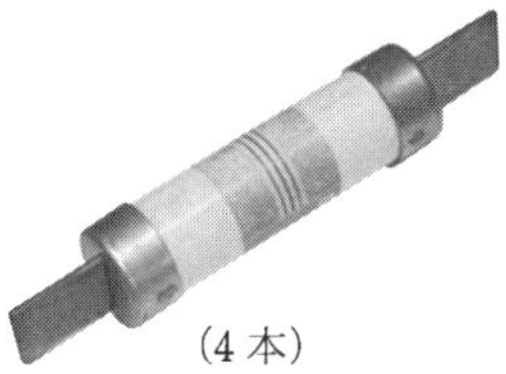
48	③で示す部分に設置する機器の図記号と略号（文字記号）の組合せは。	イ．$I \doteq <$　OCGR　ロ．$I \doteq >$　OCGR　ハ．$I <$　OCR　ニ．$I >$　OCR
49	④に設置する機器と台数は。	イ．(3台)　ロ．(3台)　ハ．(1台)　ニ．(1台)    
50	⑤で示す機器の二次側電路に施す接地工事の種類は。	イ．A種接地工事 ロ．B種接地工事 ハ．C種接地工事 ニ．D種接地工事

26年
16頁

第一種電気工事士 筆記模擬試験の答案用紙

平成 25 年

問題1．一般問題 （問題数40、配点は1問当たり2点）

次の各問いには4通りの答え（イ、ロ、ハ、ニ）が書いてある。それぞれの問いに対して答えを1つ選びなさい。

	問 い	答 え
1	図のように、面積 S の平板電極間に、厚さが d で誘電率 ε の絶縁物が入っている平行平板コンデンサがあり、直流電圧 V が加わっている。このコンデンサの電極間の電界の強さ E に関する記述として、**正しいもの**は。 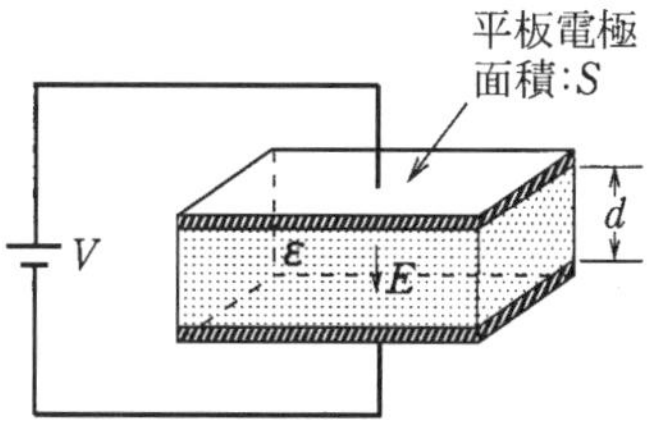	イ．誘電率 ε に比例する。 ロ．電極の面積 S に反比例する。 ハ．電極間の距離 d に比例する。 ニ．電圧 V に比例する。
2	図のような直流回路において、電源電圧は 36〔V〕、回路電流は 6〔A〕である。抵抗 R に流れる電流 I_R〔A〕は。 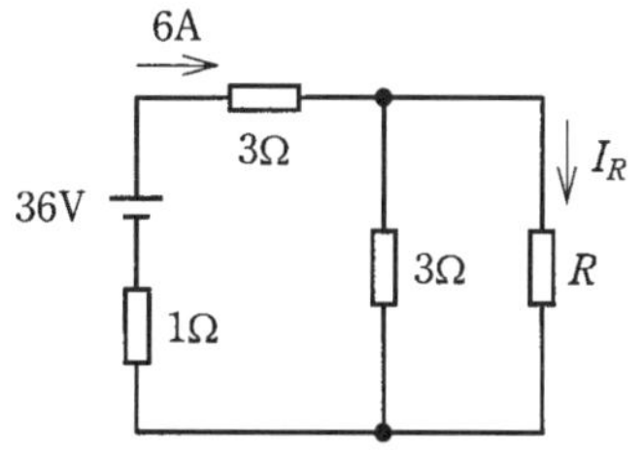	イ．1　　　ロ．2　　　ハ．3　　　ニ．4
3	図のような交流回路において、電源の電圧は V〔V〕、周波数は f〔Hz〕で、2個のコンデンサの静電容量はそれぞれ C〔F〕である。電流 I〔A〕を示す式は。 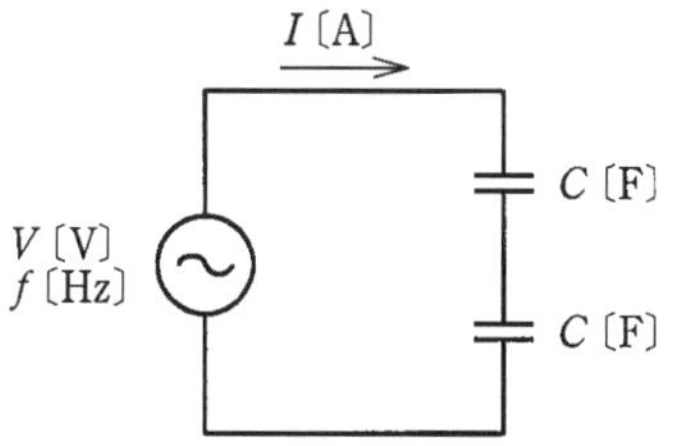	イ．πfCV　　ロ．$2\pi fCV$　　ハ．$\dfrac{V}{2\pi fC}$　　ニ．$\dfrac{V}{\pi fC}$
4	図のような交流回路において、抵抗 R で10分間に発生する熱量〔kJ〕は。 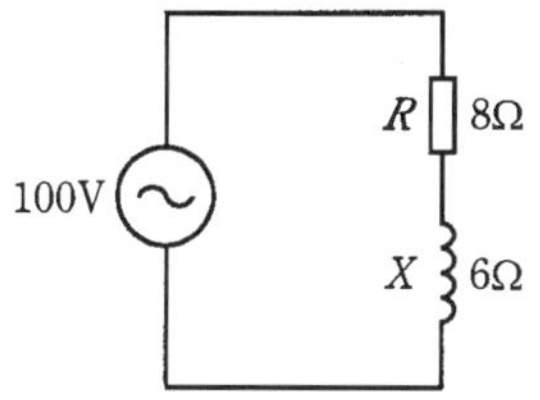	イ．245　　ロ．480　　ハ．600　　ニ．800

―65―

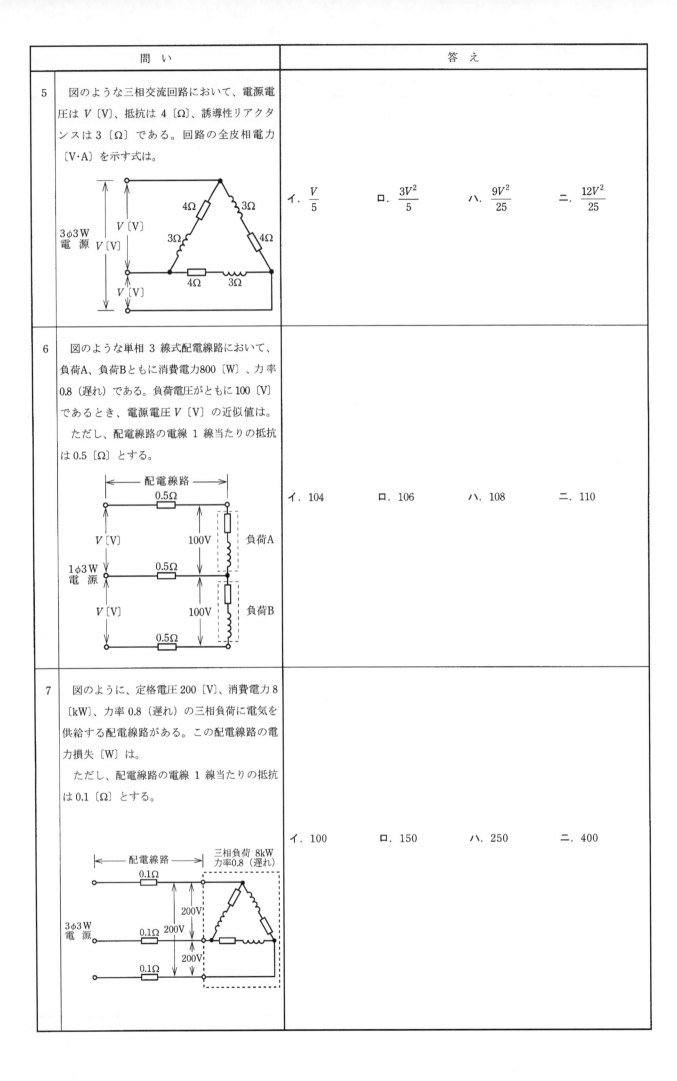

問い	答え
8　図のような三相3線式配電線路で、電線1線当たりの抵抗を r〔Ω〕、リアクタンスを x〔Ω〕、線路に流れる電流を I〔A〕とするとき、電圧降下 $(V_s - V_r)$〔V〕の近似値を示す式は。 　ただし、負荷力率 $\cos\phi > 0.8$ で、遅れ力率とする。 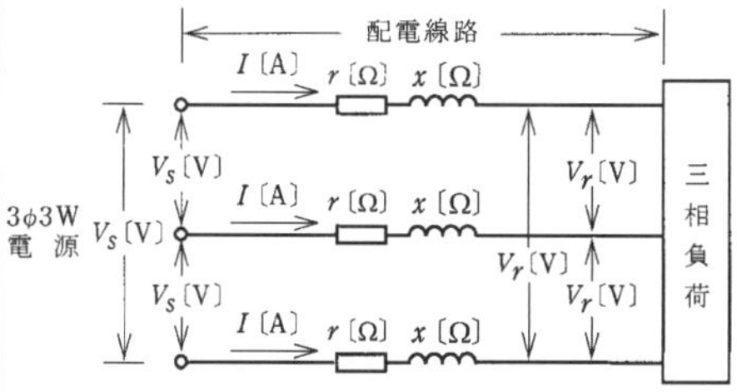	イ．$\sqrt{3}I(r\cos\phi - x\sin\phi)$ ロ．$\sqrt{3}I(r\sin\phi - x\sin\phi)$ ハ．$\sqrt{3}I(r\sin\phi + x\cos\phi)$ ニ．$\sqrt{3}I(r\cos\phi + x\sin\phi)$
9　図のような直列リアクトルを設けた高圧進相コンデンサがある。電源電圧が V〔V〕、誘導性リアクタンスが9〔Ω〕、容量性リアクタンスが150〔Ω〕であるとき、回路に流れる電流 I〔A〕を示す式は。 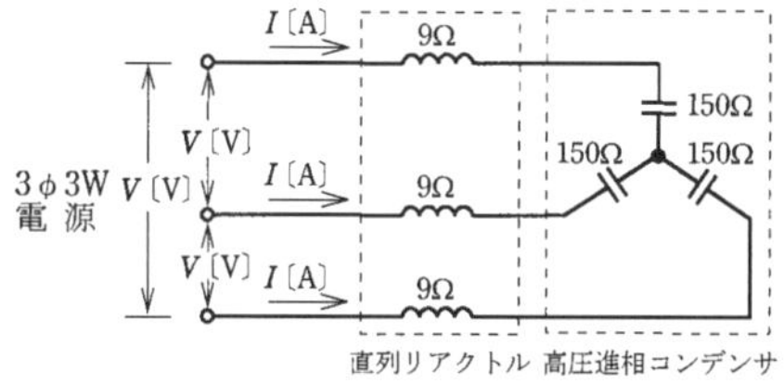	イ．$\dfrac{V}{141\sqrt{3}}$　　ロ．$\dfrac{V}{159\sqrt{3}}$　　ハ．$\dfrac{\sqrt{3}V}{141}$　　ニ．$\dfrac{\sqrt{3}V}{159}$
10　巻上荷重1.96〔kN〕の物体を毎分60〔m〕の速さで巻き上げているときの巻上機用電動機の出力〔kW〕は。 　ただし、巻上機の効率は70〔％〕とする。	イ．0.7　　ロ．1.0　　ハ．1.4　　ニ．2.8
11　変圧器の損失に関する記述として、**誤っている**ものは。	イ．無負荷損の大部分は鉄損である。 ロ．負荷電流が2倍になれば銅損は2倍になる。 ハ．鉄損にはヒステリシス損と渦電流損がある。 ニ．銅損と鉄損が等しいときに変圧器の効率が最大となる。
12　電気機器の絶縁材料は、JISにより電気製品の絶縁の耐熱クラスごとに許容最高温度〔℃〕が定められている。耐熱クラスB、E、F、Hのなかで、許容最高温度の**最も低い**ものは。	イ．B　　ロ．E　　ハ．F　　ニ．H
13　鉛蓄電池と比較したアルカリ蓄電池の特徴として、**誤っている**ものは。	イ．電解液が不要である。 ロ．起電力は鉛蓄電池より小さい。 ハ．保守が簡単である。 ニ．小形密閉化が容易である。

	問 い	答 え
14	写真に示す材料の名称は。(拡大図 45mm × 40mm) 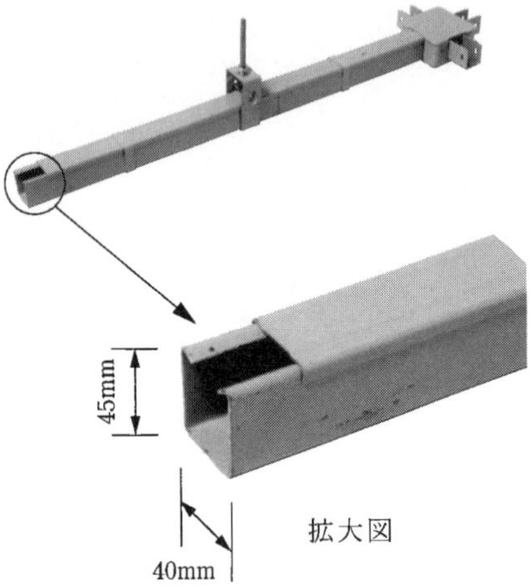	イ．二種金属製線ぴ ロ．金属ダクト ハ．フロアダクト ニ．ライティングダクト
15	写真の単相誘導電動機の矢印で示す部分の名称は。 	イ．固定子巻線 ロ．固定子鉄心 ハ．ブラケット ニ．回転子鉄心
16	水力発電所の発電用水の経路の順序として、正しいものは。	イ．水圧管路→取水口→水車→放水口 ロ．取水口→水車→水圧管路→放水口 ハ．取水口→水圧管路→水車→放水口 ニ．取水口→水圧管路→放水口→水車
17	図は火力発電所の熱サイクルを示した装置線図である。この熱サイクルの種類は。 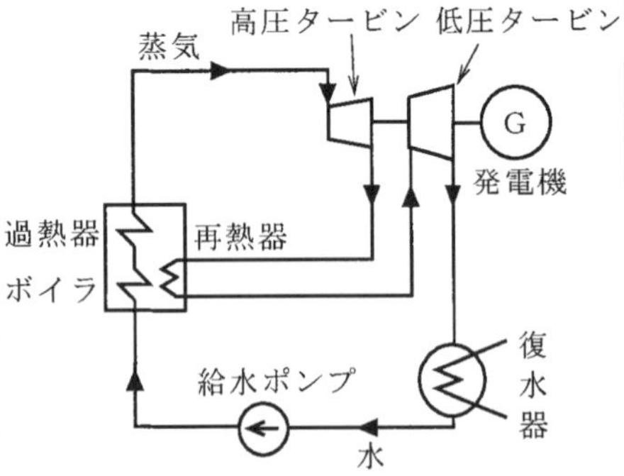	イ．再生サイクル ロ．再熱サイクル ハ．再熱再生サイクル ニ．コンバインドサイクル
18	ディーゼル発電装置に関する記述として、**誤っているもの**は。	イ．ディーゼル機関は点火プラグが不要である。 ロ．回転むらを滑らかにするために、はずみ車が用いられる。 ハ．ビルなどの非常用予備発電装置として一般に使用される。 ニ．ディーゼル機関の動作工程は、吸気→爆発（燃焼）→圧縮→排気である。

	問い	答え
19	柱上変圧器 A、B、C の一次側の電圧は、電圧降下により、それぞれ 6 450〔V〕、6 300〔V〕、6 150〔V〕である。柱上変圧器 A、B、C の二次電圧をそれぞれ 105〔V〕に調整するため、一次側タップを選定する組合せとして、**正しいもの**は。	イ．／ロ．／ハ．／ニ．（変電所からの一次側タップ選定図） 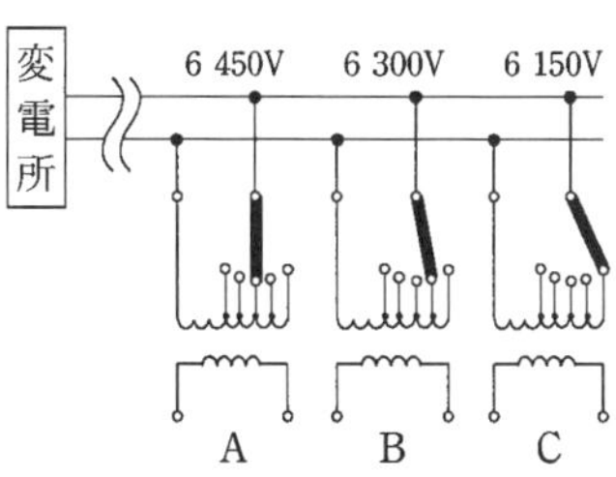 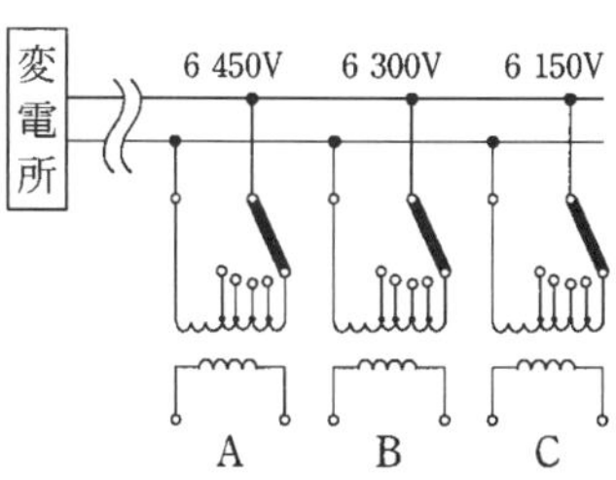 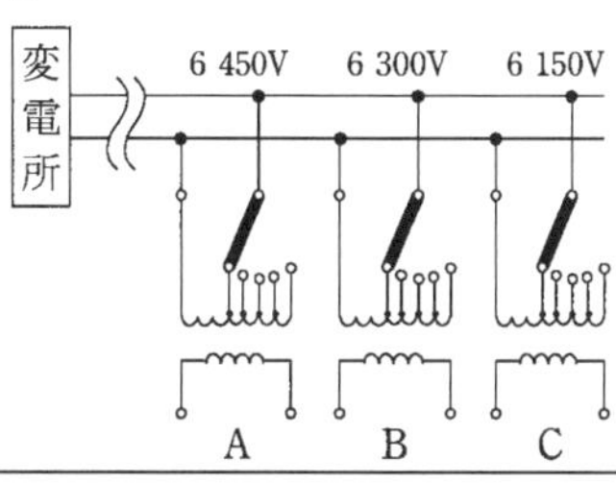 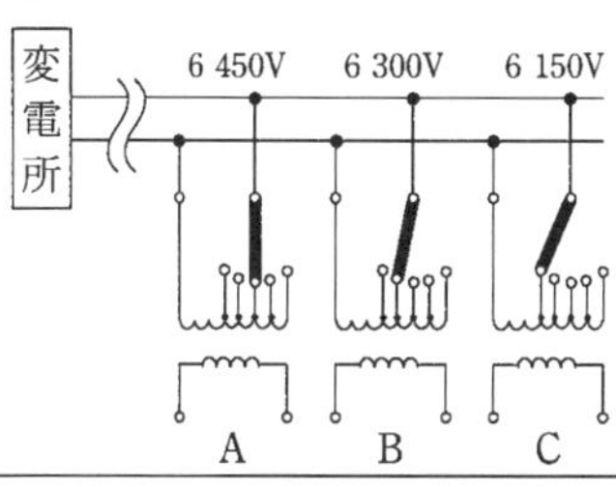
20	定格設備容量が 50〔kvar〕を超過する高圧進相コンデンサの開閉装置として、**使用できないもの**は。	イ．高圧真空遮断器（VCB） ロ．高圧交流負荷開閉器（LBS） ハ．高圧カットアウト（PC） ニ．高圧真空電磁接触器（VMC）
21	高圧受電設備の受電用遮断器の遮断容量を決定する場合に、**必要なもの**は。	イ．最大負荷電流 ロ．受電用変圧器の容量 ハ．受電点の三相短絡電流 ニ．電気事業者との契約電力
22	写真に示す品物の用途は。 	イ．進相コンデンサに接続して投入時の突入電流を抑制する。 ロ．高電圧を低電圧に変成する。 ハ．零相電流を検出する。 ニ．大電流を小電流に変成する。
23	写真の矢印で示す部分の役割は。 	イ．過大電流が流れたとき、開閉器が開かないようにロックする。 ロ．ヒューズが溶断したとき、連動して開閉器を開放する。 ハ．開閉器の開閉操作のとき、ヒューズが脱落するのを防止する。 ニ．ヒューズを装着するとき、正規の取付位置からずれないようにする。
24	単相 200〔V〕の回路に使用できないコンセントは。	イ．／ロ．／ハ．／ニ．（コンセント形状図）    

問い	答え
25　写真に示す材料（ケーブルは除く）の名称は。 	イ．防水鋳鉄管 ロ．シーリングフィッチング ハ．高圧引込がい管 ニ．ユニバーサルエルボ
26　低圧配電盤に、CVケーブル又はCVTケーブルを接続する作業において、一般に**使用しない**工具は。	イ．油圧式パイプベンダ ロ．電工ナイフ ハ．トルクレンチ ニ．油圧式圧着工具
27　展開した場所で、湿気の多い場所又は水気のある場所に施す使用電圧300〔V〕以下の低圧屋内配線工事で、施設することができない工事の種類は。	イ．金属管工事 ロ．ケーブル工事 ハ．平形保護層工事 ニ．合成樹脂管工事
28　可燃性ガスが存在する場所に低圧屋内電気設備を施設する施工方法として、**不適切なもの**は。	イ．配線は厚鋼電線管を使用した金属管工事により行い、附属品には耐圧防爆構造のものを使用した。 ロ．可搬形機器の移動電線には、接続点のない3種クロロプレンキャブタイヤケーブルを使用した。 ハ．スイッチ、コンセントには耐圧防爆構造のものを使用した。 ニ．配線は、合成樹脂管工事で行った。
29　使用電圧が300〔V〕以下の低圧屋内配線のケーブル工事の記述として、**誤っているもの**は。	イ．ケーブルに機械的衝撃を受けるおそれがあるので、適当な防護装置を施した。 ロ．ケーブルを接触防護措置を施した場所に垂直に取り付け、その支持点間の距離を5〔m〕にして施設した。 ハ．ケーブルの防護装置に使用する金属製部分にD種接地工事を施した。 ニ．ケーブルを造営材の下面に沿って水平に取り付け、その支持点間の距離を3〔m〕にして施設した。

問い30から問い34までは、下の図に関する問いである。

図は、供給用配電箱（高圧キャビネット）から自家用構内を経由して、屋上に設置した屋外キュービクル式高圧受電設備に至る電路及び見取図である。この図に関する各問いには、4通りの答え（**イ、ロ、ハ、ニ**）が書いてある。それぞれの問いに対して、答えを1つ選びなさい。

〔注〕1．図において、問いに直接関係のない部分等は、省略又は簡略化してある。
　　　2．UGS：地中線用地絡継電装置付き高圧交流負荷開閉器

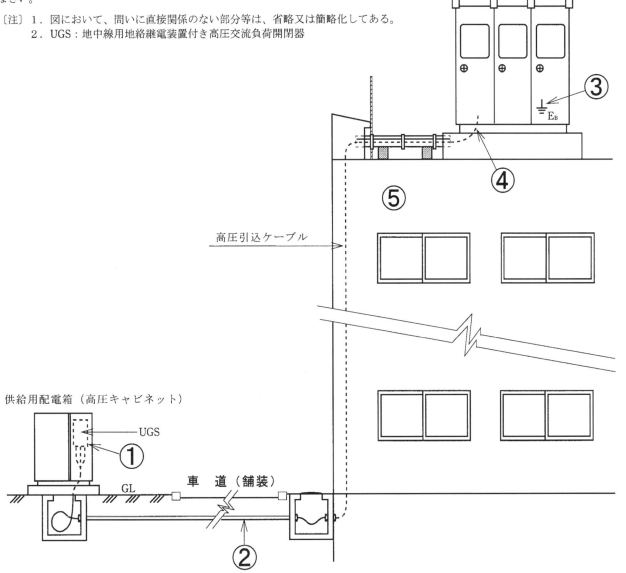

	問　い	答　え
30	①で示す供給用配電箱（高圧キャビネット）に取り付ける地中線用地絡継電装置付き高圧交流負荷開閉器（UGS）に関する記述として、**不適切なものは**。	イ．UGSは、電路に地絡が生じた場合、自動的に電路を遮断する機能を内蔵している。 ロ．UGSには地絡方向継電装置を使用することが望ましい。 ハ．UGSは、電路の短絡電流を遮断する能力を有している。 ニ．UGSの定格短時間耐電流は、系統（受電点）の短絡電流以上のものを選定する。
31	②に示す地中にケーブルを施設する場合、使用する材料と埋設深さ（土冠）として、**不適切なものは**。 ただし、材料はJIS規格に適合するものとする。	イ．ポリエチレン被覆鋼管 　　舗装下面から0.2〔m〕 ロ．硬質塩化ビニル管 　　舗装下面から0.3〔m〕 ハ．波付硬質合成樹脂管 　　舗装下面から0.5〔m〕 ニ．コンクリートトラフ 　　地表面から1.2〔m〕

	問い	答え
32	③に示すキュービクル内の変圧器に施設するB種接地工事の接地抵抗値として許容される最大値〔Ω〕は。 ただし、高圧と低圧の混触により低圧側電路の対地電圧が150〔V〕を超えた場合、1秒以内に高圧電路を自動的に遮断する装置が設けられており、高圧側電路の1線地絡電流は6〔A〕とする。	イ．25　　ロ．50　　ハ．100　　ニ．120
33	④に示すケーブルの引込口などに、必要以上の開口部を設けない主な理由は。	イ．火災時の放水、洪水等で容易に水が浸入しないようにする。 ロ．鳥獣類などの小動物が侵入しないようにする。 ハ．ケーブルの外傷を防止する。 ニ．キュービクルの底板の強度を低下させないようにする。
34	⑤に示す建物の屋内には、高圧ケーブル配線、低圧ケーブル配線、弱電流電線の配線がある。これらの配線が接近又は交差する場合の施工方法に関する記述で、**不適切なものは**。	イ．複数の高圧ケーブルを離隔せず同一のケーブルラックに施設した。 ロ．高圧ケーブルと低圧ケーブルを同一のケーブルラックに15〔cm〕離隔して施設した。 ハ．高圧ケーブルと弱電流電線を10〔cm〕離隔して施設した。 ニ．低圧ケーブルと弱電流電線を接触しないように施設した。

	問い	答え
35	低圧屋内配線の開閉器又は過電流遮断器で区切ることができる電路ごとの絶縁性能として、「電気設備の技術基準（解釈を含む）」に**適合しないものは**。	イ．対地電圧200〔V〕の電動機回路の絶縁抵抗を測定した結果、0.18〔MΩ〕であった。 ロ．対地電圧100〔V〕の電灯回路の絶縁抵抗を測定した結果、0.15〔MΩ〕であった。 ハ．対地電圧200〔V〕のコンセント回路の漏えい電流を測定した結果、0.4〔mA〕であった。 ニ．対地電圧100〔V〕の電灯回路の漏えい電流を測定した結果、0.8〔mA〕であった。
36	人が触れるおそれがある場所に施設する機械器具の金属製外箱等の接地工事について、**誤っているものは**。 ただし、絶縁台は設けないものとする。	イ．使用電圧200〔V〕の電動機の金属製の台及び外箱にD種接地工事を施した。 ロ．使用電圧6〔kV〕の変圧器の金属製の台及び外箱にA種接地工事を施した。 ハ．使用電圧400〔V〕の電動機の金属製の台及び外箱にD種接地工事を施した。 ニ．使用電圧6〔kV〕の外箱のない計器用変圧器の鉄心にA種接地工事を施した。
37	高圧電路の絶縁耐力試験の実施方法に関する記述として、**不適切なものは**。	イ．最大使用電圧が6.9〔kV〕のCVケーブルを直流20.7〔kV〕の試験電圧で実施した。 ロ．試験電圧を5分間印加後、試験電源が停電したので、試験電源が復電後、試験電圧を再度5分間印加し合計10分間印加した。 ハ．一次側6〔kV〕、二次側3〔kV〕の変圧器の一次巻線に試験電圧を印加する場合、二次側巻線を一括して接地した。 ニ．定格電圧1 000〔V〕の絶縁抵抗計で、試験前と試験後に絶縁抵抗測定を実施した。

問い	答え
38 電気工事士法における自家用電気工作物（最大電力 500〔kW〕未満）において、第一種電気工事士又は認定電気工事従事者の資格がなくても従事できる電気工事の作業は。	イ．金属製のボックスを造営材に取り付ける作業 ロ．配電盤を造営材に取り付ける作業 ハ．電線管に電線を収める作業 ニ．露出型コンセントを取り換える作業
39 電気工事士法において、第一種電気工事士に関する記述として、**誤っているものは**。	イ．自家用電気工作物で最大電力 500〔kW〕未満の需要設備の非常用予備発電装置に係る電気工事の作業に従事することができる。 ロ．自家用電気工作物で最大電力 500〔kW〕未満の需要設備の電気工事の作業に従事するときは、第一種電気工事士免状を携帯しなければならない。 ハ．第一種電気工事士免状の交付を受けた日から 5 年以内ごとに、自家用電気工作物の保安に関する講習を受けなければならない。 ニ．第一種電気工事士試験に合格しても所定の実務経験がないと第一種電気工事士免状は交付されない。
40 電気工事業の業務の適正化に関する法律において、電気工事業者が、一般用電気工事のみの業務を行う営業所に備え付けなくてもよい器具は。	イ．絶縁抵抗計 ロ．接地抵抗計 ハ．抵抗及び交流電圧を測定することができる回路計 ニ．低圧検電器

問題２．配線図１ (問題数5、配点は1問当たり2点)

図は、三相誘導電動機（Y－△始動）の始動制御回路図である。この図の矢印で示す5箇所に関する各問いには、4通りの答え（イ、ロ、ハ、ニ）が書いてある。それぞれの問いに対して、答えを1つ選びなさい。

〔注〕図において、問いに直接関係のない部分等は、省略又は簡略化してある。

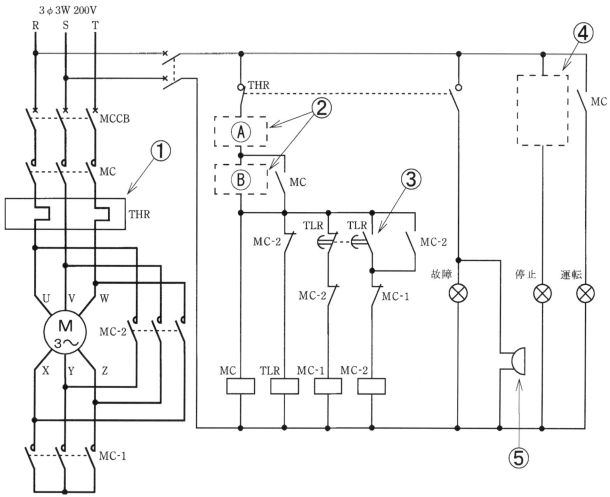

問い	答え
41　①の部分に設置する機器は。	イ．電磁接触器 ロ．限時継電器 ハ．熱動継電器 ニ．始動継電器
42　②で示す部分の押しボタンスイッチの図記号の組合せで、正しいものは。	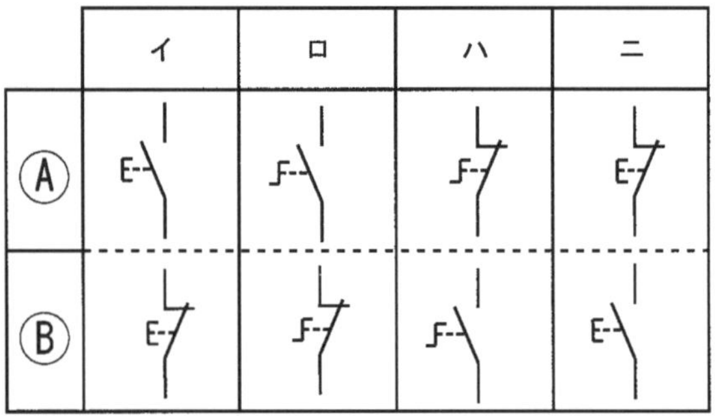 （図記号の表：イ・ロ・ハ・ニ、AとB行）
43　③で示す図記号の接点は。	イ．残留機能付きメーク接点 ロ．自動復帰するメーク接点 ハ．限時動作瞬時復帰のメーク接点 ニ．瞬時動作限時復帰のメーク接点
44　④で示す部分の結線図は。	（イ：MC-1とMC-2の並列、ロ：MC-1とMC-2の並列、ハ：MC-1とMC-2の直列、ニ：MC単独）
45　⑤で示す図記号の機器は。	（イ・ロ・ハ・ニ 機器の写真）

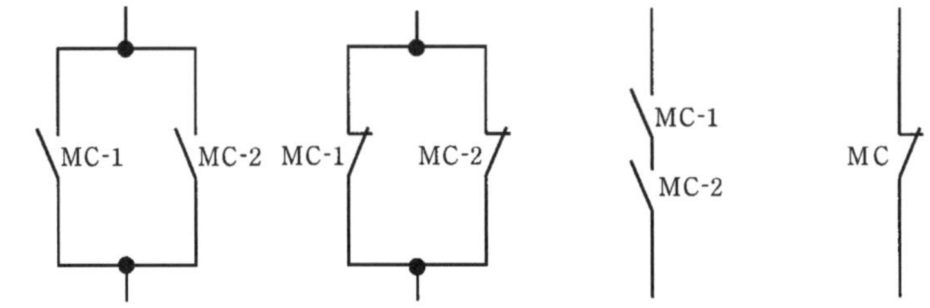

問題3. 配線図2 (問題数5、配点は1問当たり2点)

図は、高圧受電設備の単線結線図である。この図の矢印で示す5箇所に関する各問いには、4通りの答え（イ、ロ、ハ、ニ）が書いてある。それぞれの問いに対して、答えを1つ選びなさい。

〔注〕 図において、問いに直接関係のない部分等は、省略又は簡略化してある。

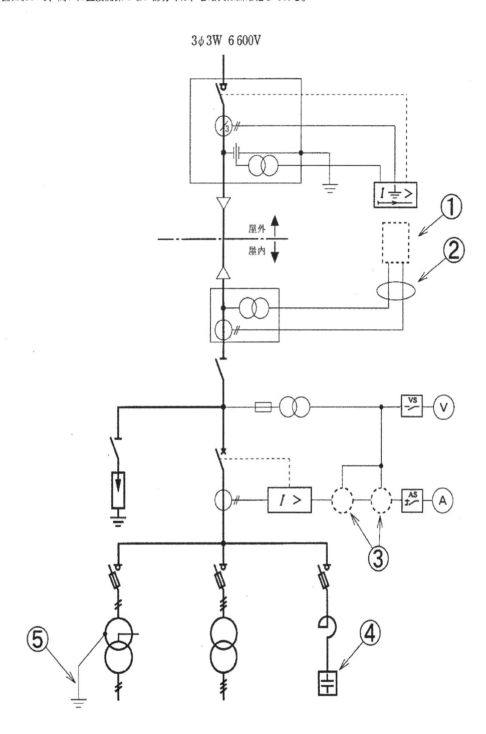

問い	答え
46　①に設置する機器は。	イ． 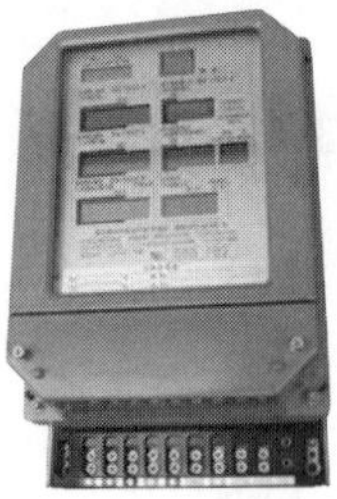　　　　　　　　　　　ロ． 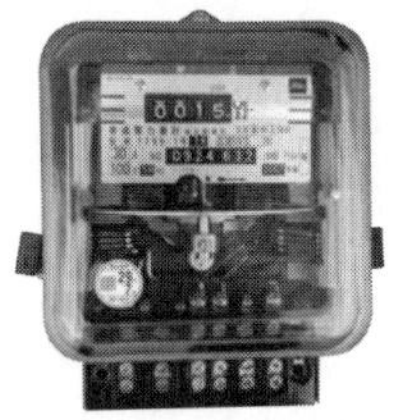 ハ． 　　　　　　　　　　　ニ． 
47　②の部分の電線本数（心線数）は。	イ．2又は3 ロ．4又は5 ハ．6又は7 ニ．8又は9
48　③の部分に設置する機器の図記号の組合せで、正しいものは。	イ．(W)-(Hz)　　ロ．(Wh)-(V)　　ハ．(W)-(cosφ)　　ニ．(Wh)-(Hz)
49　④に設置する機器は。	イ． 　　　　　　　　　　　ロ．  ハ． 　　　　　　　　　　　ニ． 
50　⑤の部分の接地工事に使用する保護管で、**適切なもの**は。 　ただし、接地線に人が触れるおそれがあるものとする。	イ．薄鋼電線管 ロ．厚鋼電線管 ハ．CD管 ニ．硬質ビニル電線管

第一種電気工事士 筆記模擬試験の答案用紙

平成 24 年

24年
2頁

問題1．一般問題 (問題数40、配点は1問当たり2点)

次の各問いには4通りの答え（イ、ロ、ハ、ニ）が書いてある。それぞれの問いに対して答えを1つ選びなさい。

	問 い	答 え
1	図のような直流回路において、電源電圧は106〔V〕、抵抗 R の両端の電圧は6〔V〕である。抵抗 R の抵抗値〔Ω〕は。 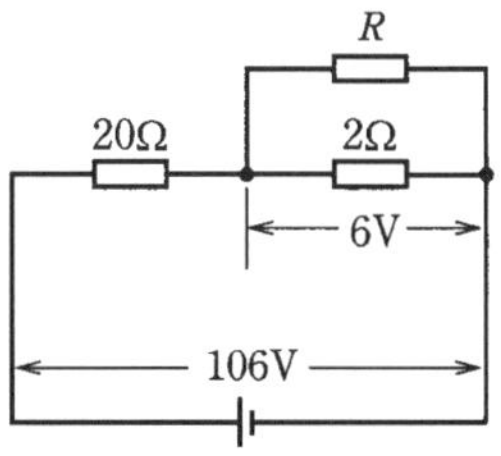	イ．2　　ロ．3　　ハ．4　　ニ．5
2	図のような交流回路において、回路の合成インピーダンス〔Ω〕は。 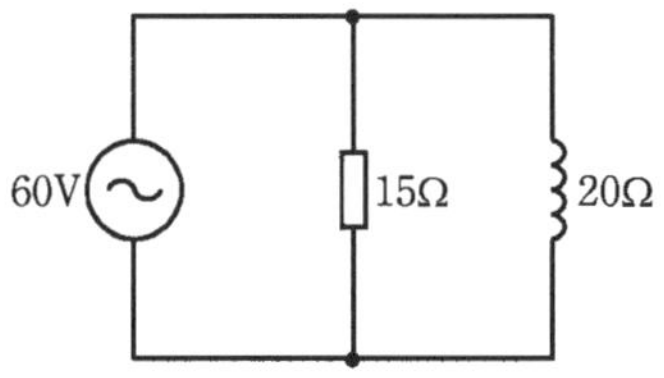	イ．8.6　　ロ．12　　ハ．25　　ニ．30
3	図のような交流回路において、回路の消費電力〔W〕は。 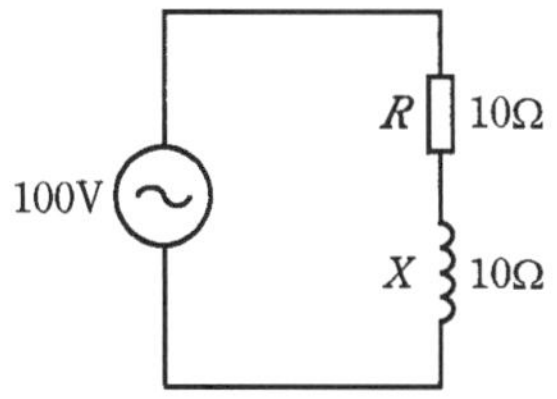	イ．250　　ロ．360　　ハ．420　　ニ．500
4	図のような三相交流回路において、電源電圧は200〔V〕、リアクタンスは5〔Ω〕である。回路の全無効電力〔kvar〕は。 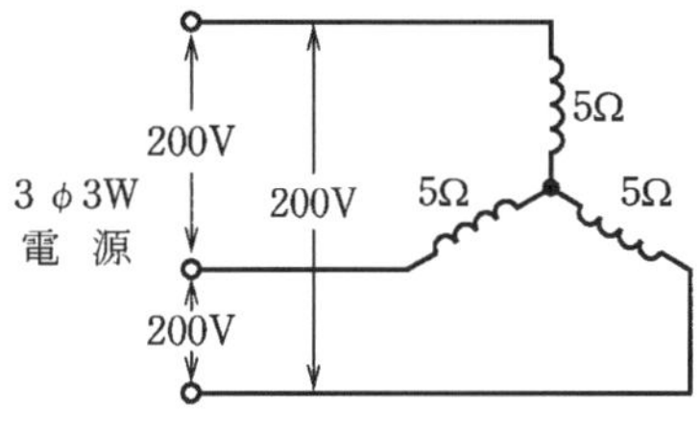	イ．5　　ロ．8　　ハ．11　　ニ．14

―79―

問い	答え
5　図のような三相交流回路において、電源電圧は 216〔V〕、抵抗 $R=6$〔Ω〕である。回路の電流 I〔A〕は。 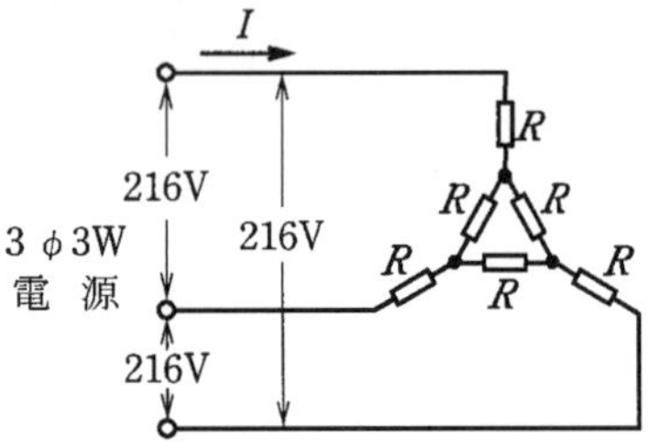	イ．5.2　　ロ．12.0　　ハ．15.6　　ニ．27.0
6　図のような単相 2 線式配電線路において、図中の各点間の抵抗が、電線 1 線当たりそれぞれ 0.1〔Ω〕、0.1〔Ω〕、0.2〔Ω〕である。A 点の電源電圧が 210〔V〕で、B 点、C 点、D 点にそれぞれ負荷電流 10〔A〕、5〔A〕、5〔A〕の抵抗負荷があるとき、D 点の電圧〔V〕は。 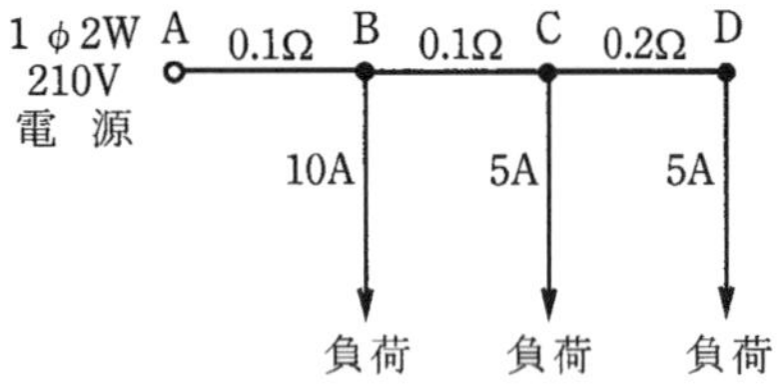	イ．200　　ロ．202　　ハ．204　　ニ．206
7　図のような配電線路において、変圧器の一次電流 I〔A〕は。ただし、負荷はすべて抵抗負荷とし、変圧器と配電線路の損失及び変圧器の励磁電流は無視するものとする。 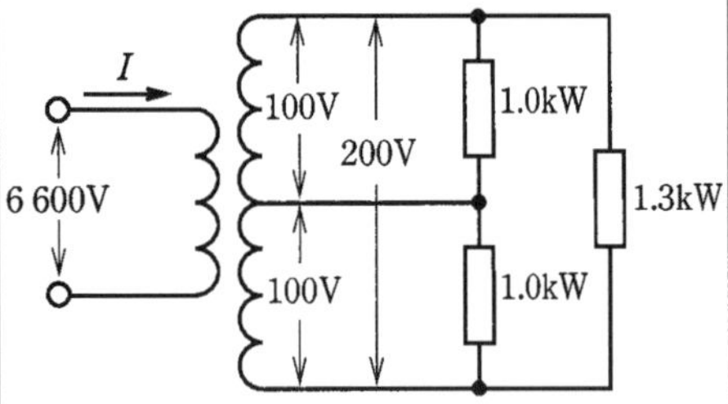	イ．0.2　　ロ．0.5　　ハ．1.0　　ニ．2.0
8　受電設備において、14 時から 16 時までの間の負荷曲線が図のようであった。この 2 時間の使用電力量〔kW·h〕は。 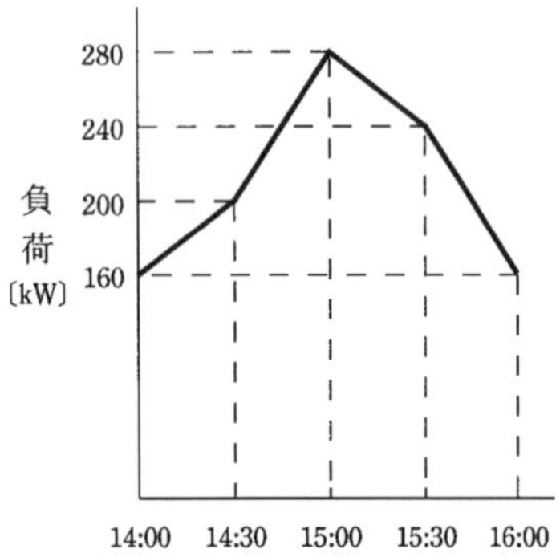	イ．360　　ロ．400　　ハ．440　　ニ．480

問い	答え
9 図のように三相200〔V〕の電源（対地電圧が150〔V〕を超え300〔V〕以下）から、三相誘導電動機2台に電気を供給している。 停電が困難なため、電動機の使用中に、図のA点でクランプ形漏れ電流計を用いて電路の漏えい電流を測定した。 電路の絶縁性能として許容できる漏えい電流の最大値〔mA〕は。 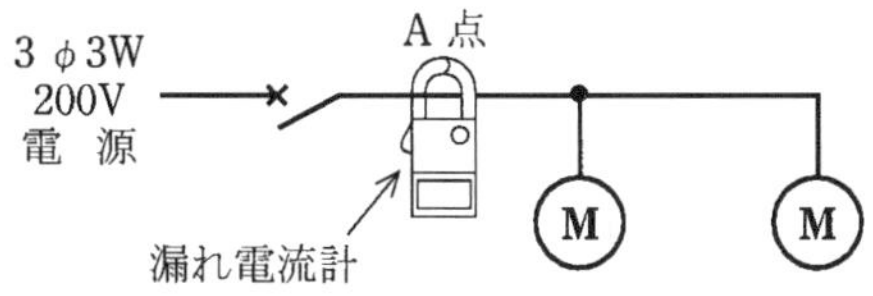	イ. 0.2　　ロ. 0.4　　ハ. 1.0　　ニ. 2.0
10 電磁波の波長を短い順に左から右に並べたものとして、**正しいもの**は。	イ. X線→赤外線→可視光線→紫外線 ロ. X線→紫外線→可視光線→赤外線 ハ. 赤外線→可視光線→紫外線→X線 ニ. 紫外線→可視光線→赤外線→X線
11 定格電圧100〔V〕、定格消費電力100〔W〕の白熱電球に関する記述として、**正しいもの**は。	イ. 点灯していないときに、回路計（テスタ）で抵抗値を測定すると1 000〔Ω〕を示す。 ロ. 2個を並列に接続して、100〔V〕を加えると合計で50〔W〕の電力を消費する。 ハ. 電源電圧が95〔V〕で使用しても、105〔V〕で使用しても寿命はほとんど変わらない。 ニ. 周波数が50〔Hz〕で使用しても、60〔Hz〕で使用しても消費電力は同じである。
12 図において、一般用低圧三相かご形誘導電動機の回転速度に対するトルク曲線は。 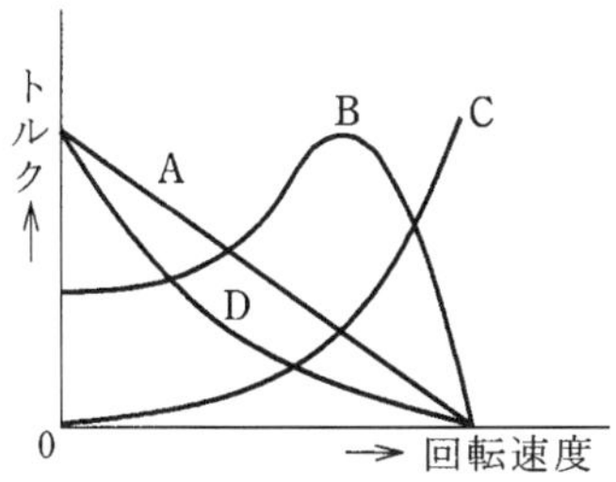	イ. A　　ロ. B　　ハ. C　　ニ. D
13 6極の三相かご形誘導電動機があり、その一次周波数がインバータで調整できるようになっている。 この電動機が滑り5〔％〕、回転速度570〔min⁻¹〕で運転されている場合の一次周波数〔Hz〕は。	イ. 30　　ロ. 40　　ハ. 50　　ニ. 60

	問 い	答 え
14	写真に示す品物の名称は。 	イ．キセノンランプ ロ．ハロゲン電球 ハ．点灯管（グロースタータ） ニ．高圧水銀ランプ
15	写真に示す品物の用途は。 	イ．コンクリートスラブに機器を取り付ける。 ロ．木造建物のはり（梁）に機器を取り付ける。 ハ．石膏ボードの壁に機器を取り付ける。 ニ．鉄骨建物のはり（梁）に機器を取り付ける。
16	図は、遮断器の主要部分の略図である。この遮断器の略号（文字記号）は。 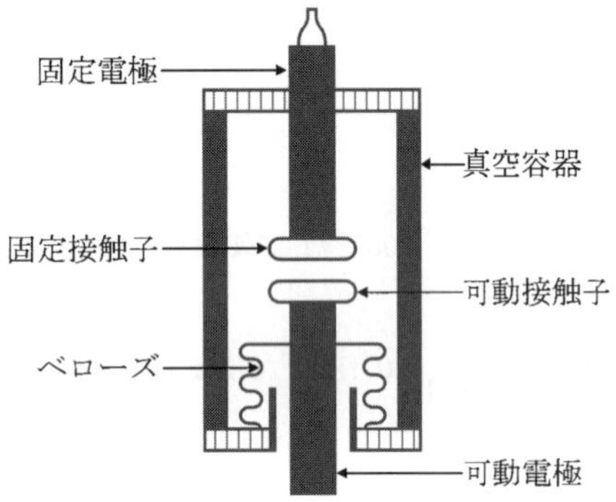	イ．OCB　　ロ．GCB　　ハ．ACB　　ニ．VCB
17	変電所の大形変圧器の内部故障を電気的に検出する一般的な保護継電器は。	イ．距離継電器 ロ．比率差動継電器 ハ．不足電圧継電器 ニ．過電圧継電器
18	電力ケーブルのシース損として、**正しいもの**は。	イ．導体の抵抗による損失である。 ロ．導体と金属シースとの静電容量による損失である。 ハ．絶縁物の劣化による損失である。 ニ．金属シースに発生する起電力による損失である。
19	配電及び変電設備に使用するがいしの塩害対策に関する記述として、**誤っているもの**は。	イ．シリコンコンパウンドなどのはっ水性絶縁物質をがいし表面に塗布する。 ロ．定期的にがいしの洗浄を行う。 ハ．沿面距離の大きいがいしを使用する。 ニ．がいしにアークホーンを取り付ける。

	問い	答え
20	高圧受電設備の短絡保護装置として、**適切**な組合せは。	イ．過電流継電器 　　高圧気中負荷開閉器 ロ．地絡継電器 　　高圧真空遮断器 ハ．過電流継電器 　　高圧真空遮断器 ニ．不足電圧継電器 　　高圧気中負荷開閉器
21	電気設備の技術基準の解釈によれば、高圧電路と低圧電路とを結合する変圧器には、混触による危険を防止するためにB種接地工事を施すことになっている。B種接地工事を施す箇所として、**誤っている**ものは。	イ．6.6〔kV〕/ 210-105〔V〕単相変圧器の低圧側の中性点端子 ロ．6.6〔kV〕/ 210〔V〕三相変圧器（二次側：三角結線、低圧電路非接地）の金属製の混触防止板 ハ．6.6〔kV〕/ 210〔V〕三相変圧器（二次側：三角結線）の低圧側の1端子 ニ．6.6〔kV〕/ 420〔V〕三相変圧器（二次側：星形結線）の低圧側の1端子
22	写真の機器の矢印で示す部分に関する記述として、**誤っている**ものは。 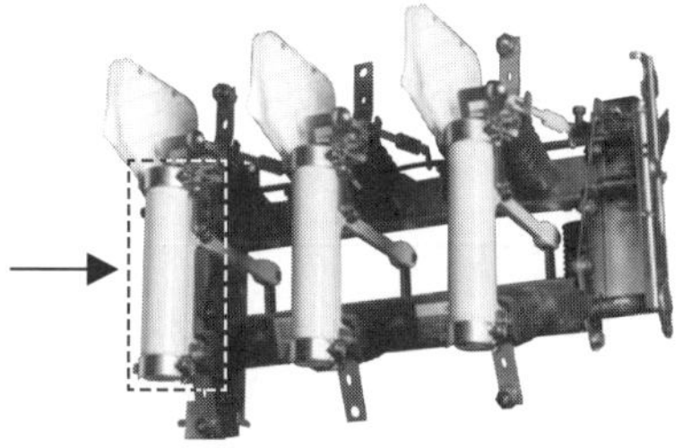	イ．小形、軽量であり定格遮断電流は、5000〔A〕程度である。 ロ．密閉されていてアークやガスの放出がない。 ハ．短絡電流を限流遮断する。 ニ．用途によって、T、M、C、Gの4種類がある。
23	写真に示す機器の用途は。 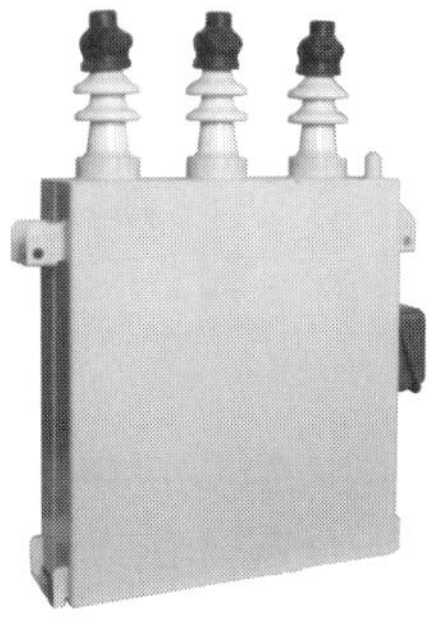	イ．高調波を抑制する。 ロ．突入電流を抑制する。 ハ．電圧を変圧する。 ニ．力率を改善する。
24	写真に示す器具の名称は。 （表）　　（裏） 	イ．医用コンセント ロ．抜止形コンセント ハ．防雨形コンセント ニ．接地端子付コンセント

問い	答え
25　写真に示す材料の説明として、**正しいもの**は。	イ．銅またはアルミを導体とし、外側が絶縁物で覆われた電力幹線用の部材として大電流幹線に広く利用されている。プラグ受け口を設けて、プラグイン器具において分岐が可能で、高層ビルや工場などに使用する。 ロ．接触電線として使用され、下面に連続した開口を持つダクト内に裸導体を絶縁物で支持し、集電、走行機能をもつトロリーが連続走行できるようにしたバスダクトであり、倉庫や工場に使用する。 ハ．金属製のとい形の本体に電線・ケーブルを収納し、カバーを取り付けるもので、幅が 5〔cm〕以下のものである。一般にレースウェイと呼ばれ、工場、倉庫、駅のホーム、機械室などにおいて配線と照明器具等の取付材を兼ねて使用する。 ニ．専用のプラグの付いたスポットライトなどの照明器具を取り付け取り外しが容易に出来る給電レールで、店舗や美術館などに使用する。
26　配線器具に関する記述として、**誤っているもの**は。	イ．抜止形コンセントは、プラグを回転させることによって容易に抜けない構造としたもので、専用のプラグを使用する。 ロ．遅延スイッチは、操作部を「切り操作」した後、遅れて動作するスイッチで、トイレの換気扇などに使用される。 ハ．熱線式自動スイッチは、人体の体温等を検知し自動的に開閉するスイッチで、玄関灯などに使用される。 ニ．引掛形コンセントは、刃受が円弧状で、専用のプラグを回転させることによって抜けない構造としたものである。
27　展開した場所のバスダクト工事に関する記述として、**誤っているもの**は。	イ．低圧屋内配線の使用電圧が 400〔V〕で、かつ、人が触れるおそれがないように、接触防護措置を施したので、ダクトには D 種接地工事を施した。 ロ．低圧屋内配線の使用電圧が 200〔V〕で、かつ、湿気が多い場所での施設なので、屋外用バスダクトを使用し、バスダクト内に水が浸入してたまらないようにした。 ハ．低圧屋内配線の使用電圧が 200〔V〕で、かつ、人が触れるおそれがないように、接触防護措置を施したので、ダクトの接地工事を省略した。 ニ．ダクトを造営材に取り付ける際、ダクトの支持点間の距離を 2〔m〕として施設した。
28　金属管工事に使用できない絶縁電線の種類は。 　　ただし、電線はより線とする。	イ．屋外用ビニル絶縁電線（OW） ロ．600V ビニル絶縁電線（IV） ハ．引込用ビニル絶縁電線（DV） ニ．600V 二種ビニル絶縁電線（HIV）
29　人が触れるおそれのある場所で使用電圧が 400〔V〕の低圧屋内配線において、CV ケーブルを金属管に収めて施設した。金属管に施す接地工事の種類は。 　　ただし、接触防護措置を施していないものとする。	イ．A 種接地工事 ロ．B 種接地工事 ハ．C 種接地工事 ニ．D 種接地工事

問い30から問い34までは、下の図に関する問いである。

図は、自家用電気工作物（500〔kW〕未満）の高圧受電設備及び動力設備の一部を表した図並びに高圧架空引込線の見取図である。この図に関する各問いには、4通りの答え（イ、ロ、ハ、ニ）が書いてある。それぞれの問いに対して、答えを一つ選びなさい。

〔注〕 図において、問いに直接関係のない部分等は、省略又は簡略化してある。

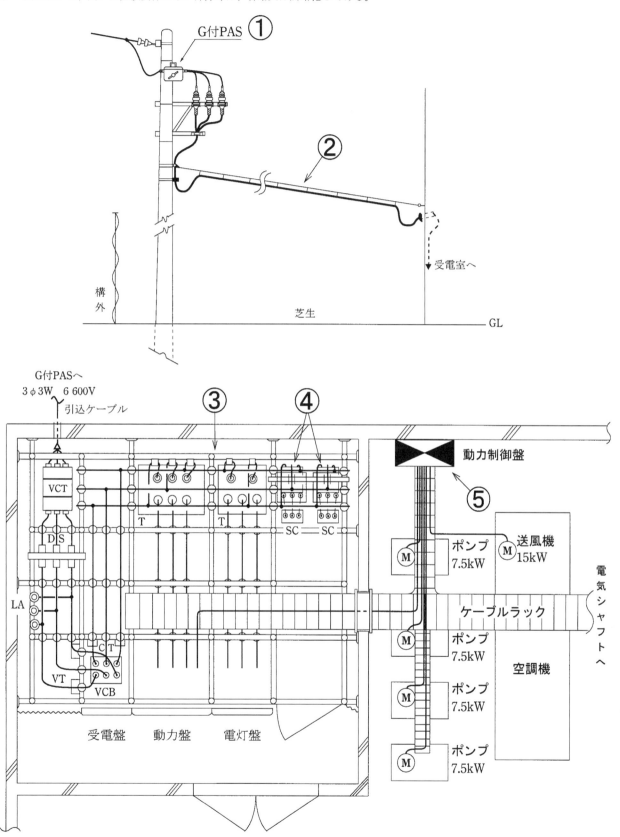

	問 い	答 え
30	①で示す地絡継電装置付き高圧交流負荷開閉器（G付PAS）に関する記述として、**不適切なものは**。	イ．G付PASは、地絡保護装置であり、保安上の責任分界点に設ける区分開閉器ではない。 ロ．G付PASの地絡継電装置は、波及事故を防止するため、電気事業者との保護協調が大切である。 ハ．G付PASは、短絡等の過電流を遮断する能力を有しないため、過電流ロック機能が必要である。 ニ．G付PASの地絡継電装置は、需要家構内のケーブルが長い場合、対地静電容量が大きく、他の需要家の地絡事故で不必要動作する可能性がある。このような施設には、地絡方向継電器を設置することが望ましい。
31	②で示す高圧架空ケーブルによる、引込線の施工に関する記述として、**不適当なものは**。	イ．高圧ケーブルをハンガーにより、ちょう架用線に 0.5〔m〕以下の間隔で支持する方法とした。 ロ．高圧ケーブルをちょう架用線に接触させ、その上に容易に腐食しがたい金属テープ等を 20〔cm〕以下の間隔を保ってらせん状に巻き付けて支持する方法とした。 ハ．高圧架空電線のちょう架用線は、積雪など特殊条件を考慮した想定荷重に耐える必要がある。なお、その安全率は 2.5 以上とした。 ニ．ちょう架用線及び高圧ケーブルの被覆に使用する金属体には、A 種接地工事を施す必要がある。
32	③に示す受変電設備内に使用される機器類などに施す接地に関する記述で、**不適当なものは**。	イ．高圧変圧器の外箱の接地の主目的は、感電保護であり、10〔Ω〕以下と定められている。 ロ．高圧電路と低圧電路を結合する変圧器の低圧側の中性点又は低圧側の1端子に施す接地は、混触による低圧側の対地電位の上昇を制限するための接地であり、故障の際に流れる電流を安全に通じることができるものであること。 ハ．高圧の計器用変成器の二次側電路の接地は、B 種接地工事である。 ニ．高圧電路に施設する避雷器の接地は、A 種接地工事である。
33	④で示す高圧進相コンデンサに用いる開閉器は、自動力率調整装置により自動で開閉できるよう施設されている。このコンデンサ用開閉器として、**最も適切なものは**。	イ．高圧交流真空電磁接触器 ロ．高圧交流真空遮断器 ハ．高圧交流負荷開閉器 ニ．高圧カットアウト
34	⑤に示す動力制御盤（3φ200V）からの分岐回路に関する記述として、**不適当なものは**。 ただし、送風機用電動機はスターデルタ始動方式とする。	イ．ポンプの分岐回路の定格電流は 50〔A〕以下であるので、分岐回路に使用される電線は、許容電流が電動機の定格電流の 1.25 倍以上のものが必要である。 ロ．送風機の分岐回路の定格電流は 50〔A〕を超えるので、分岐回路に使用される電線は、許容電流が電動機の定格電流の 1.1 倍以上のものが必要である。 ハ．送風機用電動機は、スターデルタ始動方式であるため、制御盤と電動機間の配線は 6 本必要（接地線を除く）である。 ニ．スターデルタ始動方式の始動電流は、全電圧始動方式の電流の $\frac{1}{\sqrt{3}}$ にすることができる。

	問 い	答 え
35	電気使用場所における対地電圧が 200〔V〕の三相 3 線式回路の、開閉器又は過電流遮断器で区切ることのできる電路ごとに、電線相互間及び電路と大地との間の絶縁抵抗の最小限度値〔MΩ〕は。	イ．0.1　　ロ．0.2　　ハ．0.4　　ニ．1.0
36	高圧受電設備の年次点検において、電路を開放して作業を行う場合は、感電事故防止の観点から、作業箇所に短絡接地器具を取り付けて安全を確保するが、この場合の作業方法として、**誤っているもの**は。	イ．取り付けに先立ち、短絡接地器具の取り付け箇所の無充電を検電器で確認する。 ロ．取り付け時には、まず電路側金具を電路側に接続し、次に接地側金具を接地線に接続する。 ハ．取り付け中は、「短絡接地中」の標識をして注意喚起を図る。 ニ．取り外し時には、まず電路側金具を外し、次に接地側金具を外す。
37	高圧受電設備におけるシーケンス試験（制御回路試験）として、行わないものは。	イ．保護継電器が動作したときに遮断器が確実に動作することを試験する。 ロ．警報及び表示装置が正常に動作することを試験する。 ハ．試験中の制御回路各部の温度上昇を試験する。 ニ．インタロックや遠隔操作の回路がある場合は、回路の構成及び動作状況を試験する。
38	電気工事士法における自家用電気工作物（最大電力 500〔kW〕未満の需要設備）であって、電圧 600〔V〕以下で使用するものの工事又は作業のうち、第一種電気工事士又は認定電気工事従事者の資格がなくても従事できるものは。	イ．電気機器（配線器具を除く）の端子に電線をねじ止め接続する。 ロ．電線管相互を接続する。 ハ．配線器具を造営材に固定する。（露出型点滅器又は露出型コンセントを取り換える作業を除く） ニ．電線管に電線を収める。
39	電気工事業の業務の適正化に関する法律において、電気工事業者の業務に関する記述として、**誤っているもの**は。	イ．営業所ごとに、絶縁抵抗計の他、法令に定められた器具を備えなければならない。 ロ．営業所ごとに、電気工事に関し、法令に定められた事項を記載した帳簿を備えなければならない。 ハ．営業所及び電気工事の施工場所ごとに、法令に定められた事項を記載した標識を掲示しなければならない。 ニ．営業所ごとに、法令に定められた電気主任技術者を選任しなければならない。
40	定格電圧 100〔V〕以上 300〔V〕以下の機械又は器具であって、電気用品安全法の適用を受ける特定電気用品は。	イ．定格電流 30〔A〕の電力量計 ロ．定格出力 0.4〔kW〕の単相電動機 ハ．定格電流 60〔A〕の配線用遮断器 ニ．定格静電容量 100〔μF〕の進相コンデンサ

問題２．配線図 （問題数10、配点は1問当たり2点）

図は、高圧受電設備の単線結線図である。この図の矢印で示す10箇所に関する各問いには、4通りの答え（イ、ロ、ハ、ニ）が書いてある。それぞれの問いに対して、答えを1つ選びなさい。

〔注〕 図において、問いに直接関係のない部分等は、省略又は簡略化してある。

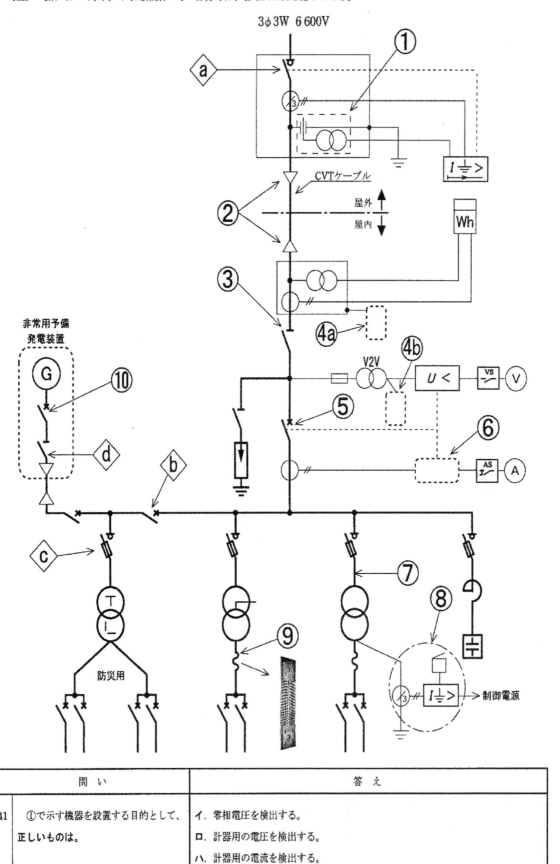

	問 い	答 え
41	①で示す機器を設置する目的として、**正しいもの**は。	イ．零相電圧を検出する。 ロ．計器用の電圧を検出する。 ハ．計器用の電流を検出する。 ニ．零相電流を検出する。

	問 い	答 え
42	②で示す部分に使用されないものは。	イ. 　　　　　　　　　ロ.  ハ. 　　　　　　　　　ニ. 
43	③で示す機器に関する記述で、正しいものは。	イ．過電圧になった時、電路を自動的に遮断する。 ロ．過負荷電流及び短絡電流を遮断できる。 ハ．過負荷電流は遮断できるが、短絡電流は遮断できない。 ニ．負荷電流を遮断してはならない。
44	図中の④a ④bに入る図記号の組合せで、正しいものは。	<table><tr><td></td><td>イ</td><td>ロ</td><td>ハ</td><td>ニ</td></tr><tr><td>④a</td><td>E_A</td><td>E_A</td><td>E_D</td><td>E_D</td></tr><tr><td>④b</td><td>E_B</td><td>E_D</td><td>E_D</td><td>E_A</td></tr></table>
45	⑤に設置する機器は。	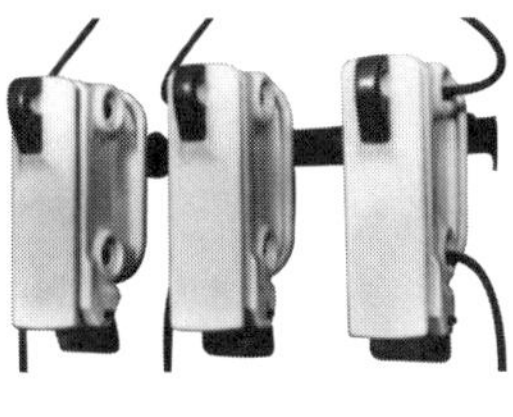   イ.　　　　　　　　　ロ. ハ.　　　　　　　　　ニ. 

問い		答え
46	⑥に示す部分に設置する機器の図記号は。	イ. $I<$ ロ. $I>$ ハ. $I\doteq>$ ニ. $I\doteq<$
47	⑦で示す高圧絶縁電線（KIP）の構造は。	イ. 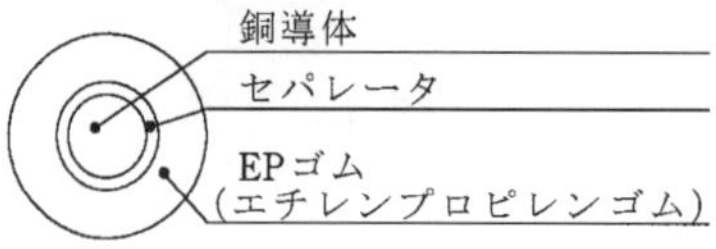 銅導体／セパレータ／EPゴム(エチレンプロピレンゴム)　ロ. 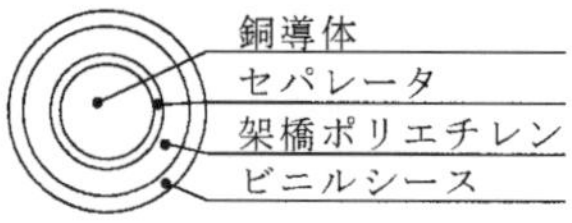 銅導体／セパレータ／架橋ポリエチレン／ビニルシース　ハ. 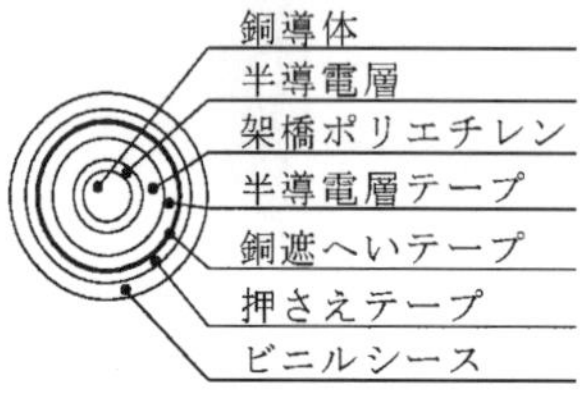 銅導体／半導電層／架橋ポリエチレン／半導電層テープ／銅遮へいテープ／押さえテープ／ビニルシース　ニ. 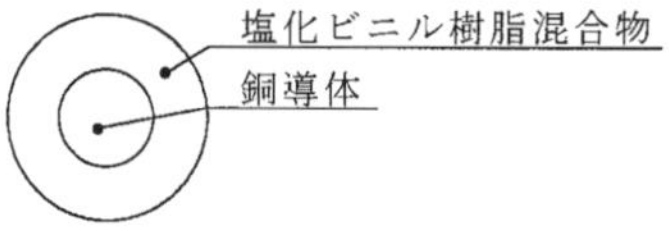 塩化ビニル樹脂混合物／銅導体
48	⑧で示す機器の目的は。	イ．変圧器の過負荷を検出して警報する。 ロ．高圧電路の地絡電流を検出して警報する。 ハ．欠相を検出して警報する。 ニ．低圧電路の地絡電流を検出して警報する。
49	⑨で示す図記号の材料の用途は。	イ．地震時等にブッシングに加わる荷重を軽減する。 ロ．過負荷電流が流れたとき溶断して変圧器を保護する。 ハ．短絡電流を抑制する。 ニ．変圧器の異常な温度上昇を検知し色の変化により表す。
50	⑩で示す機器とインタロックを施す機器は。 ただし、非常用予備電源と常用電源を電気的に接続しないものとする。	イ. a　ロ. b　ハ. c　ニ. d

第一種電気工事士 筆記模擬試験の答案用紙

平成 23 年

問題 1. 一般問題 (2点×40問)

問	答	問	答	問	答	問	答
1	(イ)(ロ)(ハ)(ニ)	11	(イ)(ロ)(ハ)(ニ)	21	(イ)(ロ)(ハ)(ニ)	31	(イ)(ロ)(ハ)(ニ)
2	(イ)(ロ)(ハ)(ニ)	12	(イ)(ロ)(ハ)(ニ)	22	(イ)(ロ)(ハ)(ニ)	32	(イ)(ロ)(ハ)(ニ)
3	(イ)(ロ)(ハ)(ニ)	13	(イ)(ロ)(ハ)(ニ)	23	(イ)(ロ)(ハ)(ニ)	33	(イ)(ロ)(ハ)(ニ)
4	(イ)(ロ)(ハ)(ニ)	14	(イ)(ロ)(ハ)(ニ)	24	(イ)(ロ)(ハ)(ニ)	34	(イ)(ロ)(ハ)(ニ)
5	(イ)(ロ)(ハ)(ニ)	15	(イ)(ロ)(ハ)(ニ)	25	(イ)(ロ)(ハ)(ニ)	35	(イ)(ロ)(ハ)(ニ)
6	(イ)(ロ)(ハ)(ニ)	16	(イ)(ロ)(ハ)(ニ)	26	(イ)(ロ)(ハ)(ニ)	36	(イ)(ロ)(ハ)(ニ)
7	(イ)(ロ)(ハ)(ニ)	17	(イ)(ロ)(ハ)(ニ)	27	(イ)(ロ)(ハ)(ニ)	37	(イ)(ロ)(ハ)(ニ)
8	(イ)(ロ)(ハ)(ニ)	18	(イ)(ロ)(ハ)(ニ)	28	(イ)(ロ)(ハ)(ニ)	38	(イ)(ロ)(ハ)(ニ)
9	(イ)(ロ)(ハ)(ニ)	19	(イ)(ロ)(ハ)(ニ)	29	(イ)(ロ)(ハ)(ニ)	39	(イ)(ロ)(ハ)(ニ)
10	(イ)(ロ)(ハ)(ニ)	20	(イ)(ロ)(ハ)(ニ)	30	(イ)(ロ)(ハ)(ニ)	40	(イ)(ロ)(ハ)(ニ)

問題 2. 配線図 (2点×10問)

問	答
41	(イ)(ロ)(ハ)(ニ)
42	(イ)(ロ)(ハ)(ニ)
43	(イ)(ロ)(ハ)(ニ)
44	(イ)(ロ)(ハ)(ニ)
45	(イ)(ロ)(ハ)(ニ)
46	(イ)(ロ)(ハ)(ニ)
47	(イ)(ロ)(ハ)(ニ)
48	(イ)(ロ)(ハ)(ニ)
49	(イ)(ロ)(ハ)(ニ)
50	(イ)(ロ)(ハ)(ニ)

1. マークは上の例のようにマークすること。
2. 氏名・生年月日・試験地・受験番号を必ず記入すること。
3. 受験番号は欄外にはみださないように正確に記入し、必ず該当する番号にマークすること。
4. マークの記入にあたっては濃度HBの黒鉛筆を使用すること。
5. 誤ってマークしたときは、跡の残らないようにプラスチック消しゴムできれいに消すこと。
6. 答の欄は各問につき一つだけマークすること。
7. 用紙は絶対に折り曲げたり汚したりしないこと。

23年
2頁

問題1．一般問題 (問題数40、配点は1問当たり2点)

次の各問いには4通りの答え（イ、ロ、ハ、ニ）が書いてある。それぞれの問いに対して答えを1つ選びなさい。

	問　い	答　え
1	図のような回路において、静電容量1〔μF〕のコンデンサに蓄えられる静電エネルギー〔J〕は。 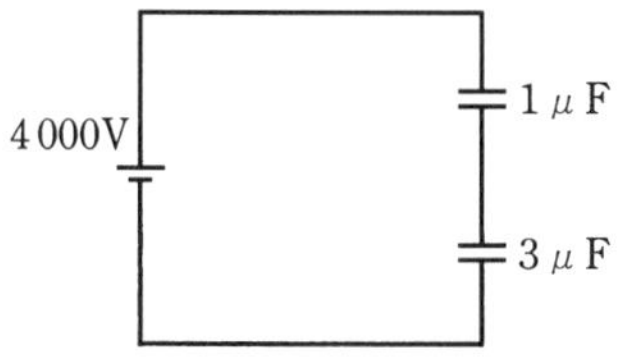 （4000V電源、1μFと3μFの直列回路）	イ．0.75　　ロ．3.0　　ハ．4.5　　ニ．9.0
2	図のような回路において、抵抗3〔Ω〕の消費電力〔W〕は。 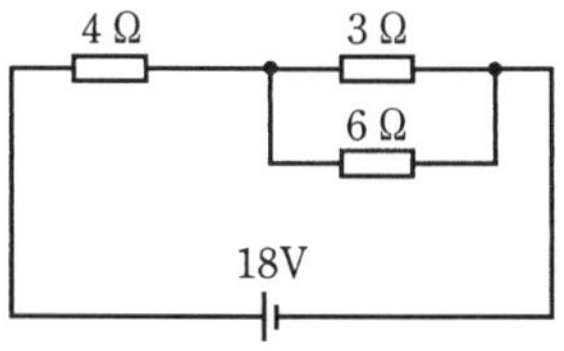 （4Ω直列、3Ωと6Ωの並列、18V）	イ．3　　ロ．6　　ハ．12　　ニ．36
3	図のような回路において、電源電圧は100〔V〕、回路電流は25〔A〕、リアクタンスは5〔Ω〕である。この回路の抵抗Rの消費電力〔W〕は。 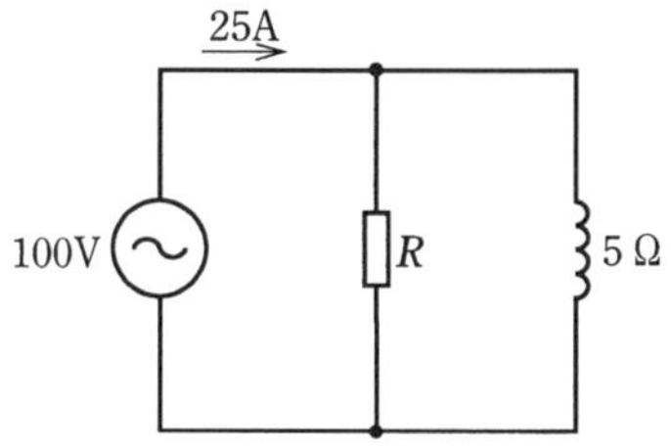 （100V、25A、Rと5Ωの並列）	イ．1000　　ロ．1500　　ハ．2000　　ニ．2500
4	図のような回路において、電源電圧は100〔V〕、誘導性リアクタンスX_L=8〔Ω〕、抵抗R=4〔Ω〕、容量性リアクタンスX_C=5〔Ω〕である。回路の消費電力〔kW〕は。 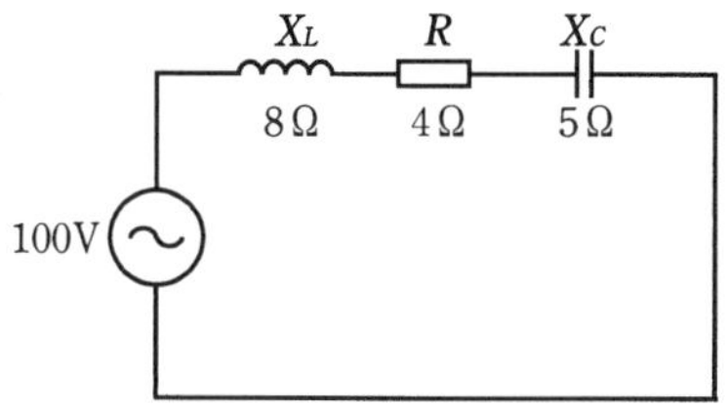 （X_L=8Ω、R=4Ω、X_C=5Ωの直列、100V）	イ．1.0　　ロ．1.2　　ハ．1.6　　ニ．2.0

問い	答え
5　図 a の三相交流回路の消費電力は、図 b の三相交流回路の消費電力の何倍か。 　ただし、電源は三相 200〔V〕、抵抗 R=25〔Ω〕とする。 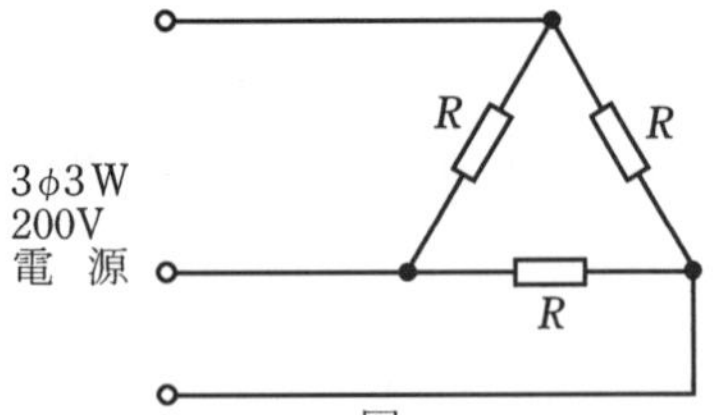 （図 a：Δ結線　3φ3W 200V 電源） 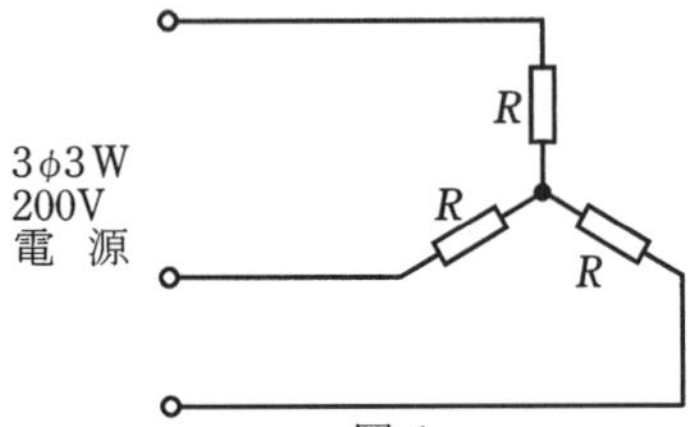 （図 b：Y結線　3φ3W 200V 電源）	イ．0.58　　ロ．1.00　　ハ．1.73　　ニ．3.00
6　図のような単相 2 線式配電線路で、電源電圧は 104〔V〕、電線 1 線当たりの抵抗は 0.20〔Ω〕である。スイッチ S を閉じると、抵抗負荷の両端の電圧は 100〔V〕になった。この負荷を 10 分間使用した場合、負荷に供給されるエネルギー〔kJ〕は。 　ただし、電源電圧は一定とする。 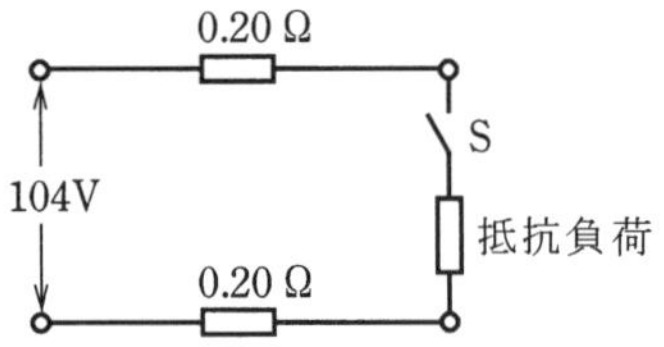	イ．24　　ロ．600　　ハ．1000　　ニ．1200
7　図のような配電線路において、図中の✕印の箇所で断線した場合、負荷の全消費電力〔kW〕は。 　ただし、負荷の抵抗は 8〔Ω〕、リアクタンスは 6〔Ω〕で、配電線路のインピーダンスは無視し、電源電圧は一定とする。 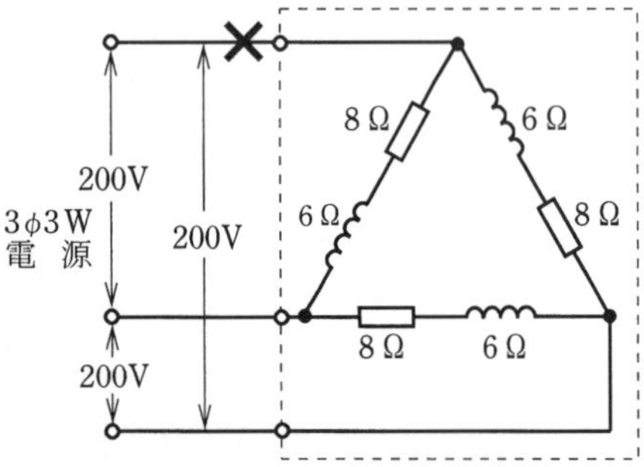	イ．3.6　　ロ．4.8　　ハ．7.2　　ニ．9.6

	問い	答え
8	定格容量50〔kV·A〕、定格一次電圧6 600〔V〕、定格二次電圧210〔V〕、百分率インピーダンス4〔%〕の単相変圧器がある。一次側に定格電圧が加わっている状態で二次側端子間で短絡した場合、二次側の短絡電流〔kA〕は。 ただし、変圧器より電源側のインピーダンスは無視するものとする。	イ. 0.19　　ロ. 0.60　　ハ. 1.89　　ニ. 5.95
9	図のように取り付け角度が30〔°〕となるように支線を施設する場合、支線の許容張力を $T_s=24$〔kN〕とし、支線の安全率を2とすると、電線の水平張力 T の最大値〔kN〕は。	イ. 6　　ロ. 10　　ハ. 12　　ニ. 24
10	全電化マンション等で一般に使われている電磁調理器の加熱方式は。	イ. 誘導加熱 ロ. 抵抗加熱 ハ. 赤外線加熱 ニ. 誘電加熱
11	三相全波整流回路のダイオード6個の結線として、**正しいもの**は。	イ.　　　ロ.　　　ハ.　　　ニ.

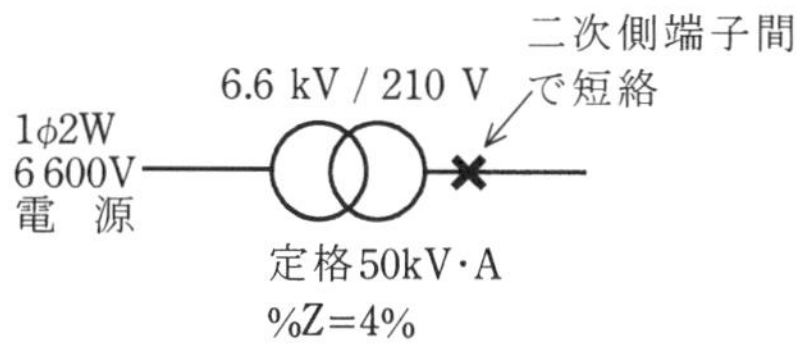

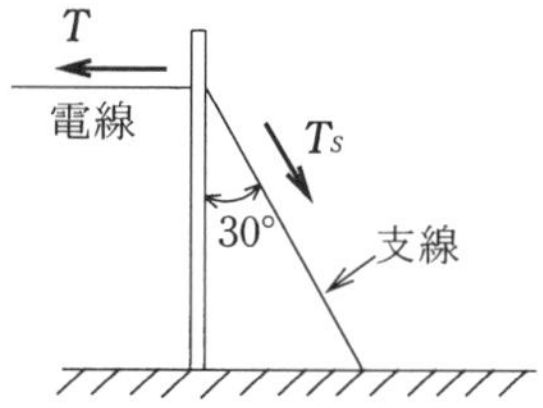

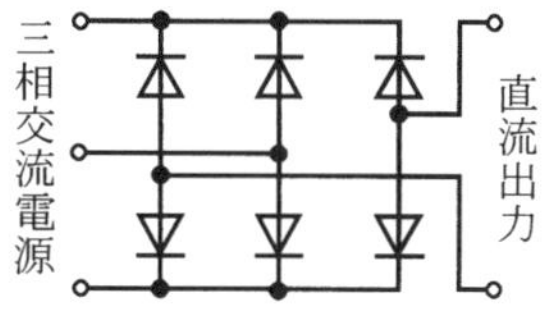

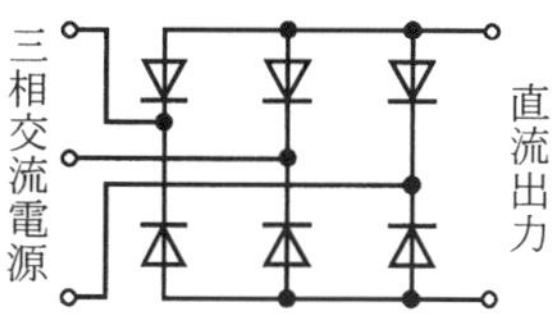

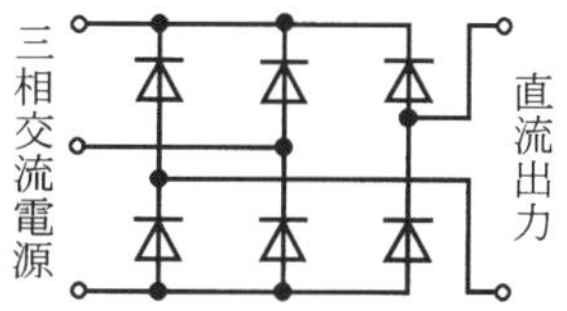

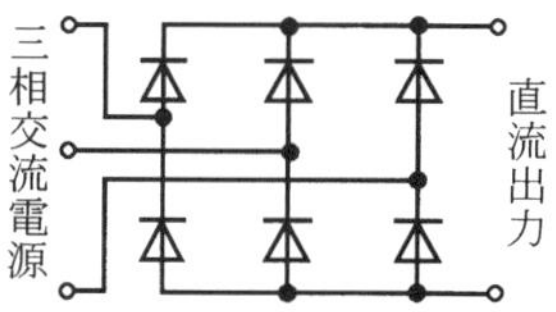

問い	答え
12　図は、鉛蓄電池の端子電圧・電解液比重の充電及び放電特性曲線である。組合せとして、正しいものは。 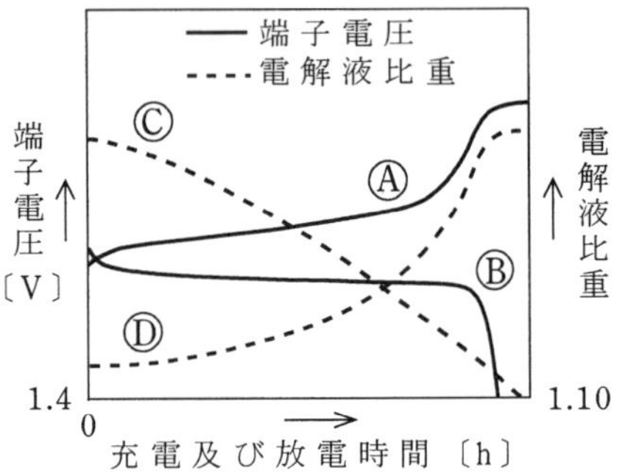	イ．Ⓐ充電時　Ⓑ放電時　Ⓒ充電時　Ⓓ放電時 ロ．Ⓐ充電時　Ⓑ放電時　Ⓒ放電時　Ⓓ充電時 ハ．Ⓐ放電時　Ⓑ充電時　Ⓒ充電時　Ⓓ放電時 ニ．Ⓐ放電時　Ⓑ充電時　Ⓒ放電時　Ⓓ充電時
13　コンピュータ等の電源側の停電及び瞬時電圧低下に対する対策のために使用されるものは。	イ．無停電電源装置（UPS） ロ．可変電圧可変周波数制御装置（VVVF） ハ．自動電圧調整装置（AVR） ニ．フリッカ継電器（FCR）
14　写真に示す材料の名称は。 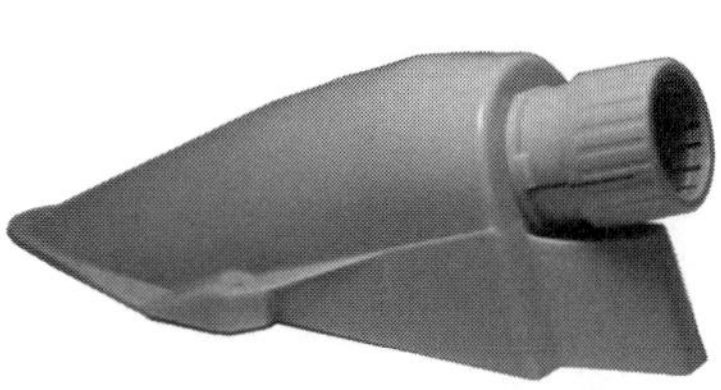	イ．合成樹脂製可とう電線管用エンドカバー ロ．合成樹脂製可とう電線管用エンドボックス ハ．合成樹脂製可とう電線管用ターミナルボックス ニ．合成樹脂製可とう電線管用ターミナルキャップ
15　写真に示す品物の主な用途は。 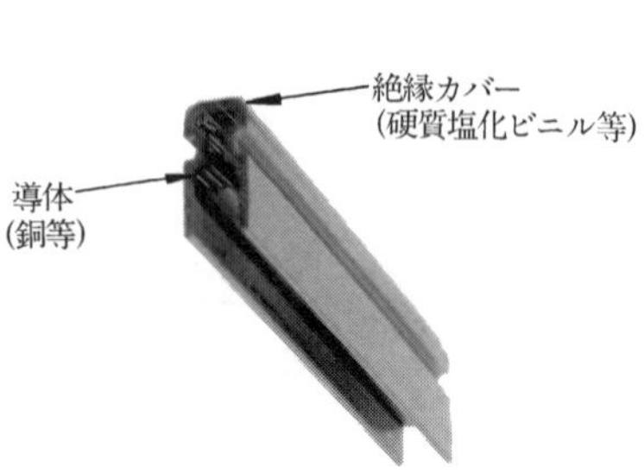	イ．サイン電球などを多数並べて取り付けてそれに電気を供給する。 ロ．ショウルーム等で照明器具の取付位置の変更を容易にする電源として使用する。 ハ．ホイストなど移動して使用する電気機器に電気を供給する。 ニ．パイプフレーム式屋外受電設備の高圧母線として、雨水や汚染を防ぐ目的で使用する。
16　全揚程が H 〔m〕、揚水量が Q 〔m³/s〕である揚水ポンプの電動機の入力〔kW〕を示す式は。 ただし、電動機の効率を η_m、ポンプの効率を η_p とする。	イ．$\dfrac{9.8QH}{\eta_p \eta_m}$　ロ．$\dfrac{QH}{9.8\eta_p \eta_m}$　ハ．$\dfrac{9.8H\eta_p \eta_m}{Q}$　ニ．$\dfrac{QH\eta_p \eta_m}{9.8}$

問い	答え
17　太陽光発電に関する記述として、**誤っている**ものは。	イ．太陽電池は、半導体の pn 接合部に光が当たると電圧を生じる性質を利用し、太陽光エネルギーを電気エネルギーとして取り出すものである。 ロ．太陽電池の出力は直流であり、交流機器の電源として用いる場合は、インバータを必要とする。 ハ．太陽光発電設備を電気事業者の電力系統に連系させる場合は、系統連系保護装置を必要とする。 ニ．太陽電池を使用して1〔kW〕の出力を得るには、一般的に1〔m²〕程度の受光面積の太陽電池を必要とする。
18　送電用変圧器の中性点接地方式に関する記述として、**誤っている**ものは。	イ．非接地方式は、中性点を接地しない方式で、異常電圧が発生しやすい。 ロ．直接接地方式は、中性点を導線で接地する方式で、地絡電流が小さい。 ハ．抵抗接地方式は、中性点を一般的に100～1000〔Ω〕程度の抵抗で接地する方式で、1線地絡電流を100～300〔A〕程度にしたものが多い。 ニ．消弧リアクトル接地方式は、中性点を送電線路の対地静電容量と並列共振するようなリアクトルで接地する方式である。
19　図のように単相変圧器 T₁、T₂ を結線した場合の最大出力〔kV·A〕は。 ただし、変圧器は過負荷で運転しないものとする。 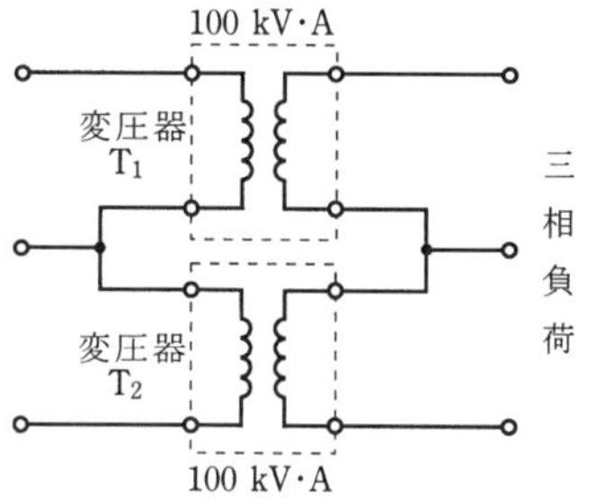	イ．100　　ロ．141　　ハ．173　　ニ．200
20　B 種接地工事の接地抵抗値を求めるのに必要とするものは。	イ．変圧器の低圧側電路の長さ〔m〕 ロ．変圧器の高圧側電路の1線地絡電流〔A〕 ハ．変圧器の容量〔kV·A〕 ニ．変圧器の高圧側ヒューズの定格電流〔A〕
21　容量 100〔kV·A〕、力率 80〔%〕（遅れ）の負荷を有する高圧受電設備に高圧進相コンデンサを設置し、力率を 95〔%〕（遅れ）程度に改善したい。必要なコンデンサの容量 Q_C〔kvar〕として、**適切な**ものは。 ただし、$\cos\theta_2$ が 0.95 のときの $\tan\theta_2$ は 0.33 とする。 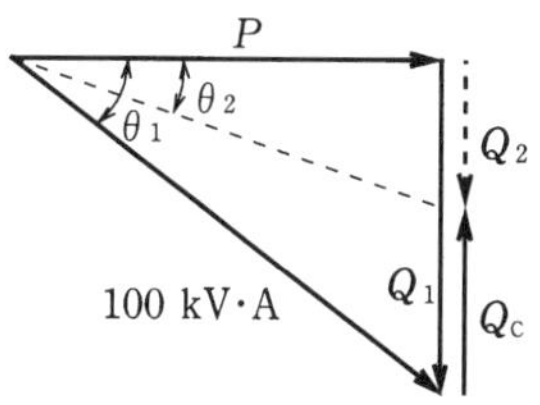	イ．20　　ロ．35　　ハ．75　　ニ．100

	問 い	答 え
22	写真に示す品物の用途は。 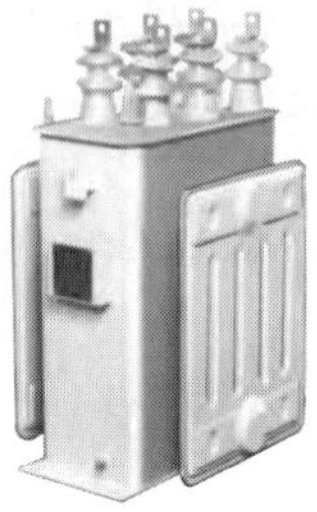	イ．高電圧を低電圧に変圧する。 ロ．負荷の力率を改善する。 ハ．高調波電流を抑制する。 ニ．大電流を小電流に変流する。
23	写真に示す品物の用途は。 	イ．高圧電路の短絡保護 ロ．高圧電路の過負荷保護 ハ．高圧電路の地絡保護 ニ．高圧電路の雷電圧保護
24	低圧の配線器具等の施設方法に関する記述として、**不適切なもの**は。	イ．洗濯機用コンセントとして接地極および接地端子付コンセントを施設し、D種接地工事を施した。 ロ．ユニットバスの洗面台に設けられているコンセントの電源回路に漏電遮断器(定格感度電流15〔mA〕以下、動作時間0.1秒以下の電流動作形)を設けた。 ハ．定格電流20〔A〕の配線用遮断器で保護されている電路に定格電流30〔A〕のコンセントを施設した。 ニ．ケーブル工事において、コンセントと電話端子を合成樹脂製の共有ボックスに収容して施設する場合、電線相互が接触しないように合成樹脂製の隔壁を設けた。
25	写真に示す材料の名称は。 	イ．インサート ロ．フィックスチュアスタッド ハ．ボルト形コネクタ ニ．ユニバーサルエルボ
26	工具類に関する記述として、**誤っているもの**は。	イ．油圧式圧着工具は、油圧力を利用し、主として太い電線などの圧着接続を行う工具で、成形確認機構がなければならない。 ロ．水準器は、配電盤や分電盤などの据え付け時の水平調整などに使用される。 ハ．ノックアウトパンチは、分電盤等の鉄板に穴をあける工具である。 ニ．高速切断機は、といしを高速で回転させ鋼材等の切断及び研削をする工具であり、研削にはといしの側面を使用する。
27	アクセスフロア内の低圧屋内配線等に関する記述として、**不適切なもの**は。	イ．フロア内のケーブル配線にはビニル外装ケーブル以外の電線を使用できない。 ロ．移動電線を引き出すフロアの貫通部分は、移動電線を損傷しないよう適切な処置を施す。 ハ．フロア内では、電源ケーブルと弱電流電線が接触しないようセパレータ等による混触防止措置を施す。 ニ．分電盤は原則としてフロア内に施設しない。

問い	答え
28　高圧屋内配線を、乾燥し展開した場所で、かつ、人が触れるおそれがない場所に施設する方法として、**不適切なもの**は。	イ．高圧ケーブルを金属管に収めて施設した。 ロ．高圧絶縁電線を金属管に収めて施設した。 ハ．高圧ケーブルを金属ダクトに収めて施設した。 ニ．高圧絶縁電線をがいし引き工事により施設した。
29　接地工事に関する記述として、**不適切なもの**は。	イ．人が触れるおそれのある場所のB種接地工事の接地線を地表上2〔m〕まで金属管で保護した。 ロ．A種接地工事の接地極（避雷器用を除く）とD種接地工事の接地極を共用して、接地抵抗を10〔Ω〕以下とした。 ハ．地中に埋設する接地極に大きさが900〔mm〕×900〔mm〕×1.6〔mm〕の銅板を使用した。 ニ．人が触れるおそれのある場所の400〔V〕低圧屋内配線において、電線を収めるための金属管にC種接地工事を施した。

問い30から問い34は、下の図に関する問いである。

図は、自家用電気工作物（500〔kW〕未満）の引込柱から屋外キュービクル式高圧受電設備に至る施設の見取図である。
この図に関する各問いには、4通りの答え（**イ、ロ、ハ、ニ**）が書いてある。それぞれの問いに対して、答えを一つ選びなさい。

〔注〕　図において、問いに直接関係ない部分等は、省略又は簡略化してある。

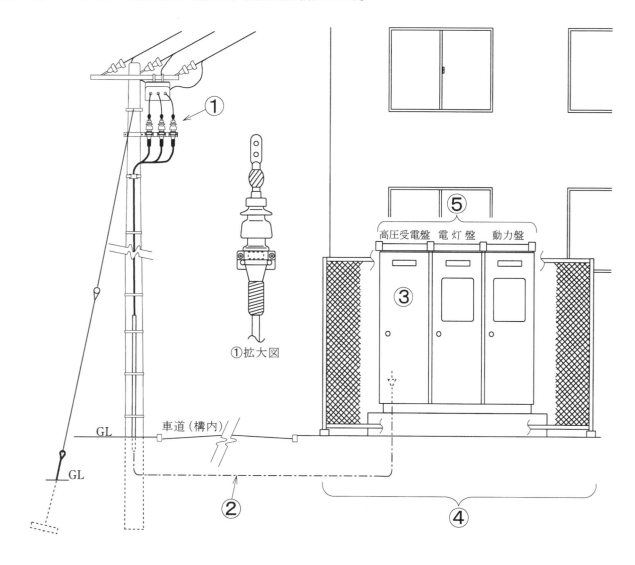

	問 い	答 え
30	①で示すケーブル終端接続部の名称は。	イ．テープ巻形屋外終端接続部 ロ．ゴムストレスコーン形屋外終端接続部 ハ．ゴムとう管形屋外終端接続部 ニ．耐塩害終端接続部
31	②に示す構内の地中電線路を施設する場合の施工方法として、**不適切なもの**は。	イ．地中電線路を直接埋設式により施設し、長さが 20〔m〕であったので電圧の表示を省略した。 ロ．地中電線を収める防護装置に鋼管を使用した管路式とし、管路の接地を省略した。 ハ．地中電線を収める防護装置に波付硬質合成樹脂管（FEP）を使用した。 ニ．地中電線に堅ろうながい装を有するケーブルを使用し、埋設深さ(土冠)を 1.2〔m〕とした。
32	③に示す高圧受電盤内の主遮断装置に、限流ヒューズ付高圧交流負荷開閉器を使用できる設備容量の最大値は。	イ．200〔kW〕　ロ．300〔kW〕　ハ．300〔kV・A〕　ニ．500〔kV・A〕
33	④に示す屋外キュービクルの施設に関する記述として、**不適切なもの**は。	イ．キュービクル式受電設備（消防長が火災予防上支障がないと認める構造を有するキュービクル式受電設備は除く。）を、窓など開口部のある建築物に近接して施設することになったので、建築物から 2〔m〕の距離を保って施設した。 ロ．キュービクルの周囲の保有距離は、1〔m〕＋保安上有効な距離以上とした。 ハ．キュービクルの基礎は、耐震性を考慮し、十分な強度を有する基礎とした。 ニ．キュービクルの施設場所は、一般の人が容易に近づける場所なので、キュービクルの周囲にさくを設置した。
34	⑤に示す受電設備の維持管理に必要な定期点検で通常行わないものは。	イ．接地抵抗の測定 ロ．絶縁抵抗の測定 ハ．保護継電器試験 ニ．絶縁耐力試験
35	最大使用電圧 6 900〔V〕の交流電路に使用するケーブルの絶縁耐力試験を直流電圧で行う場合の試験電圧〔V〕の計算式は。	イ．6 900×1.5 ロ．6 900×2 ハ．6 900×1.5×2 ニ．6 900×2×2
36	自家用電気工作物として施設する電路又は機器について、D 種接地工事を施さなければならないものは。	イ．定格電圧 400〔V〕の電動機の鉄台 ロ．高圧計器用変成器の二次側電路 ハ．6.6〔kV〕／210〔V〕の変圧器の低圧側の中性点 ニ．高圧電路に施設する避雷器

問い	答え
37　CB形高圧受電設備と配電用変電所の過電流継電器との保護協調がとれているものは。 　ただし、図中①の曲線は配電用変電所の過電流継電器動作特性を示し、②の曲線は高圧受電設備の過電流継電器動作特性＋CBの遮断特性を示す。	イ．　　　　ロ．　　　　ハ．　　　　ニ． 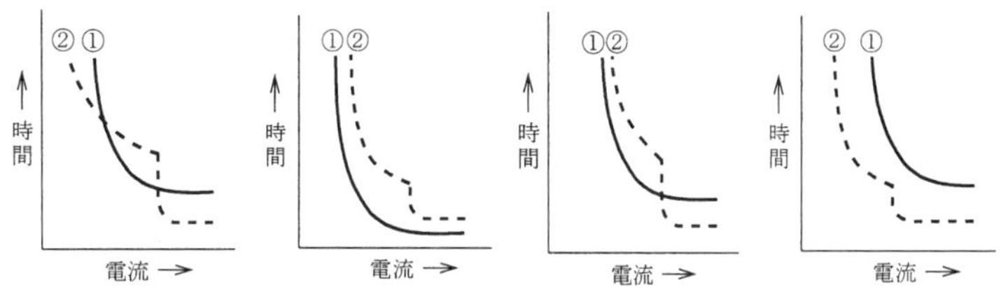 （時間 対 電流のグラフ4つ）
38　電気用品安全法の適用を受ける特定電気用品は。	イ．定格電圧100〔V〕の電力量計 ロ．定格電圧100〔V〕の携帯発電機 ハ．フロアダクト ニ．定格電圧200〔V〕の進相コンデンサ
39　第一種電気工事士の免状の交付を受けている者でなければ従事できない作業は。	イ．最大電力600〔kW〕の需要設備の6.6〔kV〕受電用ケーブルを管路に収める作業 ロ．出力500〔kW〕の発電所の配電盤を造営材に取り付ける作業 ハ．最大電力400〔kW〕の需要設備の6.6〔kV〕変圧器に電線を接続する作業 ニ．配電電圧6.6〔kV〕の配電用変電所内の電線相互を接続する作業
40　電気工事業の業務の適正化に関する法律において、主任電気工事士になれる者は。	イ．認定電気工事従事者認定証の交付を受け、かつ、電気工事に関し2年の実務経験を有する者 ロ．第二種電気工事士免状の交付を受け、かつ、電気工事に関し2年の実務経験を有する者 ハ．第三種電気主任技術者免状の交付を受けた者 ニ．第一種電気工事士免状の交付を受けた者

問題2．配線図 (問題数10、配点は1問当たり2点)

図は、高圧受電設備の単線結線図である。この図の矢印で示す10箇所に関する各問いには、4通りの答え（イ、ロ、ハ、ニ）が書いてある。それぞれの問いに対して、答えを1つ選びなさい。

〔注〕 図において、問いに直接関係のない部分等は、省略又は簡略化してある。

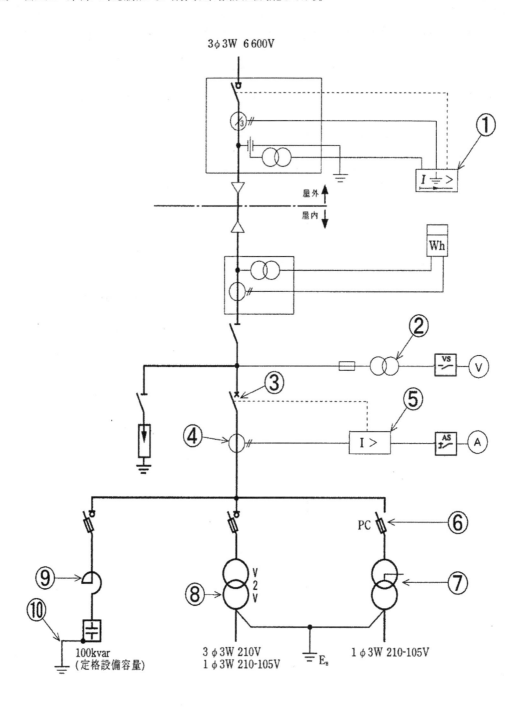

	問 い	答 え
41	①で示す機器の略号（文字記号）は。	イ．GR　　ロ．OCR　　ハ．DGR　　ニ．OCGR

問い	答え
42　②で示す機器の定格一次電圧〔kV〕と定格二次電圧〔V〕は。	イ．6.0〔kV〕　　ロ．6.0〔kV〕　　ハ．6.6〔kV〕　　ニ．6.6〔kV〕 　　105〔V〕　　　　110〔V〕　　　　105〔V〕　　　　110〔V〕
43　③に設置する機器は。	イ． 　　　　　　　　　ロ． 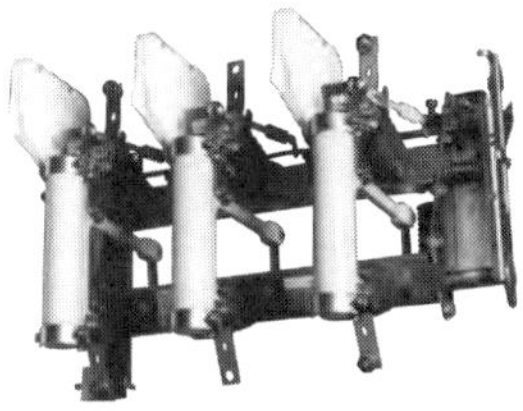 ハ． 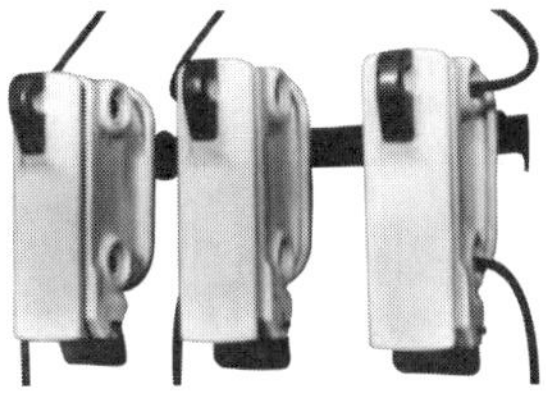　　　　　　　　　ニ． 
44　④で示す機器の端子記号を表したもので、**正しいもの**は。	イ． 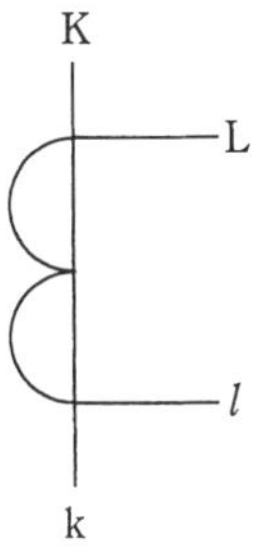　　　　ロ． 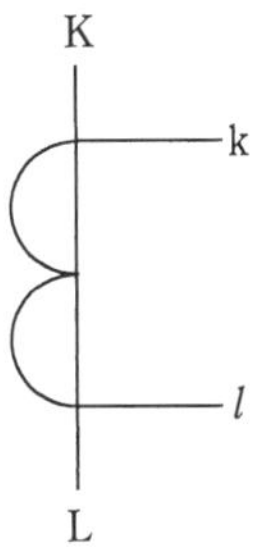　　　　ハ． 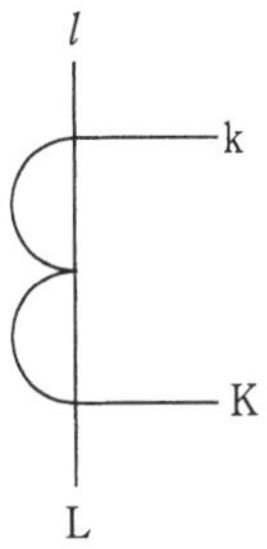　　　　ニ． 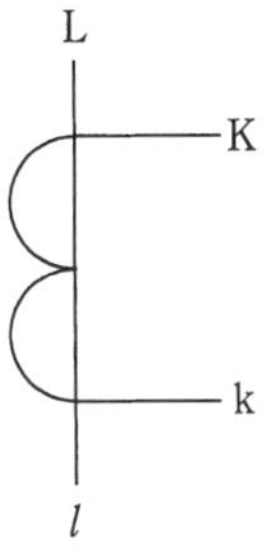 K―L　　　K―k　　　l―k　　　L―K k―l　　　l―L　　　L―K　　　k―l
45　⑤で示す機器の動作特性試験に用いるものは。	イ． 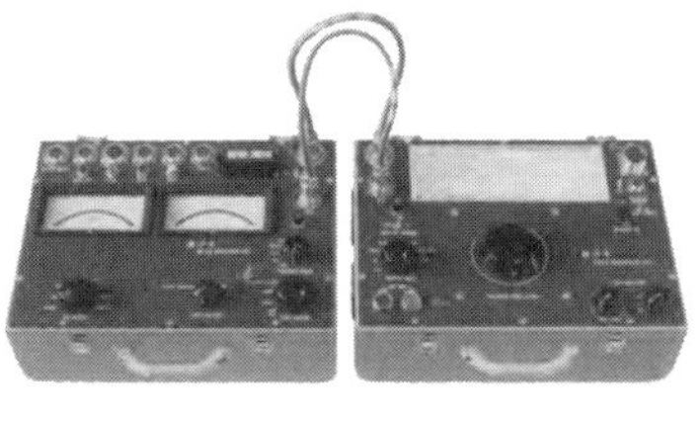　　　　　　　　　ロ． 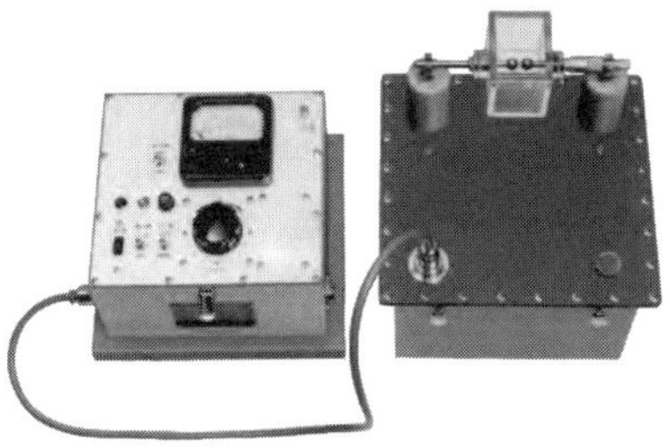 ハ． 　　　　　　　　　ニ． 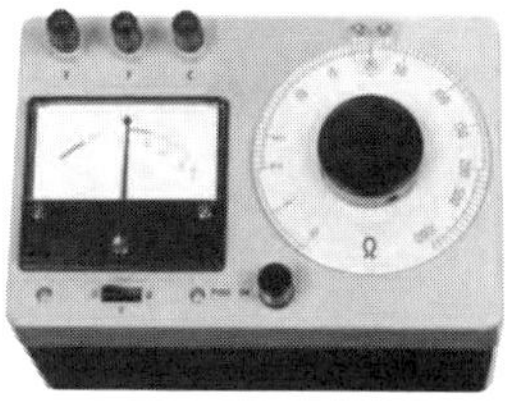

問い	答え
46　⑥の機器で使用するヒューズは。	イ. 　　　　　ロ. 　　　　　ハ. 　　　　　ニ. 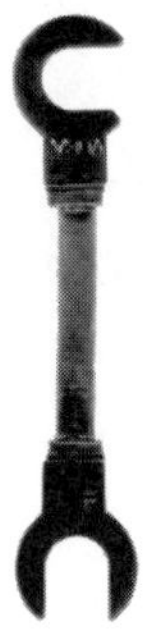
47　⑦の部分に使用できる変圧器の最大容量〔kV·A〕は。	イ．50　　ロ．100　　ハ．200　　ニ．300
48　⑧で示す変圧器の結線図において、B種接地工事を施した図で、**正しいもの**は。	イ． 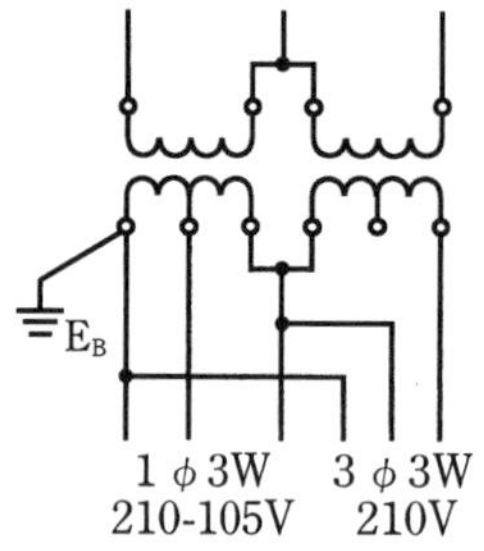　　　　　ロ．　　　　　ハ．　　　　　ニ． 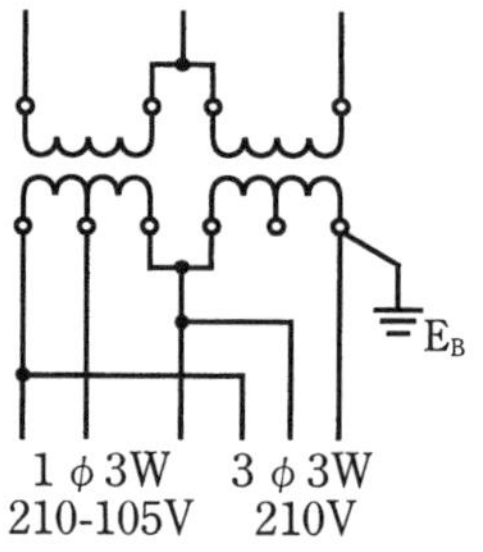
49　⑨で示す機器の容量〔kvar〕として、**最も適切なもの**は。	イ．3　　ロ．6　　ハ．18　　ニ．30
50　⑩の部分に使用する軟銅線の直径の最小値〔mm〕は。	イ．1.6　　ロ．2.0　　ハ．2.6　　ニ．3.2

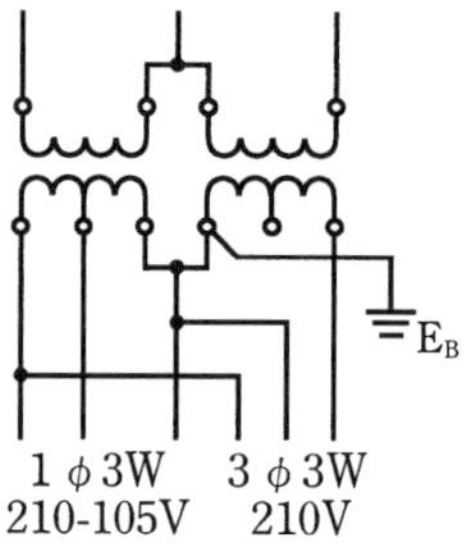

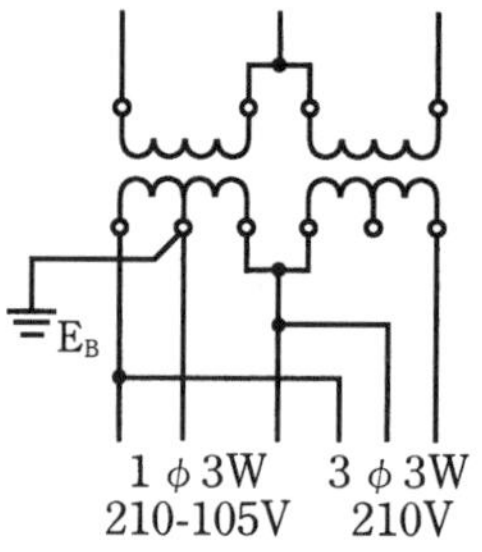

第一種電気工事士 筆記模擬試験の答案用紙

平成 22 年

問題1．一般問題 (問題数40、配点は1問当たり2点)

次の各問いには4通りの答え（イ、ロ、ハ、ニ）が書いてある。それぞれの問いに対して答えを1つ選びなさい。

	問 い	答 え
1	図のように、巻数 n のコイルに周波数 f の交流電圧 V を加え、電流 I を流す場合に、電流 I に関する説明として、**正しいもの**は。 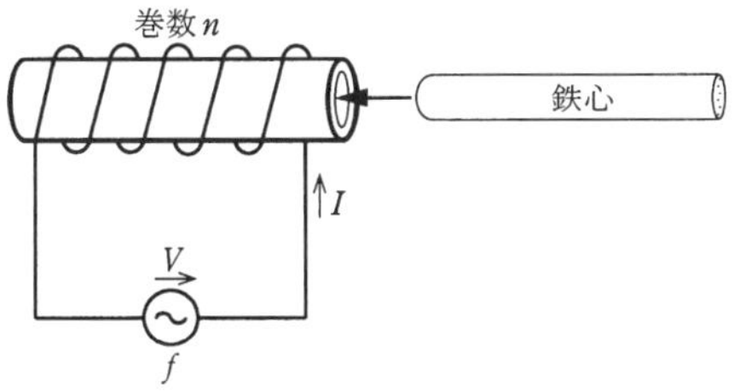	イ．巻数 n を増加すると、電流 I は減少する。 ロ．コイルに鉄心を入れると、電流 I は増加する。 ハ．周波数 f を大きくすると、電流 I は増加する。 ニ．電圧 V を上げると、電流 I は減少する。
2	図のような直流回路において、電源電圧は104〔V〕、抵抗 R_2 に流れる電流が6〔A〕である。抵抗 R_1 の抵抗値〔Ω〕は。 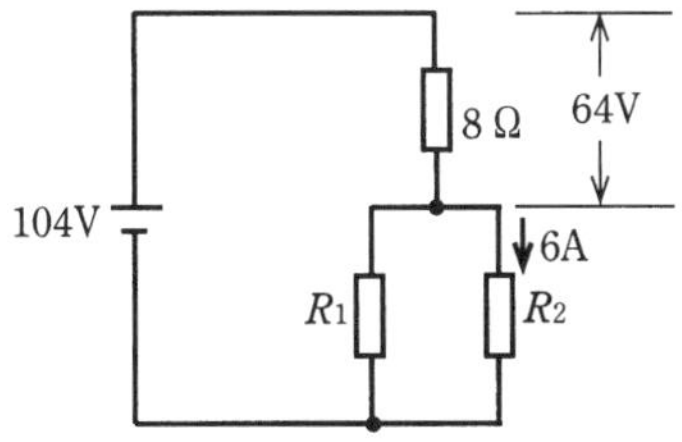	イ．5　　　ロ．6.8　　　ハ．13　　　ニ．20
3	図のような交流回路において、電源電圧は120〔V〕、抵抗は20〔Ω〕、誘導性リアクタンス10〔Ω〕、容量性リアクタンス30〔Ω〕である。回路電流 I〔A〕の値は。 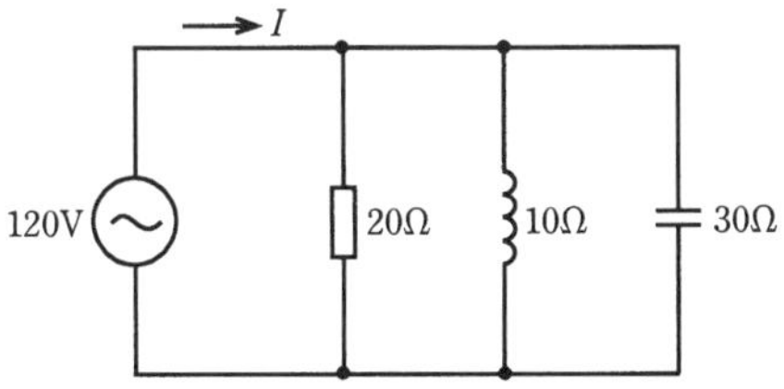	イ．8　　　ロ．10　　　ハ．12　　　ニ．14
4	図のような交流回路において、電源電圧は100〔V〕、電流は20〔A〕、抵抗 R の両端の電圧は60〔V〕であった。誘導性リアクタンス X は何〔Ω〕か。 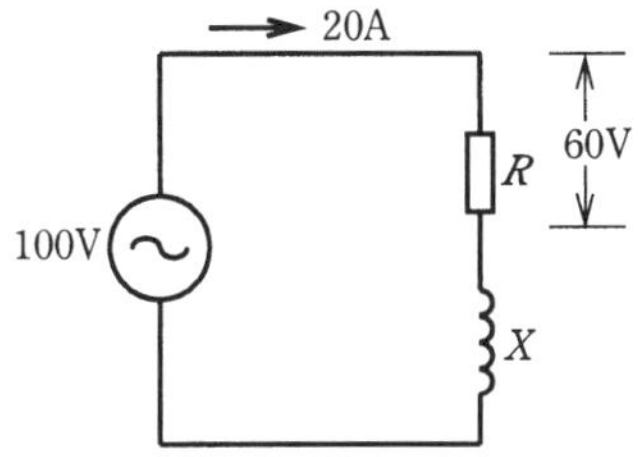	イ．2　　　ロ．3　　　ハ．4　　　ニ．5

	問い	答え
5	図のような三相交流回路において、電源電圧は200 [V]、抵抗 R は 8 [Ω]、誘導性リアクタンス X は 6 [Ω] である。回路の全無効電力 [kvar] の値は。 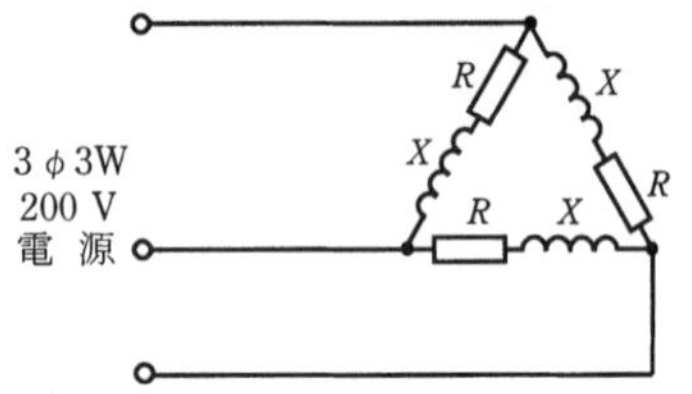 3φ3W 200V 電源	イ．4.2　　ロ．7.2　　ハ．9.6　　ニ．12
6	図のような単相2線式配電線路で、電線1線当たりの抵抗 r [Ω]、線路リアクタンス x [Ω]、線路に流れる電流を I [A] とするとき、電圧降下 ($V_s - V_r$) の近似値 [V] を示す式は。 ただし、負荷の力率：$\cos\theta > 0.8$ で、遅れ力率であるとする。 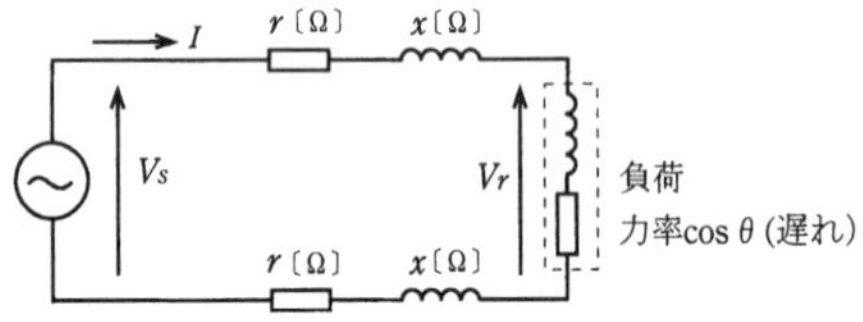	イ．$2I(r\cos\theta + x\sin\theta)$ ロ．$\sqrt{3}I(r\cos\theta + x\sin\theta)$ ハ．$2I(r\sin\theta + x\cos\theta)$ ニ．$\sqrt{3}I(r\sin\theta + x\cos\theta)$
7	図1のような単相2線式電路を、図2のように単相3線式電路に変更した場合、電路の損失は何倍となるか。 ただし、負荷電圧は100 [V] 一定で、負荷A、負荷Bはともに1 [kW] の抵抗負荷であり、電線の抵抗は1線当たり0.2 [Ω] であるとする。 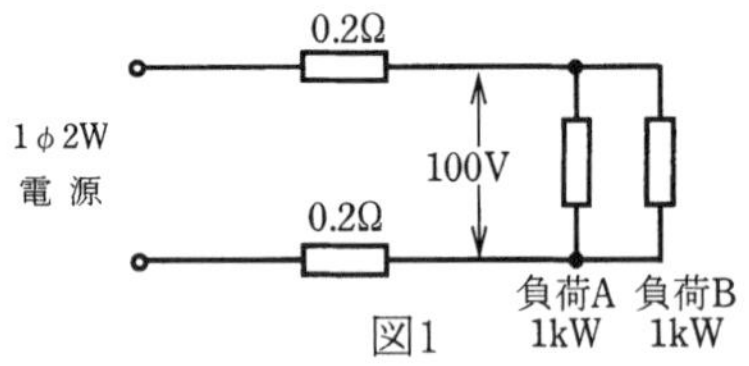 図1 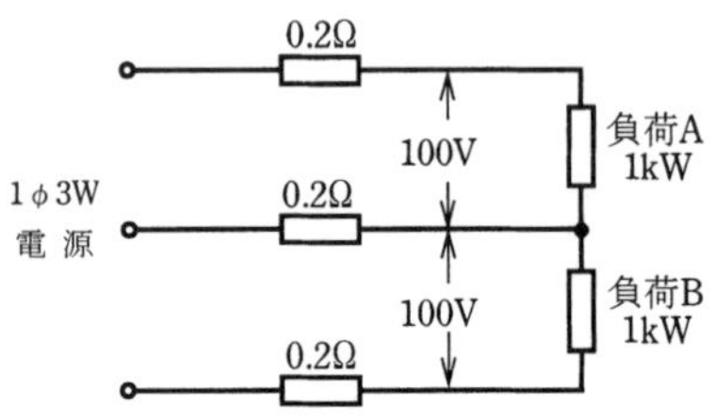　図2	イ．$\dfrac{1}{4}$　　ロ．$\dfrac{1}{3}$　　ハ．$\dfrac{1}{2}$　　ニ．$\dfrac{3}{2}$

問い	答え
8　図のように、定格電圧 200〔V〕、消費電力 18〔kW〕、力率 0.9（遅れ）の三相負荷に電気を供給する配電線路がある。この配電線路の電力損失〔kW〕は。 ただし、電線 1 線当たりの抵抗は 0.1〔Ω〕とし、配電線路のリアクタンスは無視できるものとする。 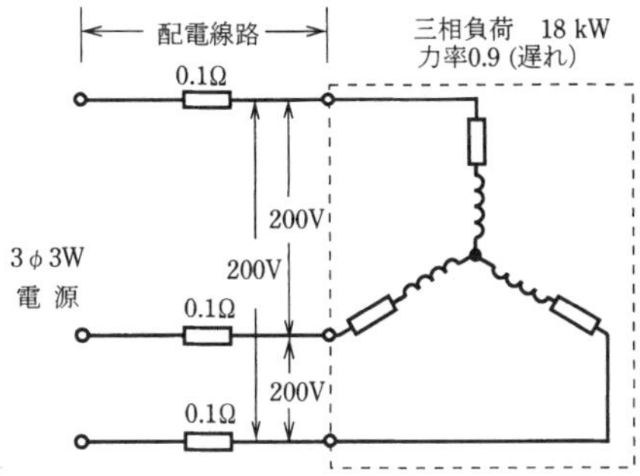	イ．0.81　　ロ．0.90　　ハ．1.0　　ニ．1.8
9　図のように三相電源から、三相負荷（定格電圧 200〔V〕、定格消費電力 20〔kW〕、遅れ力率 0.8）に電気を供給している配電線路がある。図中のように低圧進相コンデンサを設置して、力率を 1.0 に改善する場合の変化として、誤っているものは。 ただし、電源電圧は一定とし、負荷のインピーダンスも負荷電圧にかかわらず一定とする。なお、配電線路の抵抗 r は 1 線当たり 0.1〔Ω〕とし、線路のリアクタンスは無視できるものとする。 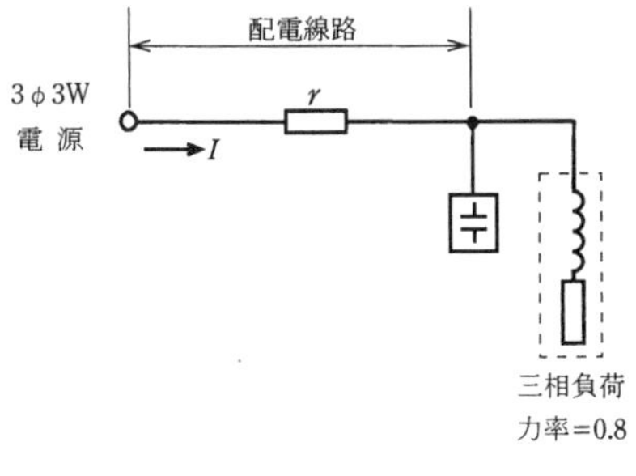	イ．線路の電流 I が減少する。 ロ．線路の電力損失が減少する。 ハ．電源からみて、負荷側の無効電力は 0 となる。 ニ．線路の電圧降下が 20〔％〕程度増加する。
10　電源を投入してから、点灯するまでの時間が最も短いものは。	イ．ハロゲン電球（ヨウ素電球） ロ．メタルハライドランプ ハ．高圧水銀ランプ ニ．ナトリウムランプ

問い	答え
11　6極のかご形三相誘導電動機があり、その一次周波数が調整できるようになっている。この電動機が滑り5〔%〕、回転速度570〔min⁻¹〕で運転されている場合の一次周波数〔Hz〕は。	イ．20　　ロ．30　　ハ．40　　ニ．50
12　りん酸形燃料電池の発電原理図として、正しいものは。	イ．(負極側O₂、正極側H₂→H₂O)　ロ．(負極側H₂、正極側O₂→H₂O)　ハ．(負極側O₂、正極側H₂、H₂O)　ニ．(負極側H₂、正極側O₂、H₂O)
13　インバータ（逆変換装置）の記述として、正しいものは。	イ．交流電力を直流電力に変換する装置 ロ．直流電力を異なる直流の電圧、電流に変換する装置 ハ．直流電力を交流電力に変換する装置 ニ．交流電力を異なる交流の電圧、電流に変換する装置
14　写真に示す品物の名称は。 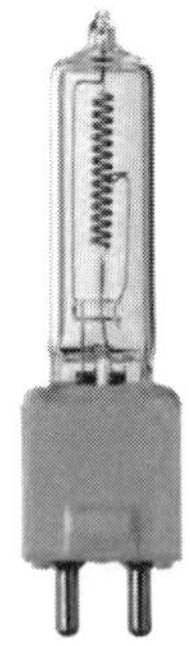	イ．キセノンランプ ロ．ハロゲン電球 ハ．LED ニ．高圧ナトリウムランプ
15　写真に示す品物の名称は。 	イ．コンクリートボックス ロ．アウトレットボックス ハ．フロアボックス ニ．スイッチボックス

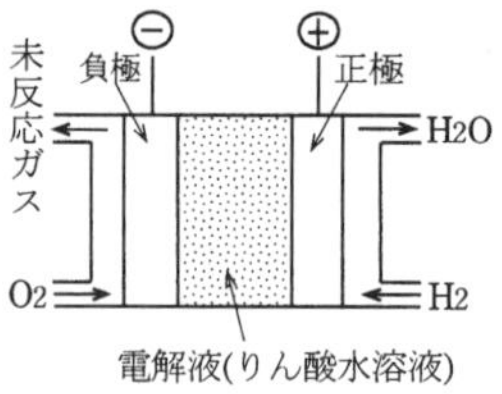

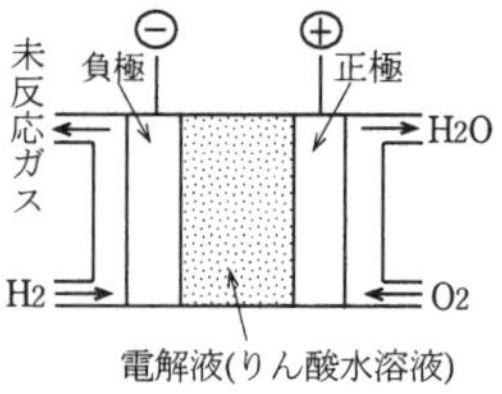

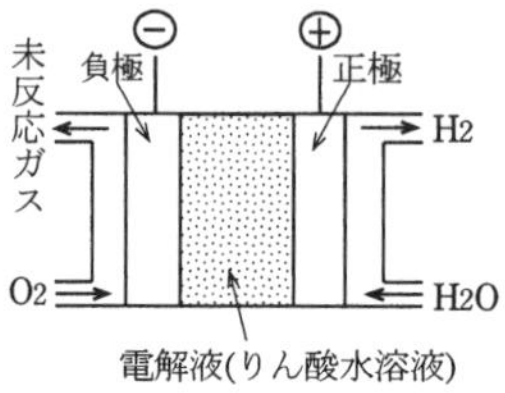

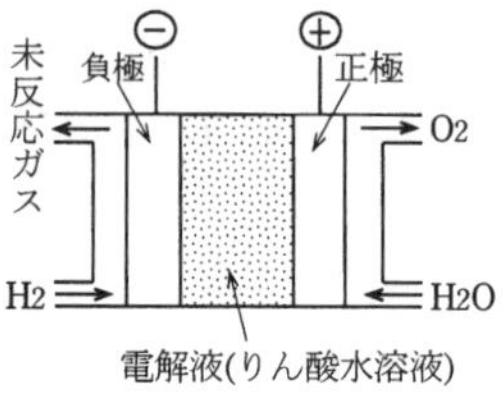

	問い	答え
16	図は汽力発電所の再熱サイクルを表したものである。図中のⒶ、Ⓑ、Ⓒ、Ⓓの組合せとして、**正しいもの**は。 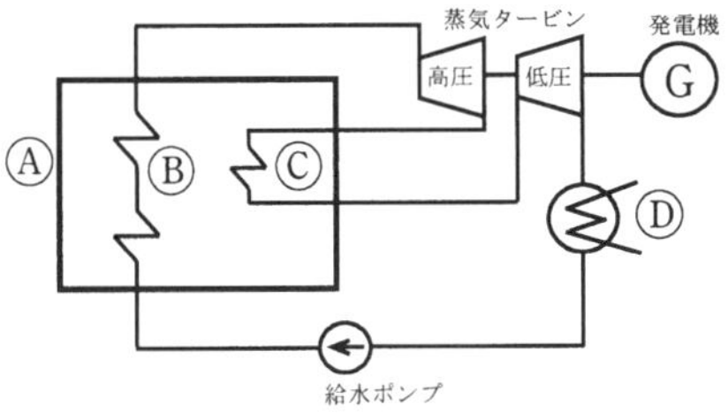	<table><tr><th></th><th>Ⓐ</th><th>Ⓑ</th><th>Ⓒ</th><th>Ⓓ</th></tr><tr><td>イ</td><td>復水器</td><td>ボイラ</td><td>過熱器</td><td>再熱器</td></tr><tr><td>ロ</td><td>ボイラ</td><td>過熱器</td><td>再熱器</td><td>復水器</td></tr><tr><td>ハ</td><td>過熱器</td><td>復水器</td><td>再熱器</td><td>ボイラ</td></tr><tr><td>ニ</td><td>再熱器</td><td>復水器</td><td>過熱器</td><td>ボイラ</td></tr></table>
17	架空送電線路に使用されるアークホーンの記述として、**正しいもの**は。	イ．がいしの両端に設け、がいしや電線を雷の異常電圧から保護する。 ロ．電線と同種の金属を電線に巻き付けて補強し、電線の振動による素線切れなどを防止する。 ハ．電線におもりとして取り付け、微風により生ずる電線の振動を吸収し、電線の損傷などを防止する。 ニ．多導体に使用する間隔材で、強風による電線相互の接近・接触や負荷電流、事故電流による電磁吸引力から素線の損傷を防止する。
18	水平径間 100〔m〕の架空送電線がある。電線1〔m〕当たりの重量が20〔N/m〕、水平引張強さが20〔kN〕のとき、電線のたるみ D〔m〕は。 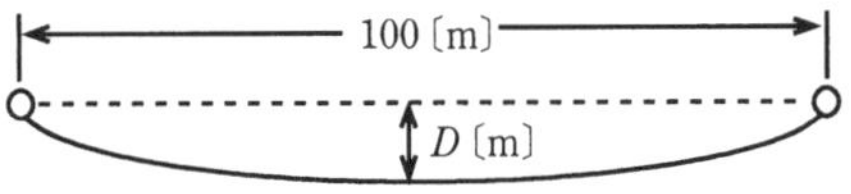	イ．1.25　　ロ．2.5　　ハ．4.25　　ニ．5.5
19	同期発電機を並行運転する条件として、**必要でないもの**は。	イ．周波数が等しいこと。 ロ．電圧の大きさが等しいこと。 ハ．発電容量が等しいこと。 ニ．電圧の位相が一致していること。
20	高調波の発生源とならない機器は。	イ．交流アーク炉 ロ．半波整流器 ハ．動力制御用インバータ ニ．進相コンデンサ
21	高圧受電設備の受電用遮断器の遮断容量を決定する場合に、**必要なもの**は。	イ．電気事業者との契約電力 ロ．受電用変圧器の容量 ハ．受電点の三相短絡電流 ニ．最大負荷電流

	問い	答え
22	写真に示す品物の用途は。 	イ．コンデンサ回路投入時の突入電流を抑制する。 ロ．大電流を小電流に変流する。 ハ．零相電圧を検出する。 ニ．高電圧を低電圧に変圧する。
23	写真に示す品物の用途は。 	イ．保護継電器と組み合わせて、遮断器として用いる。 ロ．電力ヒューズと組み合わせて、高圧交流負荷開閉器として用いる。 ハ．停電作業などの際に、電路を開路しておく装置として用いる。 ニ．容量 300〔kV・A〕未満の変圧器の一次側保護装置として用いる。
24	単相 200〔V〕の回路に使用できないコンセントは。	イ． 　　ロ． 　　ハ． 　　ニ． 
25	地中に埋設又は打ち込みをする接地極として、**不適切なものは**。	イ．縦 900〔mm〕×横 900〔mm〕×厚さ 2.6〔mm〕のアルミ板 ロ．縦 900〔mm〕×横 900〔mm〕×厚さ 1.6〔mm〕の銅板 ハ．直径 14〔mm〕長さ 1.5〔m〕の銅溶覆鋼棒 ニ．内径 36〔mm〕長さ 1.5〔m〕の厚鋼電線管
26	下記の写真に示す工具の名称は。 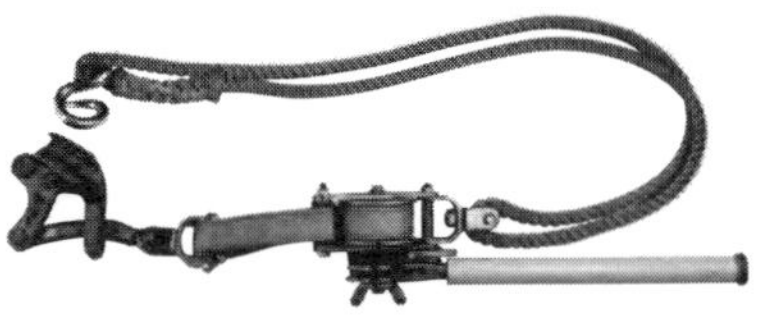	イ．トルクレンチ ロ．ワイヤストリッパ ハ．ケーブルジャッキ ニ．張線器
27	点検できない隠ぺい場所において、使用電圧 400〔V〕の低圧屋内配線工事を行う場合、**不適切な工事方法は**。	イ．合成樹脂管工事 ロ．金属ダクト工事 ハ．金属管工事 ニ．ケーブル工事

問い	答え
28 絶縁電線相互の接続に関する記述として、**不適切なもの**は。	イ．電線の電気抵抗を増加させないように接続した。 ロ．接続部分を絶縁電線の絶縁物と同等以上の絶縁効力のあるもので十分被覆した。 ハ．接続部分において、電線の引張り強さが30〔％〕減少した。 ニ．接続部分に接続管を使用した。
29 高圧屋内配線で、施工できる工事方法は。	イ．ケーブル工事 ロ．金属管工事 ハ．合成樹脂管工事 ニ．金属ダクト工事

問い30から問い34は、下の図に関する問いである。

図は、地下1階にある自家用電気工作物（500〔kW〕未満）の高圧受電設備及び低圧屋内幹線設備の一部を表した図である。この図に関する各問いには、4通りの答え（イ、ロ、ハ、ニ）が書いてある。それぞれの問いに対して、答えを1つ選びなさい。

〔注〕図において、問いに直接関係のない部分等は、省略又は簡略化してある。

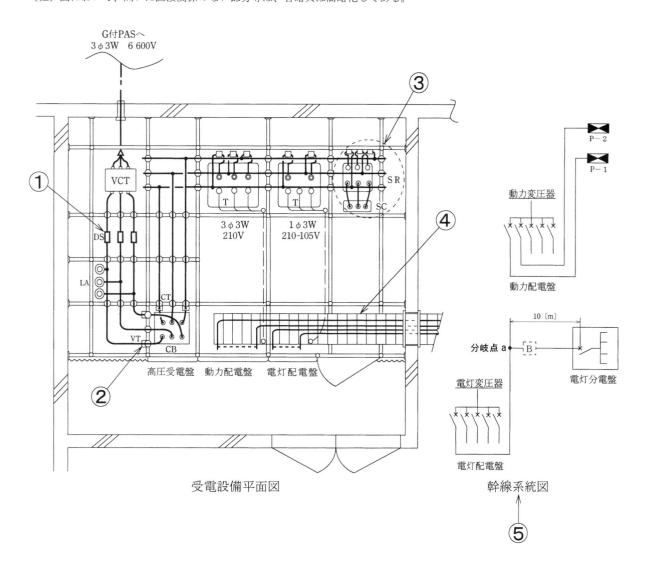

問い	答え
30　①に示す DS に関する記述として、**誤って**いるものは。	イ．DS は断路器である。 ロ．DS は区分開閉器として施設される。 ハ．DS は負荷電流が流れている時、誤って開路しないようにする。 ニ．接触子（刃受）は電源側、ブレード（断路刃）は負荷側にして施設する。
31　②に示す VT に関する記述として、**誤って**いるものは。	イ．高圧電路に使用される VT の定格二次電圧は 110〔V〕である。 ロ．VT の電源側には十分な定格遮断電流をもつ限流ヒューズを取り付ける。 ハ．遮断器の操作電源の他、所内の照明電源として使用することができる。 ニ．VT には定格負担（単位〔V・A〕）があり定格負担以下で使用する必要がある。
32　③に示す進相コンデンサと直列リアクトルに関する記述として、**誤っている**ものは。	イ．直列リアクトル容量は、一般に、進相コンデンサ容量の 5〔％〕のものが使用される。 ロ．直列リアクトルは、高調波電流による障害防止及び進相コンデンサ回路の開閉による突入電流抑制のために施設する。 ハ．進相コンデンサに、開路後の残留電荷を放電させるため放電装置を内蔵したものを施設した。 ニ．進相コンデンサの一次側に、保護装置として限流ヒューズを施設した。
33　④に示すケーブルラックの施工に関する記述として、**誤っている**ものは。	イ．ケーブルラックには、D 種接地工事を施した。 ロ．ケーブルラックが受変電室の壁を貫通する部分は、火災の延焼防止に必要な耐火処理を施した。 ハ．ケーブルラックは、フレームパイプに堅固に固定した。 ニ．同一のケーブルラックに電灯幹線と動力幹線のケーブルを布設する場合、両者の間にセパレータを設けなければならない。
34　⑤に示す幹線に関する記述として、**誤って**いるものは。	イ．電線は、各部分ごとに、その部分を通じて供給される電気使用機械器具の定格電流の合計以上の許容電流のあるものを使用する必要がある。 ロ．動力幹線は、負荷が電動機であり定格電流の合計が 50〔A〕を超えていたので、電動機の定格電流の 1.1 倍以上の許容電流のある電線を使用しなければならない。 ハ．動力幹線を保護するため、配電盤に施設する過電流遮断器は、電動機の定格電流の 3 倍以下で、電線の許容電流の 2.5 倍以下のものを使用した。 ニ．電灯幹線の分岐は、分岐点 a から電灯分電盤への分岐幹線の長さが 10〔m〕であり、電源側に施設された過電流遮断器の 35〔％〕の許容電流のある電線を使用したので、過電流遮断器 B を省略した。
35　高圧ケーブルの絶縁抵抗の測定を行うとき、絶縁抵抗計の保護端子（ガード端子）を使用する目的として、**正しい**ものは。	イ．絶縁物の表面の漏れ電流も含めて測定するため。 ロ．絶縁物の表面の漏れ電流による誤差を防ぐため。 ハ．高圧ケーブルの残留電荷を放電するため。 ニ．指針の振切れによる焼損を防止するため。
36　過電流継電器の最小動作電流の測定と限時特性試験を行う場合、**必要でない**ものは。	イ．電力計 ロ．電流計 ハ．サイクルカウンタ ニ．電圧調整器

	問 い	答 え
37	低圧屋内配線の開閉器又は過電流遮断器で区切ることができる電路ごとの絶縁性能として、「電気設備技術基準（解釈を含む）」に**適合する**ものは。	イ．対地電圧 200〔V〕の電動機回路の絶縁抵抗を測定した結果、0.1〔MΩ〕であった。 ロ．対地電圧 100〔V〕の電灯回路の絶縁抵抗を測定した結果、0.05〔MΩ〕であった。 ハ．対地電圧 100〔V〕のコンセント回路の漏えい電流を測定した結果、2〔mA〕であった。 ニ．対地電圧 100〔V〕の電灯回路の漏えい電流を測定した結果、0.5〔mA〕であった。
38	第一種電気工事士免状の交付を受けている者でなければ従事できない作業は。	イ．最大電力 800〔kW〕の需要設備の 6.6〔kV〕受電用ケーブルを管路に収める作業 ロ．出力 500〔kW〕の発電所の配電盤を造営材に取り付ける作業 ハ．最大電力 400〔kW〕の需要設備の 6.6〔kV〕変圧器に電線を接続する作業 ニ．配電電圧 6.6〔kV〕の配電用変電所内の電線相互を接続する作業
39	電気工事士法において、第一種電気工事士に関する記述として、**誤っている**ものは。	イ．第一種電気工事士試験に合格しても所定の実務経験がないと第一種電気工事士免状は交付されない。 ロ．自家用電気工作物で最大電力 500〔kW〕未満の需要設備の非常用予備発電装置に係る電気工事の作業に従事することができる。 ハ．第一種電気工事士免状の交付を受けた日から 5 年以内ごとに、自家用電気工作物の保安に関する講習を受けなければならない。 ニ．自家用電気工作物で最大電力 500〔kW〕未満の需要設備の電気工事の作業に従事するときは、第一種電気工事士免状を携帯しなければならない。
40	定格電圧 100〔V〕以上 300〔V〕以下の機器又は器具であって、電気用品安全法の適用を受ける特定電気用品は。	イ．定格電流 30〔A〕の電力量計 ロ．定格電流 60〔A〕の配線用遮断器 ハ．定格出力 0.4〔kW〕の単相電動機 ニ．定格静電容量 100〔μF〕の進相コンデンサ

問題2．配線図 (問題数10、配点は1問当たり2点)

図は、高圧受電設備の単線結線図である。この図の矢印で示す10箇所に関する各問いには、4通りの答え（イ、ロ、ハ、ニ）が書いてある。それぞれの問いに対して、答えを1つ選びなさい。

〔注〕 図において、問いに直接関係のない部分等は、省略又は簡略化してある。

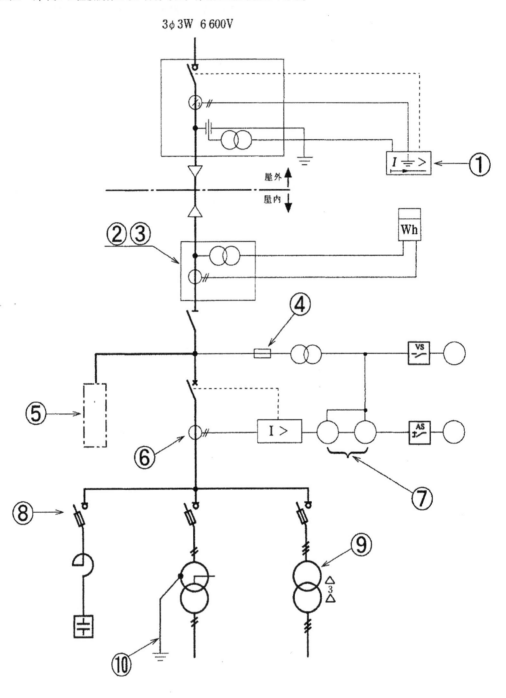

	問 い	答 え
41	①で示す機器は。	イ．地絡過電圧継電器 ロ．過電流継電器 ハ．比率差動継電器 ニ．地絡方向継電器

	問い	答え
42	②に設置する機器は。	イ.  ロ.  ハ.  ニ. 
43	③の部分に設置する機器の結線図として、正しいものは。	イ. 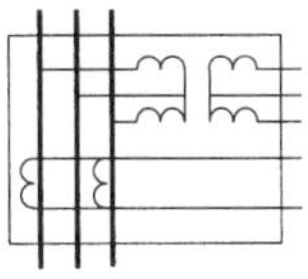 ロ. 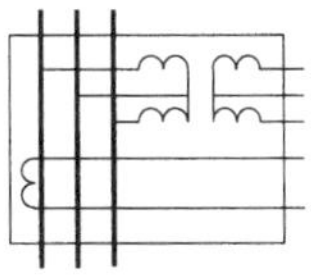 ハ. 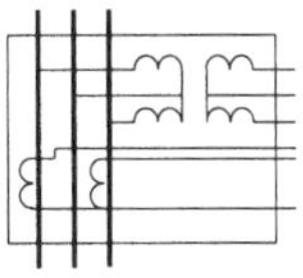 ニ. 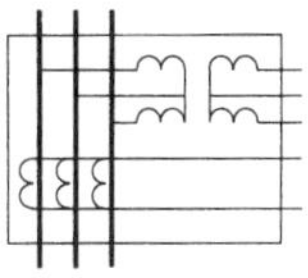
44	④を使用する主目的は。	イ．計器用変圧器の欠相を防止する。 ロ．計器用変圧器の過負荷を防止する。 ハ．計器用変圧器を雷サージから保護する。 ニ．計器用変圧器の短絡事故が主回路に波及するのを防止する。
45	⑤に設置する機器の図記号は。	イ.  ロ.  ハ.  ニ. 
46	⑥で示す機器の役割は。	イ．高電圧を低電圧に変圧する。 ロ．電路に侵入した過電圧を抑制する。 ハ．高圧電路の電流を変流する。 ニ．電路の異常を警報する。

問い	答え
47　⑦に設置する機器の組合せは。	イ．（A計器とcosφ計器）  ロ．（Hz計器とcosφ計器） ハ．（kW計器とcosφ計器） ニ．（A計器とHz計器）
48　⑧で示す機器の略号は。	イ．VCB　　ロ．PC　　ハ．LBS（PF付）　　ニ．DS
49　⑨に設置する機器と台数は。	イ．（1台）　ロ．（1台）　ハ．（3台）　ニ．（3台）    
50　⑩の部分に使用する軟銅線の直径の最小値〔mm〕は。	イ．1.6　　ロ．2.6　　ハ．3.2　　ニ．4.0

第一種電気工事士 筆記模擬試験の答案用紙

平成 21 年

問題1．一般問題 (問題数40、配点は1問当たり2点)

次の各問いには4通りの答え（イ、ロ、ハ、ニ）が書いてある。それぞれの問いに対して答えを1つ選びなさい。

	問 い	答 え
1	図のように、面積 S の平板電極間に、厚さが d で誘電率 ε の絶縁物が入っている平行平板コンデンサがあり、直流電圧 V が加わっている。このコンデンサの静電容量 C に関する記述として、**正しいものは**。 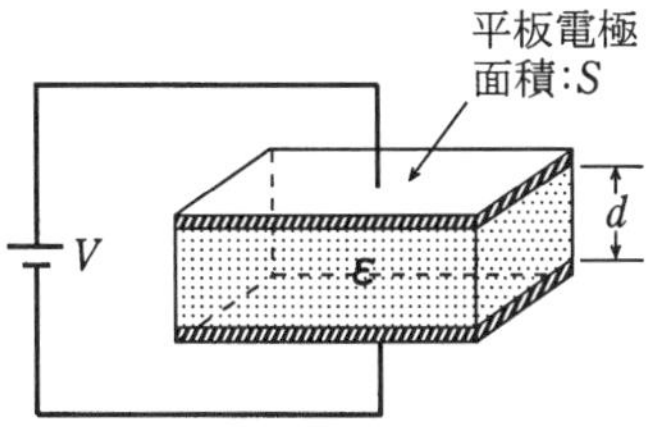	イ．電圧 V に比例する。 ロ．電極の面積 S に比例する。 ハ．電極の離隔距離 d に比例する。 ニ．誘電率 ε に反比例する。
2	図のような直流回路において、図中に示す抵抗Aの消費電力〔W〕は。 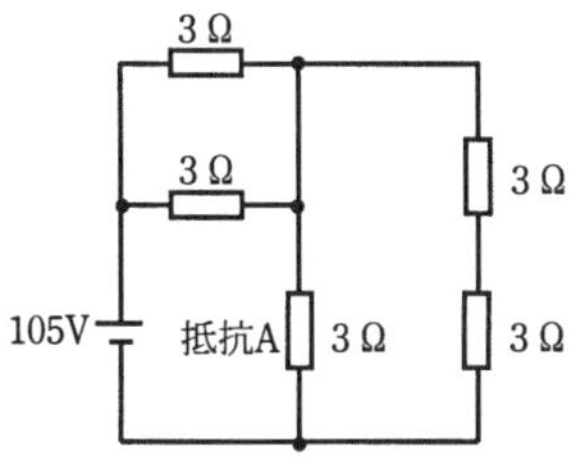	イ．300　　ロ．600　　ハ．675　　ニ．1200
3	図の正弦波交流回路において、電源電圧 v と負荷電流 i の波形は、図のようであった。この負荷の消費電力〔W〕は。 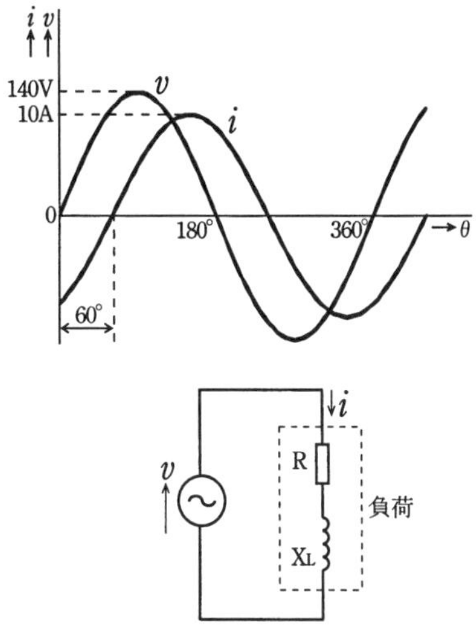	イ．350　　ロ．606　　ハ．700　　ニ．1400

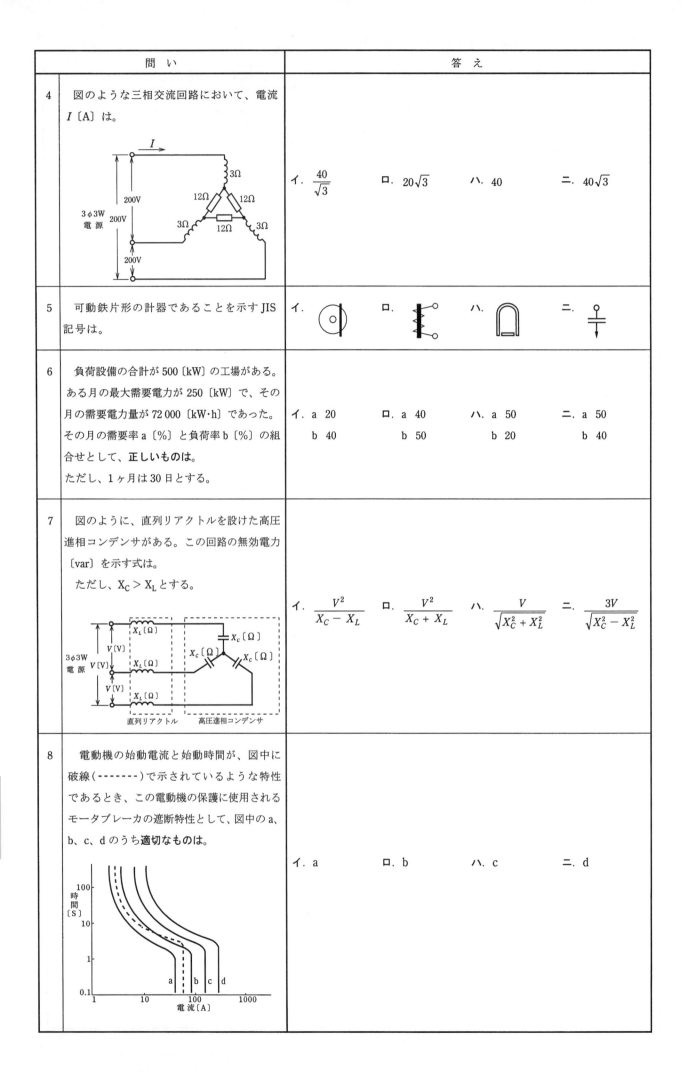

	問 い	答 え
9	図のように、三相3線式構内配電線路の末端に力率 80〔%〕（遅れ）の三相負荷があり、線電流は 50〔A〕であった。いまこの負荷と並列に電力用コンデンサ C を接続して、線路の力率を 100〔%〕に改善した場合、この配電線路の電力損失〔kW〕は。 ただし、電線1線当たりの抵抗は 0.4〔Ω〕、線路のインダクタンスは無視できるものとし、負荷電圧は一定とする。 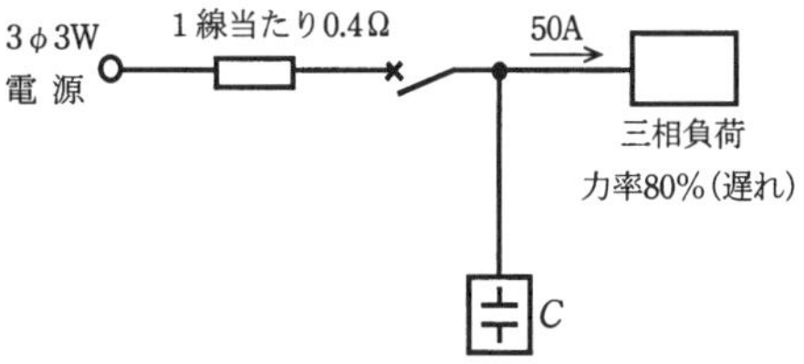 3φ3W 電源 — 1線当たり 0.4Ω — 50A → 三相負荷 力率80%（遅れ）／ C	イ．1.08　　ロ．1.11　　ハ．1.92　　ニ．3.00
10	電気機器の絶縁材料として耐熱クラスごとに許容最高温度〔℃〕の低いものから高いものの順に左から右に並べたものは。	イ．Y、E、H　　ロ．E、H、Y ハ．H、E、Y　　ニ．E、Y、H
11	図のような整流回路において、電圧 v_0 の波形は。ただし、電源電圧 v は実効値 100〔V〕、周波数 50〔Hz〕の正弦波とする。 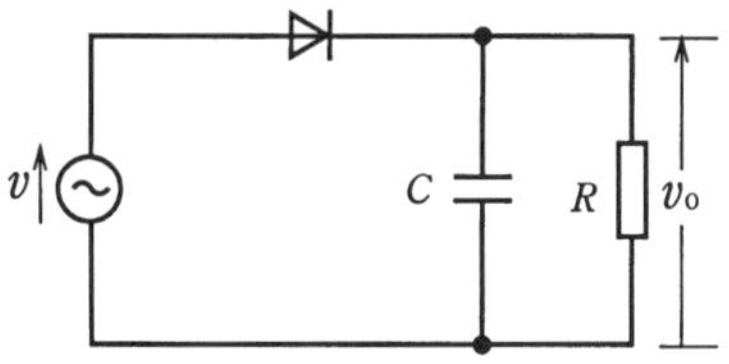	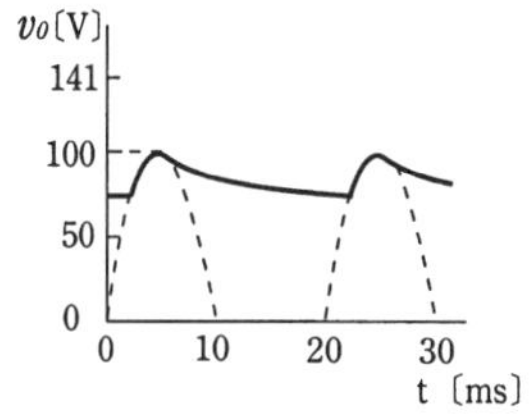 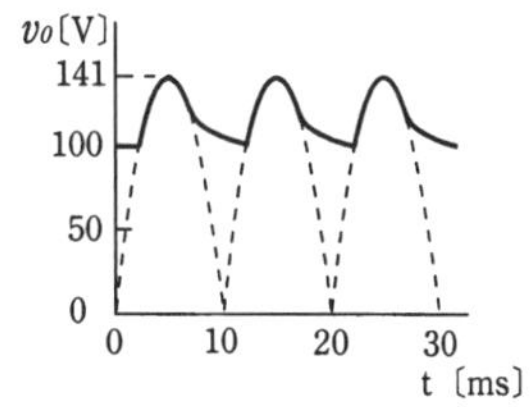 イ．（波形図）　ロ．（波形図） 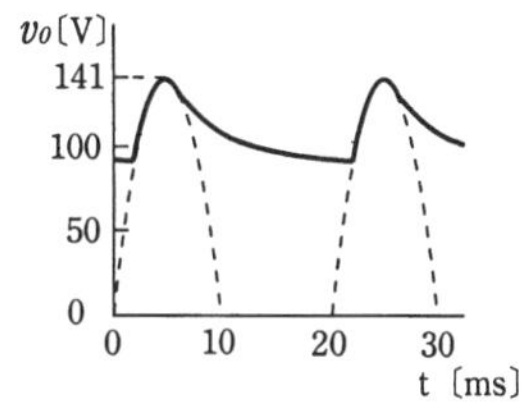 ハ．（波形図）　ニ．（波形図） 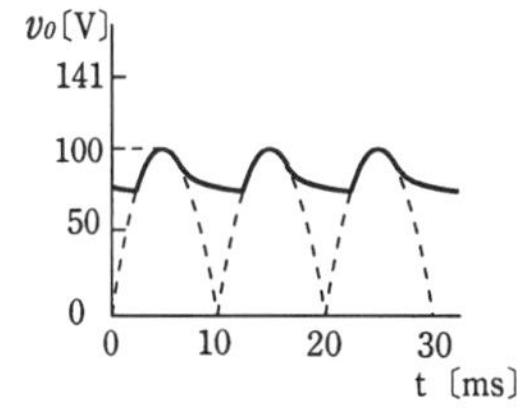
12	消費電力 1〔kW〕の電熱器を 1 時間使用したとき、10 リットルの水の温度が 43〔℃〕上昇した。この電熱器の熱効率〔%〕は。	イ．40　　ロ．50　　ハ．60　　ニ．70
13	ラピッドスタート形蛍光灯に関する記述として、正しいものは。	イ．安定器は不要である。 ロ．グロー放電管（グロースタータ）が必要である。 ハ．即時（約1秒）点灯が可能である。 ニ．Hf（高周波点灯専用形）蛍光灯よりも高効率である。

	問 い	答 え
14	写真に示す品物の用途は。 	イ．ケーブルをねずみの被害から防ぐのに用いる。 ロ．ケーブルを延線するとき、引っ張るのに用いる。 ハ．ケーブルをシールド（遮へい）するのに用いる。 ニ．ケーブルを切断するとき、電線がはねるのを防ぐのに用いる。
15	写真に示す品物の名称は。 	イ．シーリングフィッチング ロ．カップリング ハ．ユニバーサル ニ．ターミナルキャップ
16	水力発電所の水車の種類を、適用落差の最大値の高いものから低いものの順に左から右に並べたものは。	イ．プロペラ水車　　フランシス水車　　ペルトン水車 ロ．フランシス水車　　ペルトン水車　　プロペラ水車 ハ．フランシス水車　　プロペラ水車　　ペルトン水車 ニ．ペルトン水車　　フランシス水車　　プロペラ水車
17	架空送電線の雷害対策として、**適切なものは**。	イ．電線にダンパを取り付ける。 ロ．がいしにアークホーンを取り付ける。 ハ．がいし表面にシリコンコンパウンドを塗布する。 ニ．がいしの洗浄装置を施設する。
18	風力発電に関する記述として、**誤っているものは**。	イ．風力発電設備は、風の運動エネルギーを電気エネルギーに変換する設備である。 ロ．風力発電設備は、風速等の自然条件の変化による出力変動が大きい。 ハ．一般に使用されているプロペラ形風車は、垂直軸形風車である。 ニ．風力発電設備は、温室効果ガスを排出しない。
19	送電線に関する記述として、**誤っているものは**。	イ．275kVの送電線は、一般に中性点非接地方式である。 ロ．送電線は、発電所、変電所、特別高圧需要家等の間を連系している。 ハ．経済性などの観点から、架空送電線が広く採用されている。 ニ．架空送電線には、一般に鋼心アルミより線が使用されている。
20	高圧母線に取り付けられた、通電中の変流器の二次側回路に接続されている電流計を取り外す場合、手順として**適切なものは**。	イ．電流計を取り外した後、変流器の二次側を短絡する。 ロ．変流器の二次側端子の一方を接地した後、電流計を取り外す。 ハ．電流計を取り外した後、変流器の二次側端子の一方を接地する。 ニ．変流器の二次側を短絡した後、電流計を取り外す。

	問 い	答 え
21	架空引込みの自家用高圧受電設備に地絡継電装置付高圧交流負荷開閉器（G付PAS）を設置する場合の記述として、**誤っているもの**は。	イ．電気事業用の配電線への波及事故の防止に効果がある。 ロ．自家用側の高圧電路に地絡事故が発生したとき、自動遮断する。 ハ．自家用の引込みケーブルに短絡事故が発生したとき、自動遮断する。 ニ．電気事業者との保安上の責任分界点又はこれに近い箇所に設置する。
22	写真の矢印で示す部分の主な役割は。 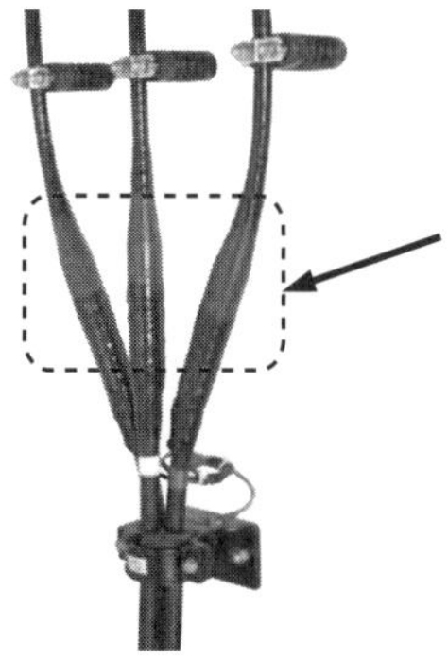	イ．水の侵入を防止する。 ロ．機械的強度を補強する。 ハ．電流の不平衡を防止する。 ニ．遮へい端部の電位傾度を緩和する。
23	写真の矢印で示す部分の役割は。 	イ．ヒューズが溶断したとき連動して、開閉器を開放する。 ロ．過大電流が流れたとき、開閉器が開かないようにロックする。 ハ．開閉器の開閉操作のとき、ヒューズが脱落するのを防止する。 ニ．ヒューズを装着するとき、正規の取付位置からずれないようにする。
24	600〔V〕以下で使用される電線又はケーブルの記号に関する記述として、**誤っているもの**は。	イ．IVとは、主に屋内配線に使用する塩化ビニル樹脂を主体としたコンパウンドで絶縁された単心（単線、より線）の絶縁電線である。 ロ．DVとは、主に架空引込線に使用する塩化ビニル樹脂を主体としたコンパウンドで絶縁された多心の絶縁電線である。 ハ．VVFとは、移動用電気機器の電源回路などに使用する塩化ビニル樹脂を主体としたコンパウンドを絶縁体およびシースとするビニル絶縁ビニルキャブタイヤケーブルである。 ニ．CVとは、架橋ポリエチレンで絶縁し、塩化ビニル樹脂を主体としたコンパウンドでシースを施した架橋ポリエチレン絶縁ビニルシースケーブルである。
25	トイレの換気扇などのスイッチに用いられ、操作部を「切り操作」した後、一定時間後に動作するスイッチの名称は。	イ．遅延スイッチ ロ．熱線式自動スイッチ ハ．リモコンセレクタスイッチ ニ．3路スイッチ

	問 い	答 え
26	写真に示す工具の名称は。 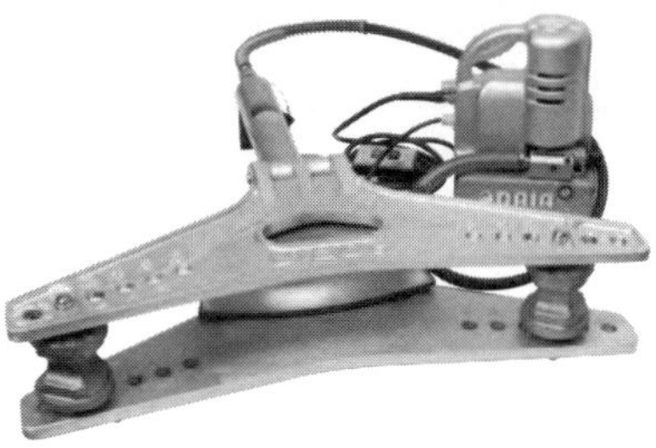	イ．延線ローラ ロ．ケーブルジャッキ ハ．トルクレンチ ニ．油圧式パイプベンダ
27	金属管工事の記述として、**誤っている**ものは。	イ．金属管に、直径2.6〔mm〕の絶縁電線（屋外用ビニル絶縁電線を除く）を収めて施設した。 ロ．電線の長さが短くなったので、金属管内において電線に接続点を設けた。 ハ．金属管を湿気の多い場所に施設するため、防湿装置を施した。 ニ．使用電圧が200〔V〕の電路に使用する金属管にD種接地工事を施した。
28	ライティングダクト工事の記述として、**誤っている**ものは。	イ．ライティングダクトを1.5〔m〕の支持間隔で造営材に堅ろうに取り付けた。 ロ．ライティングダクトの終端部を閉そくするために、エンドキャップを取り付けた。 ハ．ライティングダクトの開口部を人が容易に触れるおそれがないので、上向きに取り付けた。 ニ．ライティングダクトにD種接地工事を施した。
29	使用電圧が300〔V〕以下の低圧屋内配線のケーブル工事の記述として、**誤っている**ものは。	イ．ケーブルに機械的衝撃を受けるおそれがあるので、適当な防護装置を施した。 ロ．ケーブルを造営材の下面に沿って水平に取り付け、その支持点間の距離を3〔m〕にして施設した。 ハ．ケーブルの防護装置に使用する金属製部分にD種接地工事を施した。 ニ．ケーブルを人が触れるおそれのない場所に垂直に取り付け、その支持点間の距離を5〔m〕にして施設した。

問30から問34までは、下の図に関する問いである。

図は、供給用配電箱から自家用構内を経由して屋内キュービクル式高圧受電設備（JIS C 4620適合品）に至る電線路および見取図である。
この図に関する各問いには、4通りの答え（イ、ロ、ハ、ニ）が書いてある。それぞれの問いに対して、答えを1つ選びなさい。
　〔注〕1．図において、問いに直接関係のない部分等は、省略又は簡略化してある。
　　　　2．UGS：地中引込用地絡継電装置付高圧交流負荷開閉器

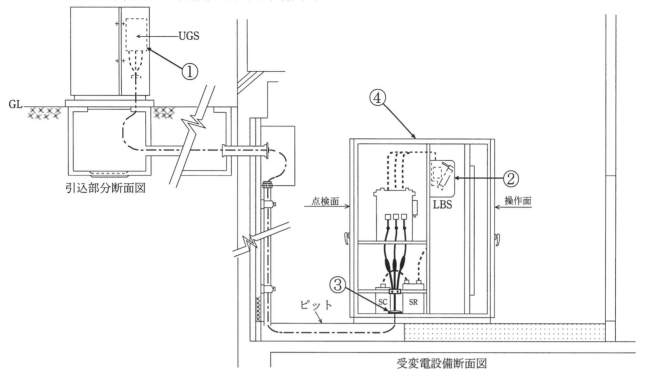

引込部分断面図　　　受変電設備断面図

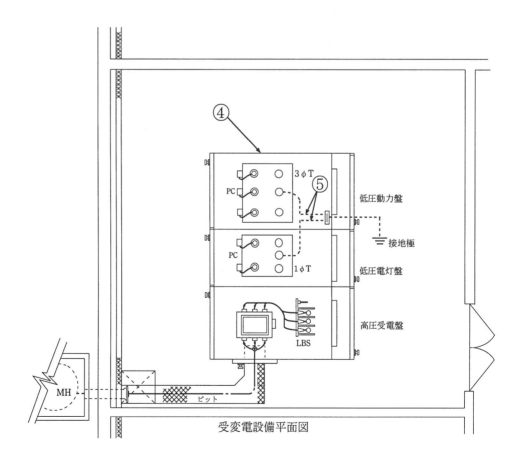

受変電設備平面図

	問 い	答 え
30	①に示す地絡継電装置付高圧交流負荷開閉器(UGS)に関する記述として、**不適切なものは**。	イ．UGSは波及事故を防止するため、電気事業者の地絡保護装置との動作協調をとる必要がある。 ロ．UGSは短絡事故を遮断する機能を有しないため、過電流ロック機能を有する必要がある。 ハ．地絡継電装置の動作電流が、整定値の許容される範囲内で動作することを確認した。 ニ．地絡継電装置には方向性と無方向性があり、他の需要家の地絡事故で不必要な動作を防止するために、無方向性のものを取り付けた。
31	②に示すPF・S形の主遮断装置として、**必要のないものは**。	イ．限流ヒューズ ロ．ストライカによる引外し装置 ハ．相間及び側面の絶縁バリア ニ．過電流継電器
32	③に示すケーブルの引入れ口等、必要以上の開口部を設けない主な理由は。	イ．火災時の放水、洪水等で容易に水が侵入しないようにする。 ロ．鳥獣類などの小動物が侵入しないようにする。 ハ．ケーブルの外傷を防止する。 ニ．ちり、ほこりの侵入を防止する。
33	④に示す高圧キュービクル内に設置した機器の接地工事において、使用する金属線の太さおよび種類について、**適切なものは**。	イ．変圧器の金属製外箱に施す接地線に、直径2.0〔mm〕の硬アルミ線を使用した。 ロ．高圧進相コンデンサの金属製外箱に施す接地線に、断面積5.5〔mm²〕の軟銅線を使用した。 ハ．変圧器二次側、低圧の1端子に施す接地線に、断面積3.5〔mm²〕の軟銅線を使用した。 ニ．LBSの金属製部分に施す接地線に、直径1.6〔mm〕の硬銅線を使用した。
34	⑤に示す低圧側の中性点または低圧側1端子に施す接地の記述について、**不適切なものは**。 ただし、混触により低圧電路の対地電圧が150〔V〕を超えた場合、1秒以内に高圧電路を遮断する装置があり、高圧側の電路の1線地絡電流は5〔A〕とする。	イ．この接地はB種接地である。 ロ．この接地は、高圧と低圧が混触した場合に低圧電路を保護するためのものである。 ハ．低圧電路に漏電遮断器を設けた場合、接地抵抗値を500〔Ω〕まで緩和できる。 ニ．この接地の接地抵抗値は、120〔Ω〕以下に維持する必要がある。

	問 い	答 え
35	高圧電路の絶縁耐力試験の実施方法に関する記述として、**不適切なものは**。	イ．最大使用電圧が 6.9〔kV〕の CV ケーブルを直流 10.35〔kV〕の試験電圧で実施する。 ロ．試験電圧を印加後、連続して 10 分間に満たない時点で試験電源が停電した場合は、試験電源が復電後、試験電圧を再度連続して 10 分間印加する。 ハ．一次側 6〔kV〕、二次側 3〔kV〕の変圧器の一次側巻線に試験電圧を印加する場合、二次側巻線を一括して接地する。 ニ．定格電圧 1000〔V〕の絶縁抵抗計で、試験前と試験後に絶縁抵抗測定を実施する。
36	受電電圧 6 600〔V〕の受電設備が完成した時の自主検査で、一般に行わないものは。	イ．高圧機器の接地抵抗測定 ロ．地絡継電器の動作試験 ハ．変圧器の温度上昇試験 ニ．高圧電路の絶縁耐力試験
37	高圧受電設備に使用されている誘導形過電流継電器（OCR）の試験項目として、**誤っているものは**。	イ．遮断器を含めた動作時間を測定する連動試験 ロ．整定した瞬時要素どおりに OCR が動作することを確認する瞬時要素動作電流特性試験 ハ．過電流が流れた場合に OCR が動作するまでの時間を測定する動作時間特性試験 ニ．OCR の円盤が回転し始める始動電圧を測定する最小動作電圧試験
38	電気工事業の業務の適正化に関する法律において、自家用電気工作物の電気工事を行う電気工事業者の営業所ごとに備えることを義務づけられている器具であって、必要なときに使用し得る措置が講じられていれば備えていると見なされる器具はどれか。	イ．絶縁抵抗計 ロ．絶縁耐力試験装置 ハ．接地抵抗計 ニ．高圧検電器
39	電気工事士法における自家用電気工作物（最大電力 500〔kW〕未満の需要設備）であって、電圧 600〔V〕以下で使用するものの工事又は作業のうち、第一種電気工事士又は認定電気工事従事者の資格がなくても従事できるものは。	イ．配線器具を造営材に固定する。 　（露出型点滅器または露出型コンセントを取り換える作業を除く） ロ．接地極を地面に埋設する。 ハ．電気機器（配線器具を除く）の端子に電線をねじ止め接続する。 ニ．電線管相互を接続する。
40	電気工事士法において、第一種電気工事士に関する記述として、**誤っているものは**。 　ただし、ここで自家用電気工作物とは、最大電力 500〔kW〕未満の需要設備のことである。	イ．第一種電気工事士免状は、都道府県知事が交付する。 ロ．第一種電気工事士の資格のみでは、自家用電気工作物の非常用予備発電装置工事の作業に従事することができない。 ハ．第一種電気工事士免状の交付を受けた日から 7 年以内に自家用電気工作物の保安に関する講習を受けなければならない。 ニ．第一種電気工事士は、一般用電気工作物に係る電気工事の作業に従事することができる。

問題2．配線図1 （問題数5、配点は1問当たり2点）

図は、三相誘導電動機（Y－△始動）の始動制御回路図である。
この図の矢印で示す5箇所に関する各問いには、4通りの答え（イ、ロ、ハ、ニ）が書いてある。それぞれの問いに対して、答えを1つ選びなさい。
〔注〕 図において、問いに直接関係のない部分等は、省略又は簡略化してある。

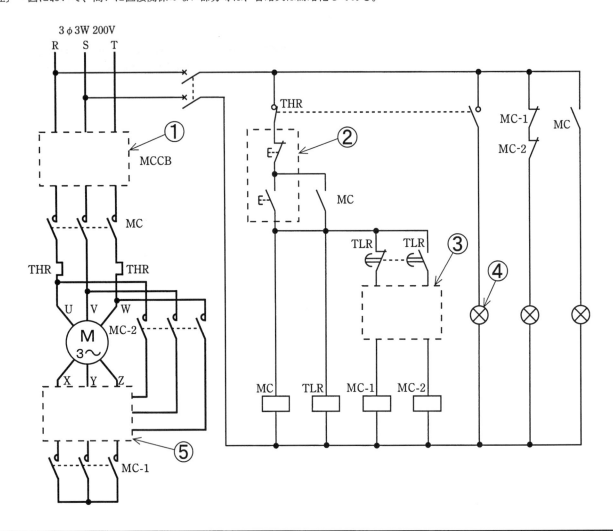

	問 い	答 え
41	①の部分に設置する機器の図記号は。	イ． ロ． ハ． ニ．
42	②で示す機器は。	イ． ロ． ハ． ニ．
43	③の部分のインタロック回路の結線図は。	イ． ロ． ハ． ニ．
44	④の表示灯が点灯するのは。	イ．電動機が始動中のみに点灯する。 ロ．電動機が停止中に点灯する。 ハ．電動機が運転中に点灯する。 ニ．電動機が過負荷で停止中に点灯する。

問 い	答 え
45 ⑤の部分の結線図は。	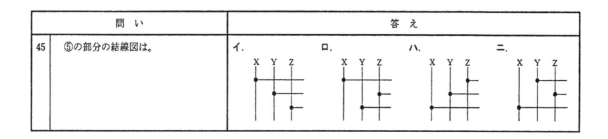

問題3．配線図2 （問題数5、配点は1問当たり2点）

図は、高圧受電設備の単線結線図である。この図の矢印で示す5箇所に関する各問いには、4通りの答え（イ、ロ、ハ、ニ）が書いてある。それぞれの問いに対して、答えを1つ選びなさい。

〔注〕　図において、問いに直接関係のない部分等は、省略又は簡略化してある。

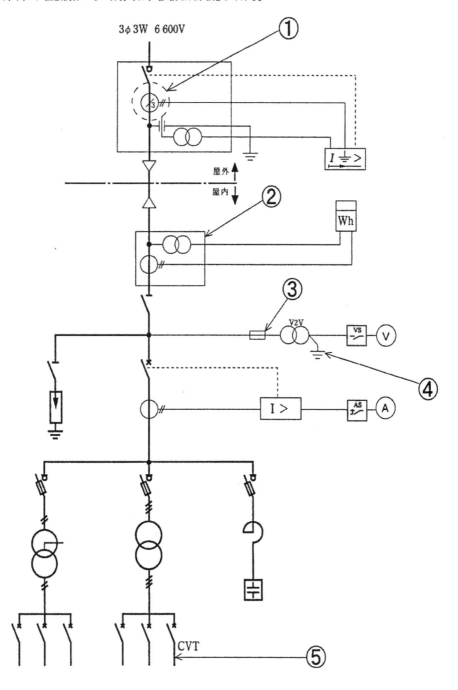

問い	答え
46　①で示す機器に関する記述として、**正しいもの**は。	イ．異常電圧を検出する。 ロ．負荷電流を検出する。 ハ．零相電流を検出する。 ニ．短絡電流を検出する。
47　②で示す機器の略号は。	イ．VCT　　ロ．LBS　　ハ．VCB　　ニ．UVR
48　③の部分に施設する機器と使用する本数は。	イ．2本　　ロ．4本　　ハ．2本　　ニ．4本   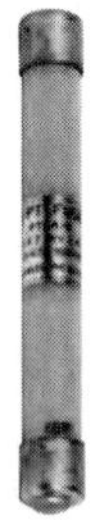 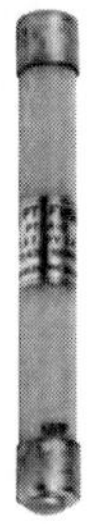
49　④の接地工事として、**正しいもの**は。	イ．A種接地工事　ロ．B種接地工事　ハ．C種接地工事　ニ．D種接地工事
50　⑤の部分のCVTケーブルは。	イ．（導体・架橋ポリエチレン・ビニルシース、3本） 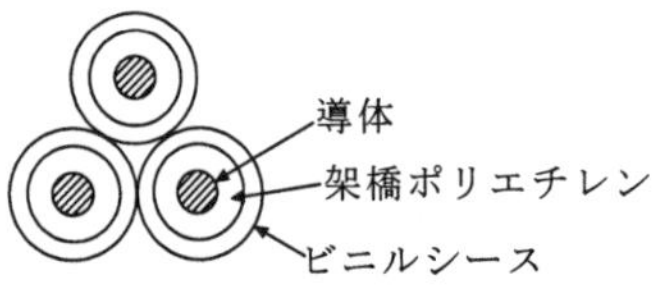 ロ．（導体・架橋ポリエチレン・ビニルシース、4本） 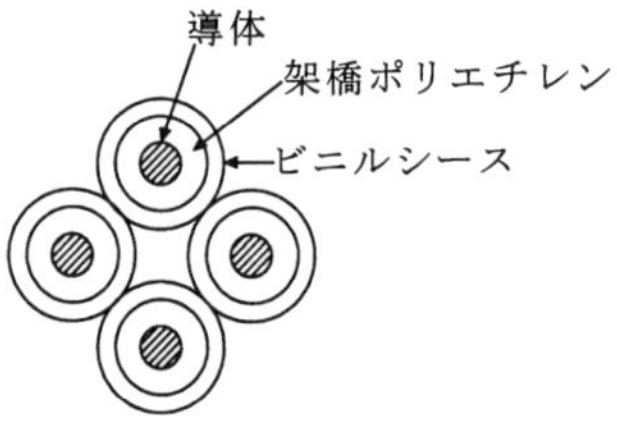 ハ．（導体・ビニル絶縁体・ビニルシース、3心） 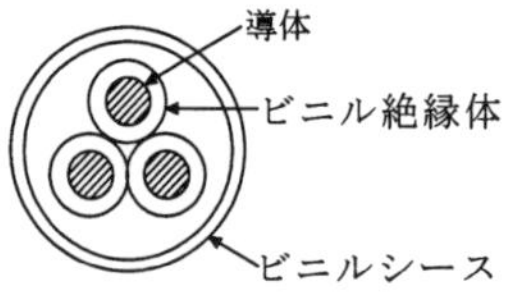 ニ．（導体・ビニル絶縁体・ビニルシース、4心） 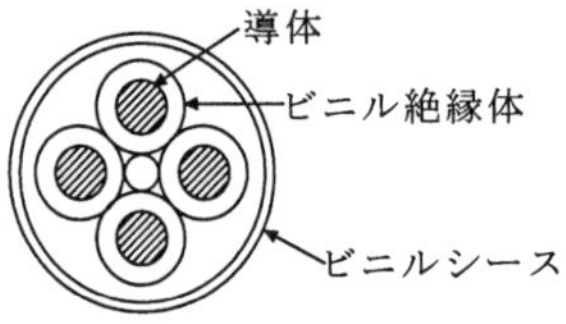

第一種電気工事士　筆記模擬試験の答案用紙

平成 20 年

問題1．一般問題 (問題数40、配点は1問当たり2点)

次の各問いには4通りの答え（イ、ロ、ハ、ニ）が書いてある。それぞれの問いに対して答えを1つ選びなさい。

	問 い	答 え
1	電界の強さの単位として、正しいものは。	イ．〔V/m〕　　ロ．〔F〕　　ハ．〔H〕　　ニ．〔A/m〕
2	図のような回路において、スイッチSをa側に入れてコンデンサCを充電し、次にb側に入れてコンデンサを充分に放電する場合、抵抗Rによって熱として消費されるエネルギー〔J〕は。 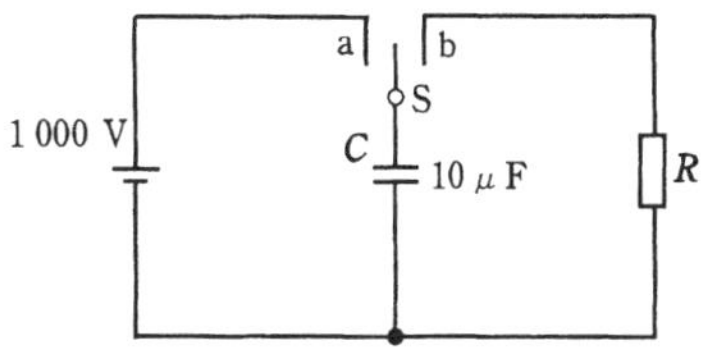	イ．0.001　　ロ．0.005　　ハ．5　　ニ．10
3	図のような直流回路において、スイッチSを閉じても電流計には電流が流れないとき、抵抗Rの抵抗値〔Ω〕は。 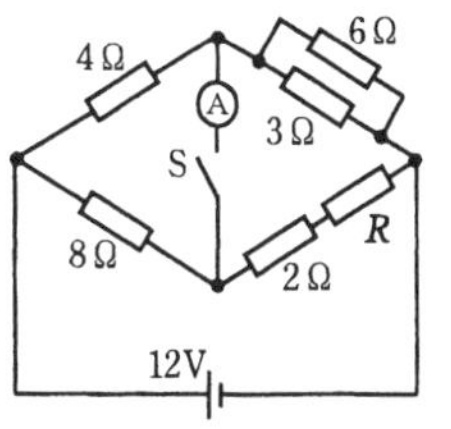	イ．2　　ロ．4　　ハ．6　　ニ．8
4	図のような直流回路において、閉回路a→b→c→d→e→aにキルヒホッフの第二法則を適用した式として、正しいものは。 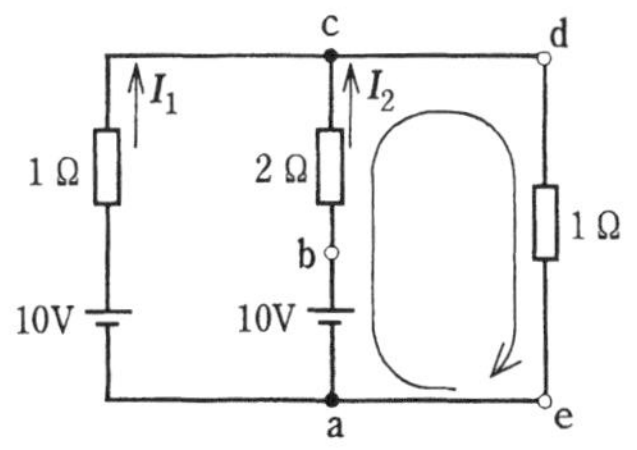	イ．$I_1 - 2I_2 = 0$　　ロ．$I_1 - I_2 = 2$　　ハ．$I_1 + 3I_2 = 10$　　ニ．$2I_1 + I_2 = 10$
5	図のような三相交流回路において、抵抗 $R=10$〔Ω〕、リアクタンス $X=10$〔Ω〕である。回路の全消費電力〔kW〕は。 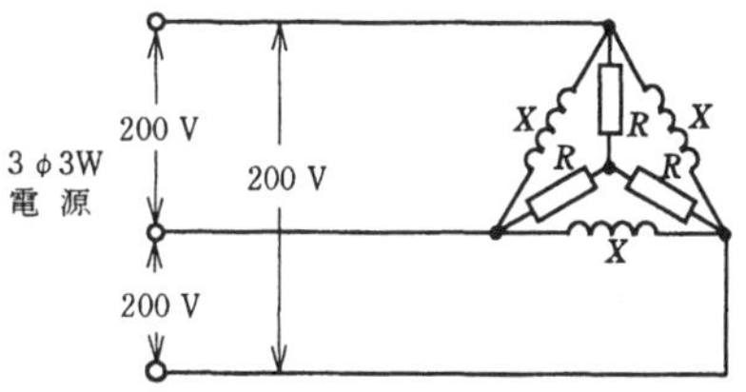	イ．3　　ロ．4　　ハ．12　　ニ．13

	問い	答え
6	図のような単相3線式配電線路において、スイッチAを閉じ、スイッチBを開いた状態から、次にスイッチBを閉じた場合、a-b間の電圧 V_{ab} はどのように変化するか。 ただし、電源電圧は105〔V〕一定で、電線1線当たりの抵抗は0.1〔Ω〕、負荷抵抗は3.3〔Ω〕とする。 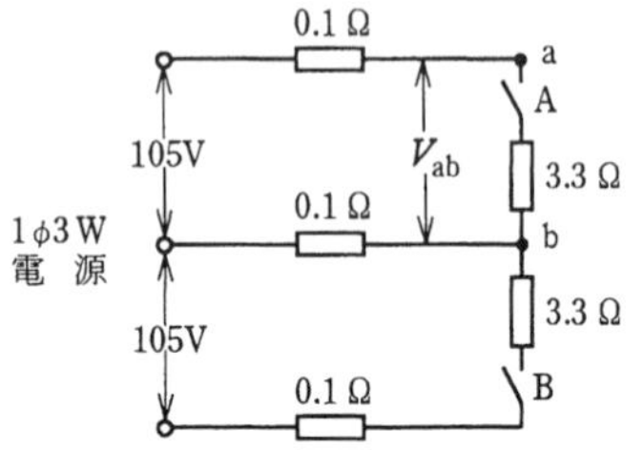	イ．約3〔V〕下がる。 ロ．約3〔V〕上がる。 ハ．約5〔V〕下がる。 ニ．約5〔V〕上がる。
7	図のような三相3線式高圧配電線路で、線電流は200〔A〕であった。この配電線路の電圧降下 $(V_s - V_r)$ 〔V〕は。 ただし、電線1線当たりの抵抗は0.5〔Ω〕、負荷の力率は0.9（遅れ）とし、線路のインダクタンスは無視するものとする。 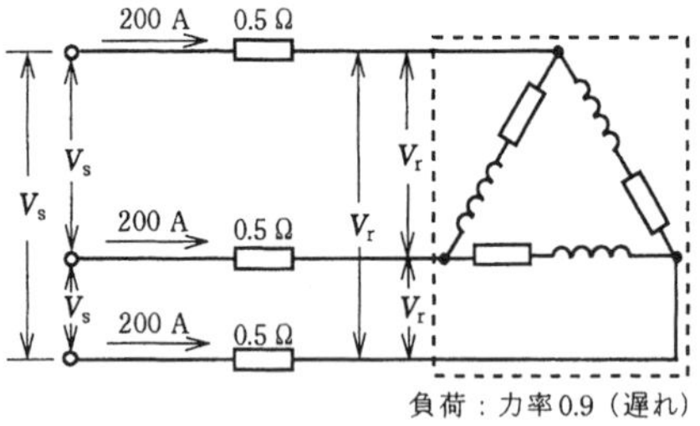	イ．78　　ロ．100　　ハ．156　　ニ．200
8	図のような三相3線式配電線路において、末端P点から電源側を見た線路の1相当たりの抵抗 r、及び1相当たりのリアクタンス x は、それぞれ $r=0.6$〔Ω〕、$x=0.8$〔Ω〕であるとする。このとき配電線のP点における三相短絡電流〔kA〕は。 ただし、変圧器二次側の線間電圧は6.6〔kV〕であるとする。 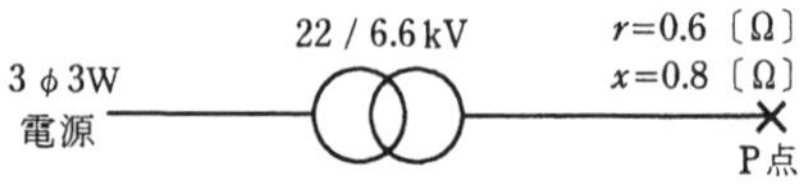	イ．2.0　　ロ．3.8　　ハ．8.2　　ニ．11.0
9	消費電力120〔kW〕、力率0.6（遅れ）の負荷を有する高圧受電設備に高圧進相コンデンサを施設して、力率を0.8（遅れ）に改善したい。必要なコンデンサの容量〔kvar〕は。	イ．35　　ロ．70　　ハ．90　　ニ．160

	問い	答え
10	同容量の単相変圧器2台をV結線し、三相負荷に電力を供給する場合の変圧器1台当たりの最大の利用率は。	イ. $\dfrac{1}{2}$ ロ. $\dfrac{\sqrt{2}}{2}$ ハ. $\dfrac{\sqrt{3}}{2}$ ニ. $\dfrac{2}{\sqrt{3}}$
11	定格電圧100〔V〕、定格消費電力1〔kW〕の電熱器を、電源電圧90〔V〕で10分間使用したときの発生熱量〔kJ〕は。 ただし、電熱器の抵抗の温度による変化は無視するものとする。	イ. 292 ロ. 324 ハ. 486 ニ. 540
12	図はある変圧器の鉄損と銅損の損失曲線である。この変圧器の効率が最大となるのは負荷が何パーセントのときか。 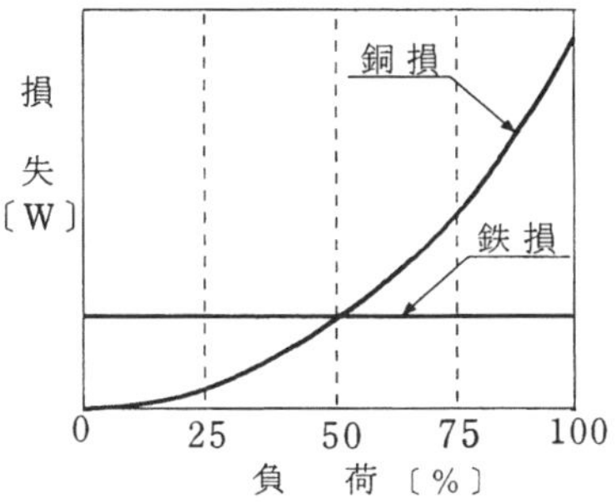	イ. 25 ロ. 50 ハ. 75 ニ. 100
13	図Aのように光源から1〔m〕離れたa点の照度が100〔lx〕であった。図Bのように光源の光度を4倍にし、光源から2〔m〕離れたb点の照度〔lx〕は。 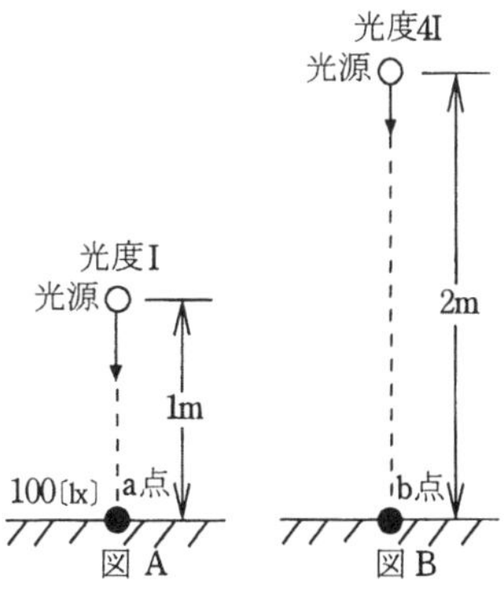	イ. 50 ロ. 100 ハ. 200 ニ. 400
14	写真の単相誘導電動機の矢印で示す部分の名称は。 	イ. 固定子鉄心 ロ. 固定子巻線 ハ. ブラケット ニ. 回転子鉄心

	問 い	答 え
15	写真に示す照明器具に関する記述として、**適当なもの**は。 	イ．白熱電球は使用できない。 ロ．水中に使用できる。 ハ．自動点滅回路に使用できない。 ニ．断熱材の下に使用できる。
16	ディーゼル発電装置に関する記述として、**誤っているもの**は。	イ．ディーゼル機関の動作工程は、吸気→爆発（燃焼）→圧縮→排気である。 ロ．回転むらを滑らかにするために、はずみ車が用いられる。 ハ．ビルなどの非常用予備発電装置として一般に使用される。 ニ．ディーゼル機関は点火プラグが不要である。
17	送電線に関する記述として、**誤っているもの**は。	イ．同じ容量の電力を送電する場合、送電電圧が低いほど送電損失が小さくなる。 ロ．長距離送電の場合、無負荷や軽負荷の場合には受電端電圧が送電端電圧よりも高くなる場合がある。 ハ．直流送電は、長距離・大電力送電に適しているが、送電端、受電端にそれぞれ交直変換装置が必要となる。 ニ．交流電流を流したとき、電線の中心部より外側の方が単位断面積当りの電流は大きい。
18	燃料電池の発電原理に関する記述として、**誤っているもの**は。	イ．りん酸形燃料電池は発電により水を発生する。 ロ．燃料の化学反応により発電するため、騒音はほとんどない。 ハ．負荷変動に対する応答性にすぐれ、制御性が良い。 ニ．燃料電池本体から発生する出力は交流である。
19	内燃力発電装置の排熱を給湯等に利用することによって、総合的な熱効率を向上させるシステムの名称は。	イ．再熱再生システム ロ．ネットワークシステム ハ．コンバインドサイクル発電システム ニ．コージェネレーションシステム
20	公称電圧 6.6〔kV〕、周波数 50〔Hz〕の高圧受電設備に使用する高圧交流遮断器（定格電圧 7.2〔kV〕、定格遮断電流 12.5〔kA〕、定格電流 600〔A〕）の遮断容量〔MV·A〕は。	イ．80　　　ロ．100　　　ハ．130　　　ニ．160
21	キュービクル式高圧受電設備を開放形高圧受電設備と比較した場合の利点として、**誤っているもの**は。	イ．現地工事の施工期間の短縮化が図れる。 ロ．据付面積が小さく電気室の縮小化が図れる。 ハ．機器類が金属製の箱に収容されているので、安全性が高い。 ニ．機器や配線が直接目視できるので、日常点検が容易である。

	問 い	答 え
22	写真に示す矢印の部分の用途は。 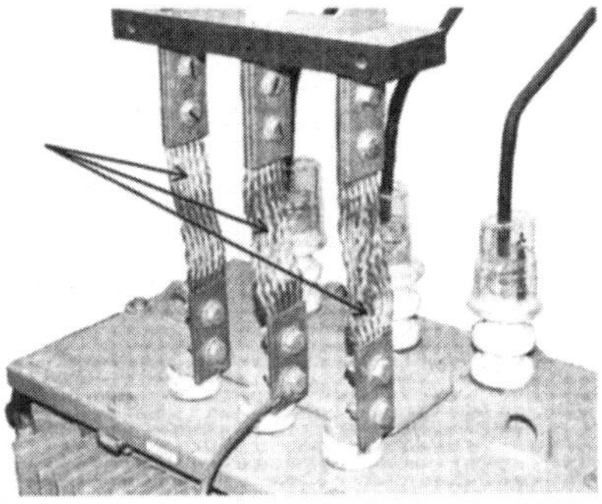	イ．地震時等にブッシングに加わる荷重を軽減する。 ロ．過負荷電流が流れたとき溶断して変圧器を保護する。 ハ．短絡電流を抑制する。 ニ．異常な温度上昇を検知する。
23	写真に示す矢印の部分の主な役割は。 	イ．相間の短絡事故を防止する。 ロ．ヒューズの溶断を表示する。 ハ．開閉部の刃の汚損を軽減する ニ．開閉部で負荷電流を切ったときに発生するアークを消す。
24	住宅に施設する配線器具の取付工事において、**誤っているものは**。	イ．雨が吹き込むおそれがあるベランダに、防雨型コンセントを床面から50〔cm〕に取り付けた。 ロ．洗濯機用コンセントに接地極及び接地端子付きのコンセントを施設し、D種接地工事を施した。 ハ．単相200V回路のエアコン用のコンセントに下図のような極数、極配置のコンセントを使用した。  ニ．ケーブル工事において、コンセントと電話端子を合成樹脂製の共有ボックスに収納し配線する場合、電線相互が接触しないように隔壁（セパレータ）を取り付けた。
25	写真に示す工具の用途は。 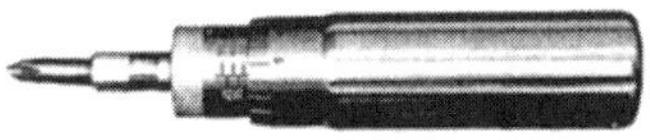	イ．小型電動機の回転数を計測する。 ロ．小型電動機のトルクを計測する。 ハ．ねじを一定のトルクで締め付ける。 ニ．ねじ等の締め付け部分の温度を測定する。
26	引込柱の支線工事に使用する材料の組合せとして、**正しいものは**。 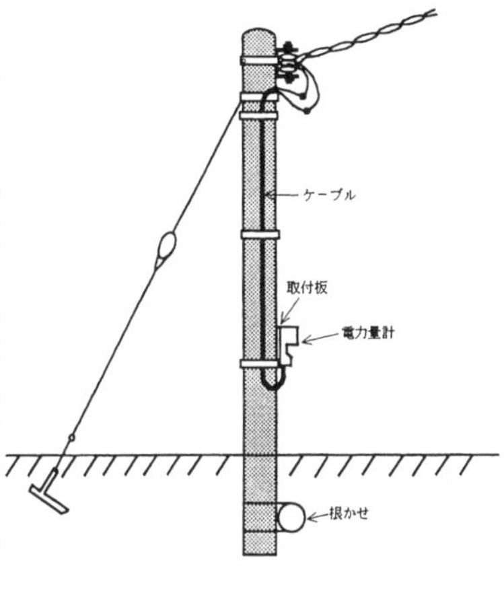	イ．亜鉛めっき鋼より線、玉がいし、アンカ ロ．耐張クランプ、玉がいし、亜鉛めっき鋼より線 ハ．耐張クランプ、巻付グリップ、スリーブ ニ．巻付グリップ、スリーブ、アンカ

	問い	答え
27	接地工事において、誤っているものは。	イ．A種接地工事において、接地極を地下1.5〔m〕の深さに施設した。 ロ．地中に埋設する接地極の大きさが 900 × 900 × 1.6（単位 mm）の銅板を使用した。 ハ．B種接地工事の接地線を人が触れるおそれのある場所の地下75〔cm〕から地表上2〔m〕までの部分において、CD管を用いて保護をした。 ニ．接地線に絶縁電線（屋外用ビニル絶縁電線を除く）を使用した。
28	地中電線路の施設において、誤っているものは。	イ．地中電線路を暗きょ式で施設する場合に、地中電線を不燃性又は自消性のある難燃性の管に収めて施設した。 ロ．地中電線路を管路式により施設する場合に、車両、その他の重量物の圧力に耐える管を使用し、絶縁電線を施設した。 ハ．高圧地中電線路を施設する場合、物件の名称・管理者名及び電圧を表示した埋設表示シートを管と地表面のほぼ中間に施設した。 ニ．地中電線を収める金属製の電線接続箱にD種接地工事を施した。
29	使用電圧 300V 以下のケーブル工事による低圧屋内配線において、誤っているものは。	イ．点検できない隠ぺい場所にビニル絶縁ビニルキャブタイヤケーブルを使用して施設した。 ロ．ビニル絶縁ビニルシースケーブル（丸形）を造営材の側面に沿って、支持点間を1.5〔m〕にして施設した。 ハ．乾燥した場所で長さ2〔m〕の金属製の防護管に収めたので、D種接地工事を省略した。 ニ．架橋ポリエチレン絶縁ビニルシースケーブルをガス管と接触しないように施設した。

問い30から問い34までは、下の図に関する問いである。
　図は、高圧配電線路から自家用需要家構内柱を経由して屋外キュービクル式高圧受電設備（JIS C 4620適合品）に至る電線路及び見取図である。この図に関する各問いには、4通りの答え（イ、ロ、ハ、ニ）が書いてある。それぞれの問いに対して、答えを1つ選びなさい。
　〔注〕　図において、問いに直接関係のない部分等は、省略又は簡略化してある。

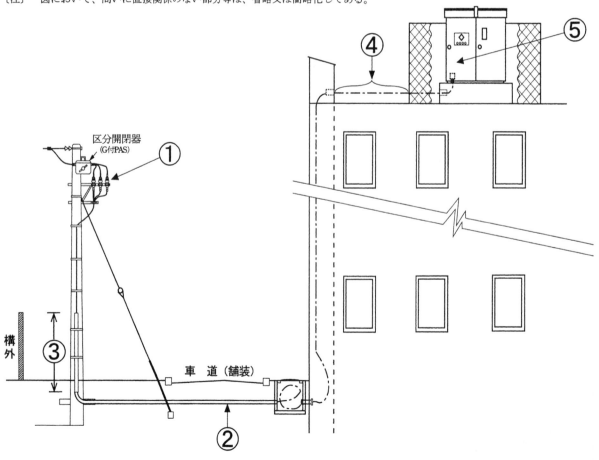

	問い	答え
30	①に示すケーブル終端接続処理に関する記述として、**不適切なもの**は。	イ．耐塩害終端接続処理は海岸に近い場所等、塩害を受けるおそれがある場所に使用される。 ロ．終端接続処理では端子部から雨水等がケーブル内部に浸入しないように処理する必要がある。 ハ．ゴムとう管形屋外終端接続部にはストレスコーン部が内蔵されているので、あらためてストレスコーンを作る必要はない。 ニ．ストレスコーンは雷サージ電圧が浸入したとき、ケーブルのストレスを緩和するためのものである。
31	②に示す地中電線路を施設する場合、使用する材料と埋設深さ（土冠）として、**不適切なもの**は。 （材料はJIS規格に適合するものとする）	イ．ポリエチレン被覆鋼管　舗装下面から0.2〔m〕 ロ．硬質塩化ビニル管　舗装下面から0.3〔m〕 ハ．波付き硬質合成樹脂管　舗装下面から0.5〔m〕 ニ．コンクリートトラフ　地表面から1.2〔m〕
32	③に示す引込ケーブルの保護管の最小の防護範囲の組合せとして、**正しいもの**は。	イ．地表上2.5〔m〕　地表下0.3〔m〕 ロ．地表上2.5〔m〕　地表下0.2〔m〕 ハ．地表上2〔m〕　地表下0.3〔m〕 ニ．地表上2〔m〕　地表下0.2〔m〕
33	④に示すケーブルの屋上部分の施設方法として、**不適切なもの**は。 ただし金属製の支持物にはA種接地工事が施されているものとする。	イ．造営材に堅ろうに取り付けた金属管内にケーブルを収めた。 ロ．コンクリート製支持台を3〔m〕の間隔で造営材に堅ろうに取り付け、造営材とケーブルとの離隔距離0.3〔m〕として施設した。 ハ．造営材に堅ろうに取り付けた金属ダクト内にケーブルを収め、取扱者以外の者が容易に開けることができない構造のふたを設けた。 ニ．造営材に堅ろうに取り付けたコンクリートトラフ内にケーブルを収め、取扱者以外の者が容易に開けることができない構造のふたを設けた。
34	⑤に示す高圧受電設備の絶縁耐力試験に関する記述として、**不適切なもの**は。	イ．交流絶縁耐力試験は、最大使用電圧の1.5倍の電圧を連続して10分間加え、これに耐える必要がある。 ロ．ケーブルの絶縁耐力試験を直流で行う場合の試験電圧は、交流の1.5倍である。 ハ．ケーブルが長く静電容量が大きいため、リアクトルを使用して試験用電源の容量を軽減した。 ニ．絶縁耐力試験の前後には、1 000〔V〕以上の絶縁抵抗計による絶縁抵抗測定と安全確認が必要である。

	問い	答え
35	高圧受電設備の定期点検で通常用いないものは。	イ．高圧検電器 ロ．短絡接地器具 ハ．絶縁抵抗計 ニ．検相器
36	平均力率を求めるのに必要な計器の組合せは。	イ．電力計　電力量計 ロ．電力計　最大需要電力計 ハ．最大需要電力計　無効電力量計 ニ．電力量計　無効電力量計

	問 い	答 え
37	変圧器の絶縁油の劣化診断に直接関係のないものは。	イ．外観試験（にごり・ごみ） ロ．真空度測定 ハ．絶縁破壊電圧試験 ニ．全酸価試験（酸価度測定）
38	電気設備に関する技術基準において、交流電圧の高圧の範囲は。	イ．750〔V〕を超え 7 000〔V〕以下 ロ．600〔V〕を超え 7 000〔V〕以下 ハ．750〔V〕を超え 10 000〔V〕以下 ニ．600〔V〕を超え 10 000〔V〕以下
39	電気用品安全法の適用を受ける特定電気用品は。	イ．定格電圧 200〔V〕の進相コンデンサ ロ．フロアダクト ハ．定格電圧 150〔V〕の携帯発電機 ニ．定格電圧 100〔V〕の電力量計
40	電気工事業の業務の適正化に関する法律において、電気工事業者の業務に関する記述として、**誤っている**ものは。	イ．営業所ごとに、法令に定められた電気主任技術者を選任しなければならない。 ロ．営業所ごとに、電気工事に関し、法令に定められた事項を記載した帳簿を備えなければならない。 ハ．営業所ごとに、絶縁抵抗計の他、法令に定められた器具を備えなければならない。 ニ．営業所及び電気工事の施工場所ごとに、法令に定められた事項を記載した標識を掲示しなければならない。

問題2．配線図　(問題数10、配点は1問当たり2点)

図は、高圧受電設備の単線結線図である。この図の矢印で示す10箇所に関する各問いには、4通りの答え（イ、ロ、ハ、ニ）が書いてある。それぞれの問いに対して、答えを1つ選びなさい。

〔注〕図において、問いに直接関係のない部分等は、省略又は簡略化してある。

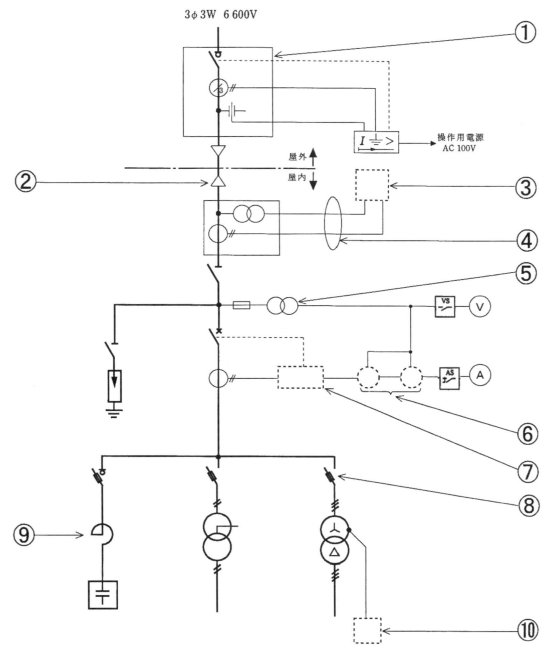

	問 い	答 え
41	①で示す機器の役割は。	イ．電源側の地絡事故を検出し、高圧断路器を開放する。 ロ．自家用設備の地絡事故を検出し、高圧交流負荷開閉器を開放する。 ハ．地絡事故発生時に高圧交流遮断器を自動遮断する。 ニ．地絡事故発生時の電流を測定する。

	問 い	答 え			
42	②の端末処理の際に、不要な工具は。	イ.		ロ.	
		ハ.		ニ.	
43	③に設置する機器は。	イ.		ロ.	
		ハ.		ニ.	
44	④の部分の電線本数（心線数）は。	イ. 2又は3		ロ. 4又は5	
		ハ. 6又は7		ニ. 8又は9	
45	⑤に設置する単相機器の必要最少数量は。	イ. 1	ロ. 2	ハ. 3	ニ. 4
46	⑥に設置する機器の組合せとして、正しいものは。	イ. 周波数計 力率計		ロ. 試験用端子 電圧計	
		ハ. 電力量計 計器用切換開閉器		ニ. 電力計 力率計	

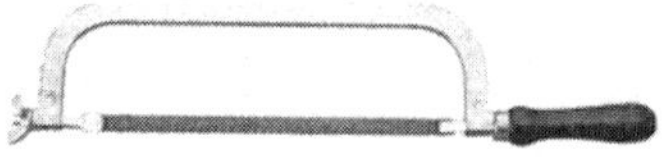

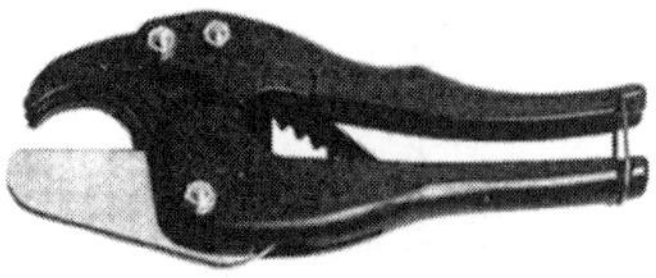

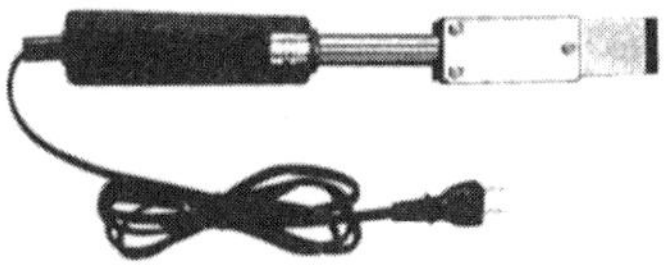

	問 い	答 え
47	⑦の部分に設置する機器の記号は。	イ. $U<$　ロ. $U>$　ハ. $I\dot{=}>$　ニ. $I>$
48	⑧に設置する機器は。	イ. 　ロ. 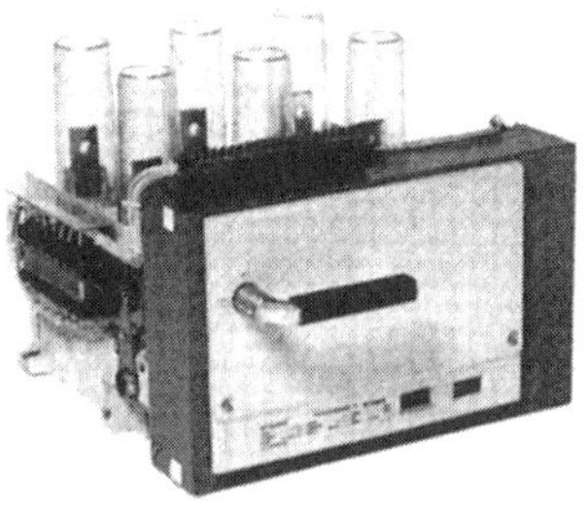　ハ. 　ニ. 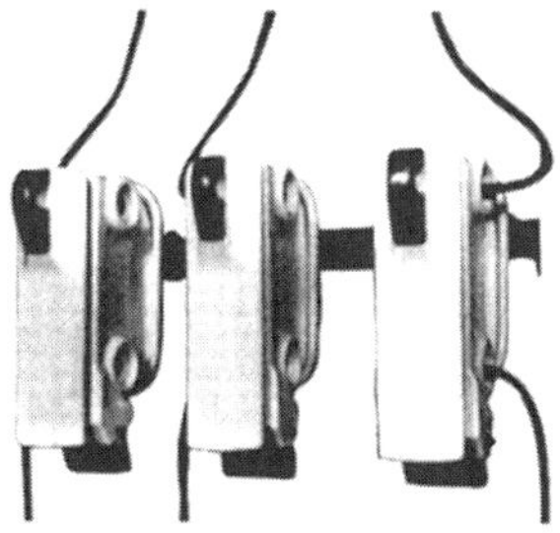
49	⑨に設置する機器の役割として、誤っているものは。	イ．コンデンサの残留電荷を放電する。 ロ．電圧波形のひずみを改善する。 ハ．第5調波等の高調波障害の拡大を防止する。 ニ．コンデンサ回路の突入電流を抑制する。
50	⑩に入る正しい記号は。	イ. E_A　ロ. E_B　ハ. E_C　ニ. E_D

平成29年度　筆記試験　解答

1　ハ　周波数 f を高くすると、電流 I は増加する。

コイルのインダクタンス　$L = \dfrac{\mu A n^2}{l}$ [H]　μ:透磁率　l:磁路長さ　A:コイル断面積　n:巻数

誘導リアクタンス $X_L = \omega L = 2\pi f L$ [Ω]：周波数 f、インダクタンス L に比例

$I = \dfrac{V}{X_L}$　電流 I は、電圧 V に比例しリアクタンス X_L に反比例

イ　正　n:増 → L:増 → X_L:増 → I:減少
ロ　正　鉄心を入れる → μ:増 → L:増 → X_L:増 → I:減少
ハ　誤　f:高 → X_L:増 → I:減少
ニ　正　V:増 → I:増

2　ニ　30

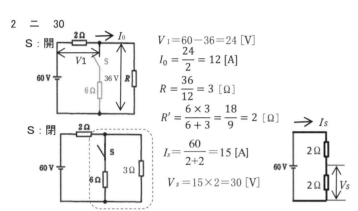

$V_1 = 60 - 36 = 24$ [V]
$I_0 = \dfrac{24}{2} = 12$ [A]
$R = \dfrac{36}{12} = 3$ [Ω]
$R' = \dfrac{6 \times 3}{6 + 3} = \dfrac{18}{9} = 2$ [Ω]
$I_s = \dfrac{60}{2+2} = 15$ [A]
$V_s = 15 \times 2 = 30$ [V]

3　ロ　3

$V = \sqrt{V_R{}^2 + V_X{}^2}$ より

$V_X = \sqrt{V^2 - V_R{}^2} = \sqrt{100^2 - 80^2} = \sqrt{10000 - 6400} = \sqrt{3600} = 60$ [V]

$X = \dfrac{V_X}{I} = \dfrac{60}{20} = 3$ [Ω]

4　ロ　10　$I_R = \dfrac{120}{20} = 6$ [A]　$I_L = \dfrac{120}{10} = 12$ [A]　$I_C = \dfrac{120}{30} = 4$ [A]

$I = \sqrt{I_R{}^2 + (I_L - I_C)^2} = \sqrt{6^2 + (12-8)^2} = \sqrt{36 + 8^2} = \sqrt{36 + 84}$
$= \sqrt{100} = 10$ [A]

5　イ　$\dfrac{3V^2}{5}$

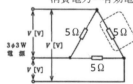

消費電力=有効電力→抵抗Rの電力→X_L(Y結線)は関係なし

一相分の電力　$P' = \dfrac{V^2}{5}$

三相電力　$P = 3 \cdot P' = 3 \times \dfrac{V^2}{5} = \dfrac{3V^2}{5}$

6　ロ　70

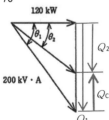

$\tan\theta_1 = \dfrac{Q_1}{120 \text{[kW]}} = 1.33$

$\tan\theta_2 = \dfrac{Q_2}{120 \text{[kW]}} = 0.75$

$Q_1 = 120$ [kW] $\times \tan\theta_1 = 120 \times 1.33$
$\fallingdotseq 160$ [kVar]

$Q_2 = 120$ [kW] $\times \tan\theta_2 = 120 \times 0.75 = 90$ [kVar]

$Q_C = Q_1 - Q_2 = 160 - 90 = 70$ [kVar]

7　ハ　0.75　$P = \sqrt{3} VI \cos\theta$ より

$I = \dfrac{P}{\sqrt{3} V \cos\theta} = \dfrac{P}{\sqrt{3} \times 200 \times 1} = 50$ [A]

配電線路（三相）の電力損失

$P_r = 3 \cdot I^2 \cdot r = 3 \times 50^2 \times 0.1 = 750$ [W] $= 0.75$ [kW]

8　ロ　202

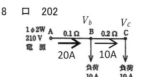

単相2線式電線路電圧降下 $= 2 \cdot I \cdot r$
$V_b = 210 - 2 \times 20 \times 0.1 = 206$ [V]
$V_c = 206 - 2 \times 10 \times 0.2 = 204$ [V]

9　ロ　2.0

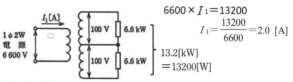

一次側容量=二次側容量
$6600 \times I_1 = 13200$
$I_1 = \dfrac{13200}{6600} = 2.0$ [A]

13.2 [kW]
$= 13200$ [W]

10　ハ　C

トルク T [N·m] は、滑り s が一定であれば、一次電圧 V_1 の2乗に比例する。

$T = \dfrac{60}{2\pi} \cdot \dfrac{P_0}{n}$ ← 出力
　　　　　　　　　　　　← 回転速度

11　ロ　1710

同期速度　$N_s = \dfrac{120f}{p} = \dfrac{120 \times 6}{4} = 1800$ [min^{-1}]

回転速度　$N = N_s \left(1 - \dfrac{s}{100}\right) = 1800 \times \left(1 - \dfrac{5}{100}\right)$
$= 1800 \times 0.95 = 1710$ [min^{-1}]

12　ハ　$\dfrac{\sqrt{3}}{2}$

利用率 $= \dfrac{\text{三相負荷容量}}{\text{単相変圧器2台分の容量}} = \dfrac{\sqrt{3} \cdot V \cdot I}{2 \cdot V \cdot I}$

13　ニ　サイリスタ

シリコン整流素子に制御電極を付加したもの。制御電圧を変えることで電流を制御する機能をもった4層以上のp-n-p-n構造からなる半導体素子。小形で長寿命、小さな制御電力で大電力制御ができ、スイッチング速度が速く、構造が簡単であるなどの特性をもっている。逆阻止3端子サイリスタは、交流大電力制御や直流への変換に多く使われている。回路は、半波整流になる。

14　イ　断熱材施工天井に埋め込んで使用できる。

ダウンライト（埋込器具）

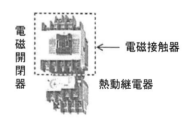

S形　断熱材施工用

15　ロ　電磁接触器

16　イ　太陽電池を使用して 1 [kW] の出力を得るには、一般的に 1 [m²] 程度の受光面積の太陽電池を必要とする。

太陽電池の変換効率は 14～19 [%] でおよそ 140～190 [W/m²]

17　ハ　電線におもりとして取り付け、微風により生じる電線の振動を吸収し、電線の損傷を防止する。

18 イ 燃料電池本体から発生する出力は交流である。

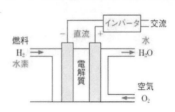

燃料電池は、天然ガスから取り出した水素と空気中の酸素を化学反応させて、出力は直流電気で、インバータにより交流に変換する。
ロ、ハ、ニ 正しく、他に環境に対してクリーンであり、高効率などの性質を有する。

19 ハ 断路器は、送配電線や変電所の母線、機器などの故障時に電路を自動遮断するものである。

断路器は、無負荷状態で電路を手動で開閉するもので、負荷電流を流した状態で開閉するとアークが発生し危険。受電設備の点検・修理の時に確実に回路を切り離す。

20 ハ 変流器の二次側を短絡した後、電流計を取り外す。

変流器CTは、通電中二次側を開放してはならない。解放すると鉄心が磁気飽和して過熱したり、二次側に高電圧を誘起して絶縁破壊を起こす。

21 ニ 過電流継電器　高圧真空遮断器
過電流継電器OCR 変流器と組み合わせて、高圧電路に過電流・短絡電流が流れた場合に**遮断器CBをトリップコイル**より遮断する。
地絡継電器は、高圧交流負荷開閉器に内蔵されている。

22 イ 高電圧を低電圧に変圧する。
写真は、VT 計器用変圧器　ロはCT 変流器、ハはZPD 零相基準入力装置、ニはSR 直列リアクトル

23 ニ VCB
高圧真空遮断器　　イMCCB 配線用遮断器、ロ PAS 高圧交流負荷開閉器、ハ ELCB 漏電遮断器

24 ハ 定格電流30[A]　直径2.0[mm]　定格20[A]

分岐回路	過電流遮断器の定格	コンセントの定格	電線の最小太さ（MIケーブル）
15[A]分岐回路	15[A]ヒューズ	15[A]以下	1.6mm[27A]（1mm²）
20[A]配線用遮断器分岐回路	20[A]配線用遮断器	15[A]以下 2.0mm以上で20[A]以下	1.6mm[27A]（1mm²）
20[A]分岐回路	20[A]ヒューズ	20[A]	2.0mm[35A]（1.5mm²）
30[A]分岐回路	30[A]※	20[A]以上30[A]以下	2.6mm[48A]（2.5mm²）
40[A]分岐回路	40[A]※	30[A]以上40[A]以下	8.0mm²[61A]（6.0mm²）
50[A]分岐回路	50[A]※	40[A]以上50[A]以下	14mm²[88A]（10mm²）

※印は、ヒューズでも配線用遮断器でもどちらでもよい。

25 イ プラグアンカー
コンクリートなどの壁に機器を取り付けるのに使用する。

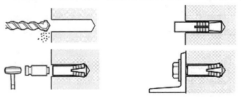

ロ：ボルトコネクタ、ハ：スリーブ、ニ：差込コネクタ

26 ニ 張線器
架空電線のたるみを調整するのに用いる。　シメラー。

イ、トルクレンチ　　ロ、呼び線挿入器　　ハ、ケーブルジャッキ
ボルト・ナットを一定　電線管に電線を　　ケーブルを延線する
のトルクで締付ける　　通線に用いる　　　のに用いる

27 ロ 高圧絶縁電線を金属管に収めて施設した。
高圧屋内配線工事は、がいし引き工事もしくはケーブル工事

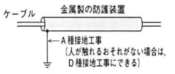

28 イ ビニルキャブタイヤケーブルを点検できない隠ぺい場所に施設した。
キャブタイヤケーブルは、移動用電線

29 ロ 地中電線路に絶縁電線を使用した。
地中電線路の使用電線は、ケーブルのみ

30 イ ストレスコーンは雷サージ電圧が浸入したとき、ケーブルのストレスを緩和するためのものである。

遮へい銅テープの端に設けて、電気力線の集中を緩和することで絶縁破壊を防止する。

31 ハ 電線の地絡電流
高圧ケーブルの太さを検討するのは他に、
・平常電流　・許容電圧降下　・負荷率　・過負荷の程度　など

32 ニ 電源側CHケーブルヘッドからの場合は、ZCT 零相変流器を通じて、負荷側の場合は通さないことで、地絡電流を確実に検出する。

33 ニ 変圧器に防振装置を使用する場合は、地震時の移動を防止ストッパが必要である。耐震ストッパのアンカーボルトには、せん断力する耐震が加わるため、せん断力のみを検討して支持した。
耐震対策としては、防振ゴムを使用する。

34 イ 高圧交流真空電磁接触器
自動力率調整装置とは、負荷の変動による総合力率を自動的に調整する装置。コンデンサバンクの一次側に設置されている電磁接触器を開閉し、力率を調整する。

35 ニ 使用電圧 6 [kV] の外箱のない乾式変圧器の鉄心には、
A種接地工事を施す。
イは D種、ロは A種、ハは C種接地工事

機械器具の区分	接地工事
300 V 以下の低圧用	D種接地工事
300 V を超える低圧用	C種接地工事
高圧用又は特別高圧用	A種接地工事

36 ニ 1.0 [mA]

電路の使用区分		絶縁抵抗値
300 V 以下	対地電圧 150 V 以下	0.1 MΩ
	その他の場合	0.2 MΩ
300 V を超えるもの		0.4 MΩ

絶縁抵抗測定が困難な場合は、漏えい電流を 1 [mA] 以下に。

37 ハ 6900×1.5×2
電路 交流試験電圧＝最大使用電圧×1.5 (6900×1.5＝10350)
直流試験電圧＝交流試験電圧×2 (103500×2＝20700)
最大使用電圧 ＝ 公称電圧 (6600 [V])×$\frac{1.15}{1.1}$ ＝ 6900 [V]

38 イ 600 [V] を超え 7000 [V] 以下

低　圧	交流 600 [V] 以下	直流 750 [V] 以下
高　圧	～7,000 [V]	
特別高圧	7,000 [V] を越えるもの	

39 ハ 最大電力 400 [kW] の需要設備の 6.6 [kV] 受電用ケーブルを電線管に収める作業
第一種電気工事士のできる作業
自家用電気工作物(最大電力500 [kW]未満の需要設備)
一般用電気工作物　簡易電気工事
イ：最大電力 800 [kW] ×　ロ：発電所 ×(需要設備でない)
ニ：配電用変電所 ×(需要設備でない)

40 ロ 交流 50 [Hz] 用の定格電圧 100 [V]、定格消費電力 56 [W] の電気便座
ハ のフロアダクトは、特定電気用品以外の電気用品
イ・ニ の電力量計・進相コンデンサは、電気用品安全法の電気用品に該当しない。

41 ニ 零相電流を検出する。
ZCT 零相変流器　高圧電路の地絡事故時の零相電流(地絡電流)を検出する。検出の零相電流は、地絡継電器を経て遮断器で電路を遮断・開放する。

42 ロ DGR
地絡方向継電器　需要家構内の高圧電路の地絡事故時の零相電流と零相電圧及びその位相で動作する。

43 ニ
CVT トリプレックス形高圧架橋ポリエチレン絶縁ビニルシースケーブル
イ：低圧用CV　　ロ：CVケーブル　　ハ：VVRケーブル

44 イ 負荷電流を遮断器してはならない。
DS 断路器　電路、機器の点検、修理などを行うときに高圧電路の開閉を行う。無負荷状態の電路の開閉をする。開閉時には、遮断器を「開」で行い、高圧絶縁ゴム手袋を着用して操作棒(フック棒)を用いる。

45 ニ ⑤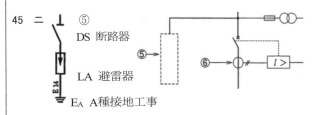
DS 断路器
LA 避雷器
E_A A種接地工事

46 ロ ⑥
CT 変流器

47 イ
高圧交流負荷開閉器
ロ：DS 断路器　　ハ：PC 高圧カットアウト
ニ：CB 高圧遮断器

48 ハ ⑧ LBS 高圧交流負荷開閉器
変圧器容量が 500 [kV・A] なので
PF付きLBS を開閉装置として使用。
イ． ロ． ニ．
DS 断路器　MC 電磁接触器メーク接点　PC 高圧カットアウト

49 イ ⑨ 変圧器外箱は、A種接地工事。
E_A

50 ハ 低圧電路の過負荷及び短絡を検出し、電路を遮断する。
⑩ MCCB 配線用遮断器

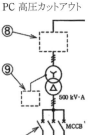

—149—

平成28年度　筆記試験　解答

1　イ　電圧 V の2乗に比例する。

　　蓄えられるエネルギー： $W = \dfrac{CV^2}{2}$ [J]

　　静電エネルギーは、静電容量 C [F] 及び電圧 V の2乗の比例。

　　静電容量： $C = \varepsilon \dfrac{A}{d}$ [F]

　　静電容量は、面積 A に比例、厚さ d に反比例

2　ロ　1.2

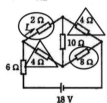

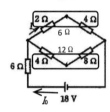

平衡条件　$2 \times 8 = 4 \times 4$
ブリッジが平衡状態にあるので、$10\,[\Omega]$ の抵抗には電流が流れない。
$10\,[\Omega]$ の抵抗を無視しても、回路は関係なし。

合成抵抗
$R_0 = 6 + \dfrac{6 \times 12}{6 + 12} = 6 + 4 = 10\,[\Omega]$

回路電流： $I_0 = \dfrac{18}{10} = 1.8\,[A]$

電流： $I = \dfrac{12}{6+12} \times 1.8 = 1.2\,[A]$

3　ニ　100

　インピーダンス $Z = \sqrt{R^2 + (X_L - X_C)^2} = \sqrt{10^2 + (10-10)^2}$
　$= 10\,[\Omega]$

　力率(直列)　$\cos\theta = \dfrac{R}{Z} \times 100 = \dfrac{10}{10} \times 100 = 100\,[\%]$

又回路は、$X_L = X_C$ なので、直列共振回路で、$Z = R$ となり力率は、$100\,[\%]$

4　ハ　500

電流： $I = \dfrac{100\,V}{10\,\Omega} = 10\,[A]$　　消費電力 $P = I^2 \cdot R$
　　　　　　　　　　　　　　　　　　$= 10^2 \times 10$
ただし、ダイオード1個で半波整流回路。　　　$= 1000\,[W]$

→ 全波の半分 → $500\,[W]$

5　ニ　92

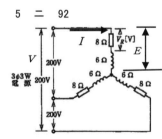

星形結線 $V = \sqrt{3} \cdot R$ より

相電圧 $E = \dfrac{V}{\sqrt{3}} = \dfrac{200}{\sqrt{3}} = 115\,[V]$

インピーダンス $Z = \sqrt{8^2 + 6^2} = 10\,[\Omega]$

電流 $I = \dfrac{115\,V}{10\,\Omega} = 11.5\,[A]$

∴ $V_R = 11.5 \times 8 = 92\,[V]$

6　ハ　80

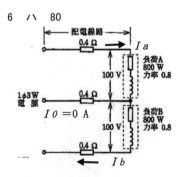

負荷A、Bともに、$800\,[W]$、力率 $0.8\,(80[\%])$ なので、$I_a = I_b$
中性線の電流 $I_0 = 0\,[A]$
よって、配電線路の電力損失は、両外線の2線分でよい
$P = V \cdot I \cdot \cos\theta$ より

$I_a = I_b = \dfrac{P}{V \cdot \cos\theta}$

$= \dfrac{800}{100 \times 0.8} = 10\,[A]$

2線分の電力損失 $P_r = I^2 \cdot r \times 2 = 10^2 \times 0.4 \times 2 = 80\,[W]$

7　ハ　11[%]

基準容量が異なる [%] インピーダンスを合成するには、同一の基準容量の [%] インピーダンスに換算する。

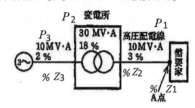

$\%Z = \%Z_1 + \dfrac{P_1}{P_2}\%Z_2 + \dfrac{P_1}{P_3}\%Z_3 = 3 + \dfrac{10}{30} \times 18 + \dfrac{10}{10} \times 2 = 11\,[\%]$

8　ロ　2.8

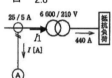

変圧器二次側 $210\,V \times 440\,A = 92400\,[VA]$
変圧器一次側 $6600\,V \times I_1 = 92400\,[VA]$

$I_1 = \dfrac{92400}{6600} = 14\,[A]$

変流比 25/5 より

$\dfrac{25}{5} = \dfrac{14}{I}$　　$I = \dfrac{5 \times 14}{25} = 2.8\,[A]$

9　ハ　70

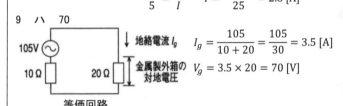

$I_g = \dfrac{105}{10+20} = \dfrac{105}{30} = 3.5\,[A]$

$V_g = 3.5 \times 20 = 70\,[V]$

等価回路

10　ロ　Y、E、H

耐熱クラス [℃]	90	105	120	130	155	180	200	220	250
指定文字	Y	A	E	B	F	H	N	R	—

高い順

11　ニ　$E = \dfrac{I}{r^2}$

照度 $E\,[lx]$ は、光源光度 $I\,[cd]$ に比例し、光源からの距離 $r\,[m]$ に反比例する。

12　ロ　50

・同期速度　$N_s = \dfrac{120f}{p} = \dfrac{120 \times 50}{6} = 1000\,[min^{-1}]$

・すべり　$s = \dfrac{N_s - N}{N_s} \times 100 = 5$ より

　$N_s - N = \dfrac{N_s \times s}{100} = \dfrac{1000 \times 5}{100} = 50$

13　ニ

浮動充電直流電源装置は、蓄電池が整流器と荷に対して並列に接続する。
小負荷および蓄電池の自己放電の補填に必要な小電流を整流器から常時補給し、蓄電池を完全充電状態にしている。大電流が必要な時は、蓄電池から補給される。
蓄電池・整流器が小容量で経済的、蓄電池の寿命も長く操作が簡単。

14　イ　ハロゲン電球

白熱電球の一種で、管内にハロゲン元素を封入して光束の低下、色温度の変化を抑制する。
・小形　・高効率　・長寿命

5　ロ　熱動継電器

熱動継電器(THR)は、過負荷保護装置として過電流によりヒータの発熱をバイメタルに与えて引外し昨日で接点の開閉をする。
復帰ボタン(リセットボタン)により元に戻る。
上部が電磁接触器で、併せて電磁開閉器となる。

6　イ　P は QH に比例する。

水車出力 $P=9.8QH\eta$ [kW]
P は、QH に比例する。
なお、水車の回転速度 N は出力 P とは、直接関係ない。

7　ハ

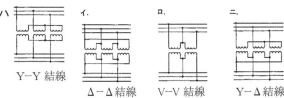

8　イ　がいしにアークホーンを取り付ける。
架空送電線の雷害対策としては、
① 架空地線　接地した電線を鉄塔の頂部に設け、電撃を受け止め大地に流す。
② アークホーン　がいし装置の両端にアークホーンを設けて、以上電圧が浸入してきたら、アークホーンで放電させる。
③ 避雷器　避雷器を設置し異常電圧の際、放電し大地との電位上昇を抑え、変圧器などの機器を保護する。
ロ、ニは、がいしの塩害防止でハは、電線の微風による振動吸収。

9　ロ　同じ容量の電力を送電する場合、送電電圧が低いほど送電損失が小さい。
同じ容量で、電圧が低くなると送電電流が大きくなり、線路損失 $I^2 \cdot r$ が大きくなる。

10　ハ　直接埋設方式

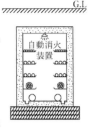

(a) 典型的な直接埋設式　(b) 暗きょ式　(c) 管路式

管路は、管径200 [mm] 以下のJISに適合する 波付硬質合成樹脂管(FEP) 等

・高圧地中電線路の表示
物件名称、管理者名、電圧を表示し、おおむね 2 [m] 間隔

11　ロ　雷電流により、避雷器内部の限流ヒューズが溶断し、電気設備を保護した。
避雷器は、雷その他の異常な過大電圧が加わった場合に、大地に電流を流して過大電圧が機器類に加わるのを制限するためのもので、避雷器内部にヒューズなど遮断器を入れてはいけない。

12　ニ　停電作業などの際に、電路を開放しておく装置として用いる。

写真は DS 断路器 で、無負荷の電路を開閉し、その時遮断器を「開」にして行う。また開閉には、高圧ゴム手袋を着用し操作棒(フック棒)を用いる。
イは、PC 高圧カットアウト、ロは、CB 高圧交流遮断器、ハは、PF付LBS 限流ヒューズ付高圧交流負荷開閉器。

23　イ　高調波電流を抑制する。
写真は、SR 直列リアクトル。

高圧進相コンデンサと直列に接続し容量は、コンデンサ容量の 6 [%] または 13 [%] 程度とする。

24　ニ　医用コンセント

表面に「H」が表示、コンセントに接地線が直接接続されている。

25　ロ　インサート

コンクリート天井等に埋め込んで吊ボルトを取り付ける。

26　ハ　油圧式パイプベンダ

太い金属管を曲げるのに用いる。

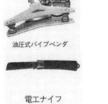

電エナイフ　　　　油圧式圧着工具　　　トルクレンチ
ケーブルのシースを剥ぐ　　導体に圧着端子を結線する　　圧着端子を一定の力でボルトを締める

27　ロ　ケーブルを造営材の下面に沿って水平に取り付け、その支持点間の距離を 3 [m] として施設した。
ケーブル工事のステップル等による造営材への支持は、水平方向は 2 [m] 以下に、垂直方向は 6 [m] 以下にする。

28　イ　低圧屋内配線の使用電圧が 200 [V] で、かつ、接触防護装置を施したので、ダクトの接地工事を省略した。

導体に板状のアルミ導体又は銅導体を使用して、大電流を流す幹線として使用する。
支持点間距離は、3 [m] 以下
(取扱者以外の者が出入りできない設備で、垂直方向の場合は 6 [m] 以下)
使用電圧が 300 [V] 以下 :D種接地工事
使用電圧が 300 [V] 超 :C種接地工事 (人が触れるおそれがないように施設した場合は、D種接地工事)

29　ニ　金属管工事により施工し、電動機の端子箱との可とう性を必要とする接続部に金属製可とう電線管を使用した。
耐圧防爆型フレキシブルフィッチングを使用する。

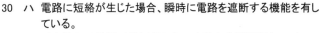

30　ハ　電路に短絡が生じた場合、瞬時に電路を遮断する機能を有している。
地中線用地絡継電装置付き高圧交流負荷開閉器(UGS)は、負荷電流を開閉でき、電路に地絡が生じた地絡継電器を通じて電路を自動的に遮断できるが、短絡電流は遮断できない。

31 ロ 防水鋳鉄管

 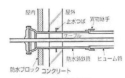

地中線用管路が、建物の外壁を貫通する部分に用いて、浸水することを防止する。

32 ニ 高圧進相コンデンサの金属製外箱に施す接地線に、断面積 5.5 [mm²] の軟銅線を使用した。
ロ、ハ、ニ は、A種接地工事で接地抵抗10 [Ω] 以下、
直径 2.6 [mm] (5.5 [mm²]) 以上の軟銅線
イ は、B種接地工事で直径 2.6 [mm] 以上の軟銅線

33 イ 同一のケーブルラックに電灯幹線と動力幹線のケーブルを敷設する場合、両者の間にセパレータを設けなければならない。
低圧配線ケーブルと弱電流電線などは、直接接触してはいけないが、低圧配線ケーブル相互は接触してもよい。

34 ハ 絶縁耐力試験

高圧受電設備の竣工検査とと定期検査

検査項目	竣工検査	定期検査
外観検査	○	○
接地抵抗測定	○	○
絶縁抵抗測定	○	○
絶縁耐力試験	○	
保護継電器試験	○	○
遮断器関係試験	○	○
絶縁油の試験		○

35 ハ 使用電圧 400 [V] の冷凍機回路の絶縁抵抗を測定した結果、0.43 [MΩ] であった。

電路の使用区分		絶縁抵抗値
300V 以下	対地電圧 150V 以下	0.1MΩ 以上
	その他の場合	0.2MΩ 以上
300V を超えるもの		0.4MΩ 以上

絶縁抵抗測定が困難な場合、漏えい電流が 1[mA] 以下

36 ロ 電力量計　　無効電力量計

$$皮相電力 = \sqrt{有効電力^2 + 無効電力^2}$$

$$力率 = \frac{有効電力}{皮相電力} = \frac{有効電力}{\sqrt{有効電力^2 + 無効電力^2}}$$

37 ニ 高圧計器用変成器の二次側電路

使用電圧		接地工事
低圧	300V 以下	D種接地工事
	300V 超過	C種接地工事
高圧・特別高圧		A種接地工事

高圧電路と低圧電路とを結合する変圧器の低圧の一線にB種接地工事

イ：A種　ロ：C種　ハ：B種　ニ：D種

38 ニ 第一種電気工事士試験の合格者には、所定の実務経験がなくても第一種電気工事士免状が交付される。
○第一種電気工事士免状交付に必要な実務経験の期間
① 大学、高等専門学校等の所定の電気工学課程(下記の※参照)を修めた卒業者の場合：卒業後3年以上
　※ 電気理論、電気計測、電気機器、電気材料、送配電、製図(配線図を含むものに限る)及び電気法規を修得していることが必要)
② その他の方の場合：5年以上
なお、いずれの場合も試験合格以前の実務経験も対象になりますので、合格時にすでに上記の実務経験を満たしていれば、すぐにでも都道府県知事に申請することができます。

40 イ 定格電流 60A の配線用遮断器
配線用遮断器は、100[A] 以下が特定電気用品で、〈PS〉E と表示。
ロ の単相電動機は、出力に関係なく特定電気用品以外の電気用品で、ニ の (PS)E と表示される。ハ の進相コンデンサは、定格静電容量に関係なく、電気用品には該当しない。

41 ニ 漏電遮断器(過負荷保護付き)

CB：遮断器
ZCT：零相変流器

漏電遮断器 ELB は、零相変流器で地絡電流を検出して、遮断器を動作して回路を開閉する。

42 ロ

限時継電器の設定時間で電動機を停止させる接点
限時動作瞬時復帰のブレーク接点、イはメーク接点
ハ、ニ は、瞬時動作限時復帰のメーク、ブレーク接点。

43 ハ 電磁接触器の自己保持

押しボタンスイッチ BS の手動操作で手を離して自動復帰した後も MC の動作を、③ の接点で励磁状を保持する回路

44 ニ

TLR：限時継電器
イ は、電磁継電器 R
ロ は、電磁接触器 MC
ハ は、タイムスイッチ TS

45 イ 　　(ブザー)　　ハ、はベル

46 ロ 零相電圧を検出する。

ZPD 零相基準入力装置
地絡事故時に発生する零相電圧を検出して、内蔵の地絡方向検電器 DGR に信号を送る。

47 ニ (DGR 地絡方向継電器)
イは、地絡継電器 GR で ZPD が不要

48 イ

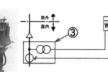

VCT 電力需給用計器用変成器

ロ VT 計器用変圧器　　ハ DGR付PAS　　ニ モールド変圧器

49 ロ 不足電圧継電器

ハ 過電流継電器 は、OCR で記号は。

UVR

50 ニ

 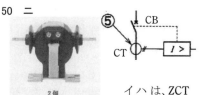

CT 変流器 2台　　イハは、ZCT 零相変流器　　複線図

平成 27 年度　筆記試験　解答

1　イ　周囲温度が上昇すると、電線の抵抗値は小さくなる。
　　電線（金属）は、正の抵抗温度係数で温度が上昇すると抵抗は増加する。
　　抵抗が減少する負の抵抗温度係数は、半導体・電解液。
　　$R = \rho \dfrac{l}{A}$　抵抗値 R は、長さ l に比例して、断面積 A に反比例。
　　アルミニウムの[%]導電率は、67[%]程度で抵抗率は大きい。

2　ロ　2

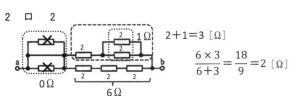

$2+1=3\,[\Omega]$

$\dfrac{6 \times 3}{6+3} = \dfrac{18}{9} = 2\,[\Omega]$

3　ロ　10

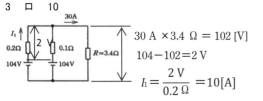

$30\,\text{A} \times 3.4\,\Omega = 102\,[\text{V}]$

$104 - 102 = 2\,\text{V}$

$I_1 = \dfrac{2\,\text{V}}{0.2\,\Omega} = 10\,[\text{A}]$

4　イ　50

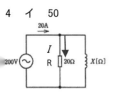

$IR = \dfrac{200\,\text{V}}{20\,\Omega} = 10\,[\text{A}]$

並列回路の力率
$\cos\theta = \dfrac{IR}{I} = \dfrac{10\,\text{A}}{20\,\text{A}} = 0.5 = 50\,[\%]$

5　ハ　6.4

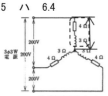

相電圧　$E = \dfrac{200\,\text{V}}{\sqrt{3}} = 115\,[\text{V}]$

インピーダンス　$Z = \sqrt{4^2 + 3^2} = 5\,[\Omega]$

電流　$I = \dfrac{115\,\text{V}}{5\,\Omega} = 23\,[\text{A}]$

力率　$\cos\theta = \dfrac{4}{5} = 0.8$

全消費電力　$P = \sqrt{3}\,VI\cos\theta = \sqrt{3} \times 200 \times 23 \times 0.8 = 6373.9\,[\text{W}]$
　　　　　　　　　　　　　　　　　　　　　　≒ 6.4 [kW]

6　ハ　38

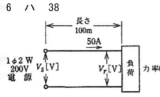

線路の電圧降下を、4[Ω]以内。

$V_r = 2I(\sqrt{r\cos\theta + x\sin\theta}) \leq 4\,[\text{V}]$
　　　　　　　　　　　　　　　　　0

1条当たりの電圧降下 ≦ 2[V] より

抵抗 r は、$r = \dfrac{V_r}{I\cos\theta} = \dfrac{2}{50 \times 0.8}$
$= 0.05\,[\Omega]$ 以下

電線太さ [mm²]	1km当たりの抵抗 [Ω/km]	
14	1.30	0.13 Ω
22	0.82	0.082 Ω
38	0.49	0.049 Ω
60	0.30	0.030 Ω

← 線路の長さが 100[m] なので

7　ロ　a : 5 m　b : 5.5 mm²

電線太さ b	許容電流
直径 2.0 mm	24 A
断面積 5.5 mm²	34 A
断面積 8 mm²	42 A
断面積 14 mm²	61 A

分岐線の配線用遮断器までの距離と電線許容電流の関係
　　ロ　a : 長さに関係なし（8[m]を超える）
　　　　b : 電線の許容電流 $I_W \geq 0.55 \times I_B$
　　ニ　a : 長さが 3[m]を超え 8[m]以下
　　　　b : 電線の許容電流 $0.35 \times I_B \leq I_W < 0.55 \times I_B$
　　ハ　a : 長さが 3[m]以下
　　　　イ　b : 電線の許容電流 $I_W < 0.35 \times I_B$

8　ハ　140
　　P : 中性線の断線後の等価回路

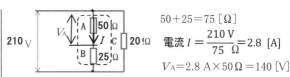

$50 + 25 = 75\,[\Omega]$

電流 $I = \dfrac{210\,\text{V}}{75\,\Omega} = 2.8\,[\text{A}]$

$V_A = 2.8\,\text{A} \times 50\,\Omega = 140\,[\text{V}]$

9　ニ　a : 50　b : 40

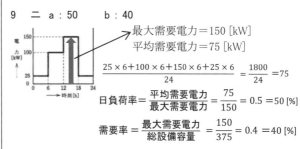

最大需要電力 = 150 [kW]
平均需要電力 = 75 [kW]

$\dfrac{25 \times 6 + 100 \times 6 + 150 \times 6 + 25 \times 6}{24} = \dfrac{1800}{24} = 75$

日負荷率 = $\dfrac{\text{平均需要電力}}{\text{最大需要電力}} = \dfrac{75}{150} = 0.5 = 50\,[\%]$

需要率 = $\dfrac{\text{最大需要電力}}{\text{総設備容量}} = \dfrac{150}{375} = 0.4 = 40\,[\%]$

10　ニ　LEDランプの発光原理は、ホトルミネセンスである。
　　LEDランプは、エレクトロルミネセンスで、半導体結晶の中で電気
　　エネルギーが直接光に変化する。　・長寿命・高効率・調色、
　　調光が容易・衝撃、振動に強い。ホトルミネセンスは、蛍光灯など。

11　ロ　②は①と逆に回転をし、③と①と同じ回転をする。
　　三相誘導電動機　結線2本変える — 逆回転
　　　　　　　　　　結線3本変える — 元の回転に

12　ハ　486
　　定格100V、1kWの電熱器の抵抗　$R = \dfrac{100^2}{1000} = 10\,[\Omega]$
　　発生熱量（ジュール熱）
　　$H = P \cdot t = \dfrac{P^2}{R} \cdot t = \dfrac{90^2}{10} \times 10 \times 60$
　　$= \dfrac{4860000}{10} = 486{,}000 = 486\,[\text{kJ}]$

13　ロ

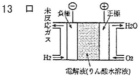

リン酸形燃料電池
天然ガス等から取り出した水素H2
（－極）と空気中の酸素O2（＋極）
を化学反応させて電気を取り出す。

特徴・水素と酸素の化学反応で電気を得る。・出力は直流である。
・発電により、水（H2O）を発生させる。
・騒音なく負荷変動に対して応答性、制御性がよい。

14　イ　断熱材施工天井に埋め込んで使用できる。

写真は、ダウンライト（埋込器具）DL。
表示マークは、建物の施工時におい
て断熱材の施工に対して特別の注
意を必要としないS形埋込照明器具
である。

15　イ　誘導加熱

商用電力をインバータで数十kHzに変換
した交流を電源とする。

　　↓　コイルに交流電源
　　↓　磁束変化による電磁誘導
　　↓　鍋等の金属に渦電流が生ずる
　　↓　ジュール熱を発生
　磁性体に生じるヒステリシス損を利用。

16　ロ　$\dfrac{1}{2}$

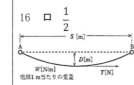

電線のたるみ（弛度）　$D = \dfrac{WS^2}{8T}\,\text{m}$

張力　$T = \dfrac{WS^2}{8D}$

D : 2倍 → 反比例　$T : \dfrac{1}{2}$

17 イ 一般に使用されているプロペラ形風車は、垂直軸風車である。
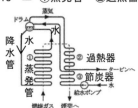
ブレードが風を受けて回転させ、増速機で一定の回転速度にして発電機を回転させ発電する。
一般に使用されるプロペラ形風車は、水平軸形風車で風速によって翼の角度を変えるなどして風の強弱による出力調整ができるようになっている。

18 ニ ①蒸発管 ②過熱器 ③節炭器

節炭器は、ボイラや過熱期などからでる煙道ガスの余熱を利用して給水の予熱を行う効率を高めるための装置。
蒸発管は、降水管からの水を過熱して蒸気にする装置。
過熱気は、蒸発管で発生した水分を含んだ飽和蒸気を更に加熱した加熱蒸気にする。

19 イ 1.17
Aの最大需要電力：6[kW]
Bの最大需要電力：8[kW]
合成最大需要電力：12[kW]

$$不等率 = \frac{需要家の最大需要電力の和}{合成最大需要電力} \geq 1$$
$$= \frac{6+8}{12} = \frac{14}{12} = 1.16666$$

20 ニ 架橋ポリエチレン絶縁体内部
 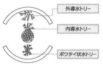

21 ニ 160
遮断容量[MV・A] = √3 × 定格電圧[kV] × 定格遮断電流[kA]
= √3 × 7.2[kV] × 12.5[kA] = 155.9[MV・A]
（直近上位：160[MV・A]）

22 ニ 電力需給用計器用変成器
高圧電路の電圧、電流を低電圧、小電流に変成して電力量計に接続して使用電力量を計量する。（VCT）

イ SR　　　ロ PF付LBS　　　ハ 3φTr

23 ロ 自家用の引込みケーブルに短絡事故が発生したとき、自動遮断する。
GR付PAS 地絡継電装置付高圧交流負荷開閉器
・保安上の責任分界点に設置し、引込ケーブル等に地絡事故が生じた場合に自動遮断する。
・需要家構内で生じた地絡事故時に他への波及事故を防止する。

24 ニ 　　　　　油圧式パイプベンダ
　　　　　太い金属電線管を曲げる。

ケーブルジャッキ　延線ローラ　延線用グリップ

25 ニ 定格電流20[A]の配線用遮断器に保護されている電路に取り付けた。

写真は、2極接地極付30[A] 250[V]引掛形コンセント
20A配線用遮断器で保護されている分岐回路に使用できるコンセントは、15[A]もしくは20[A]のものに限る。

分岐回路の種類	電線の太さ	コンセント
20A配線用遮断器	1.6mm 以上	15A・20A
30A配線用遮断器	2.6mm 以上	20A・30A
40A配線用遮断器	8mm 以上	30A・40A
50A配線用遮断器	14mm 以上	40A・50A

26 イ 電流による発熱により、電線の絶縁物が著しい劣化をきたさないようにするための限界の電流値。
電流による発熱：ジュール熱 $H = I^2 \cdot R \cdot t$ [J]
600[V]ビニル絶縁電線の最高許容温度は、60℃。

27 ハ 湿気のある場所で、電線を収める線ぴの長さが12[m]なので、D種接地工事を省略した。　絶縁電線
金属線ぴ工事：展開・点検できる乾燥場所。（OW除く）
4[m]以下、また対地電圧150[V]以下の場合8[m]以下で書略可。

28 ハ 接続部分において、電線の電気抵抗が20[%]増加した。
電線相互の接続
○電気抵抗を増加させない。
○機械的強度を20[%]以上減少させない。
○接続部には、接続管その他の器具を使用するか、ろう付けをする。
○接続部分の絶縁電線の絶縁物と同等以上の絶縁効力のある接続器の場合を除き、接続部分を絶縁電線の絶縁物と堂塔以上の絶縁効力のあるもので十分に被覆する。

29 ロ 地中電線路に絶縁電線を使用し、車両、その他の重量物の圧力に耐える管に収めて施設した。
地中電線路は、ケーブル線に限る。
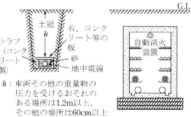 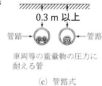

30 イ 耐塩害屋外終端接続部
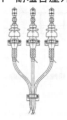 
耐塩害屋外終端接続部　　ゴムとう管形屋外終端接続部

31 ニ 引込柱に設置した避雷器に接地するため、接地極からの電線を薄鋼電線管に収めて施設した。
避雷器はA種接地工事で、人が触れるおそれがある場所に施設する場合、接地線の地下75[cm]から地表2[m]までの部分を電気用品安全法の適用を受ける合成樹脂管で覆わなければいけない。

32 ロ 鳥獣類などの小動物が侵入しないようにする。
屋外に施設するキュービクルの基礎の開口部から小動物が侵入するおそれがある場合は、開口部に網などを設けるように定めている。

33　イ　過電流ロック機能
　　　過電流が流れたとき、負荷開閉器が開路しないようにする機能

相間、側面の絶縁バリア
ストライカによる引外し装置
高圧限流ヒューズ

34　ハ　可とう導体は、低圧電路の短絡等によって、母線に異常な過電流が流れたとき、限流作用によって、母線や変圧器の損傷をを防止できる。
　　　地震時等に変圧器のブッシングやがいし等に加わる外力によって損傷しないように使用するもの。

35　ニ　600

$$B種接地抵抗値[\Omega] \leq \frac{150V}{1線地絡電流}$$

ただし、1秒〜2秒以下に自動遮断器できる場合 $\leq \dfrac{150V}{1線地絡電流}$
1秒以下の場合 $\leq \dfrac{600V}{1線地絡電流}$

36　ロ　絶縁物の表面の漏れ電流による誤差を防ぐため。
　　　絶縁抵抗計の保護端子（ガード端子G）は、高圧ケーブルの絶縁抵抗を測定する際に、絶縁物の表面を流れる漏れ電流による誤差を防止する。

ガード端子

37　ニ　事故時に停電が他に波及しないように、いかなる場合にも負荷側に近い電圧受電設備の遮断器が先に動作しないようにすなければならない。

38　ハ　第一種電気工事士は、電気用品安全法に基づいた表示のある電気用品でなければ、一般用電気工作物の工事に使用してなならない。
　　　特定電気用品は、構造又は使用状況その他の使用状況からみて特に危険又は障害の発生するおそれの多い電気用品で〈PS〉Eを表示し、定格電圧600[V]のゴム絶縁電線は、公称断面積100[mm²]以下は特定電気用品。

39　イ　特殊電気工事資格者
　　　ネオン工事 認定証の交付を受けるには、認定講習の受講と5年以上のネオンに関する工事の実務経験が必要。
　　　非常用予備発電装置工事 認定証の交付を受けるには、認定講習の受講と5年以上の非常用予備発電装置に関する工事の実務経験が必要。

40　ハ　主任電気工事士は、一般用電気工事による危険及び障害が発生しないように一般用電気工事の作業の管理の職務を誠実に行わなければならない。
　　　主任電気工事士は、第一種電気工事士または、第二種電気工事士で実務経験3年以上の者。

41　ハ　①はCHケーブルヘッド
合成樹脂管カッター

イは、ケーブルカッターで切断。ロは、電工ナイフで外被覆剥ぎ。ニは、半田こてで電線接続。

42　ロ　遮へい端部の電位経度を緩和する。
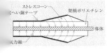
遮へい銅テープの端に設け、電気力線の集中を緩和して絶縁破破壊を防止する。
ストレスコーン

43　ロ　計器用変圧器の内部短絡事故が主回路に波及することを防止する。

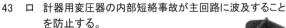
③
PF：高圧限流ヒューズ

44　イ

SL：表示灯　④
ロ：切換スイッチ　ハ：ブザー　ニ：押ボタンスイッチ

45　ハ

断路器
避雷器
A種接地工事
⑤

46　イ

CT：変流器
ED：D種接地工事
⑥　I>

47　ニ　コンデンサの残留電荷を放電する。
⑦は、SR直列リアクトルで、高圧進相コンデンサと直列に接続して、コンデンサの高調波電流及び投入時の突入電流を抑制する。容量は、コンデンサの6[%]または13[%]が標準。残留電荷を放電するのは、放電コイル。⑦

48　ハ　300
変圧器の開閉装置として、PC 高圧カットアウトをしようしているので、変圧器容量は300[kV・A]以下
⑧

49　ニ

CVTトリプレックス形低圧架橋ポリエチレン絶縁ビニルシースケーブル
イ：高圧用CV　　ロ：CVケーブル　　ハ：VVRケーブル

50　ニ　6
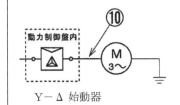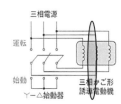
Y−Δ始動器

平成 26 年度　筆記試験　解答

1　イ　NI に比例する。

N 回巻きコイルに電流 I [A] 流した時に発生する磁束 ϕ [Wb] は

$$\phi = \frac{\mu ANI}{l} \quad \mu:鉄心の透磁率 \quad A:鉄心断面積 [m^2] \quad l:磁路の長さ [m]$$

ϕ は、NI に比例

2　ハ　24

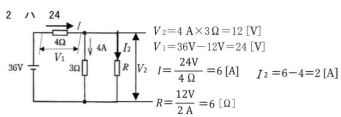

$V_2 = 4A \times 3\Omega = 12$ [V]
$V_1 = 36V - 12V = 24$ [V]
$I = \dfrac{24V}{4\Omega} = 6$ [A]　$I_2 = 6-4 = 2$ [A]
$R = \dfrac{12V}{2A} = 6$ [Ω]

R の消費電力　$P_2 = I_2{}^2 \cdot R = 2^2 \times 6 = 4 \times 6 = 24$ [W]

3　ハ　314　正弦波交流の周波数 $f = 50$ [Hz] から、
角速度 $\omega = 2\pi f = 2 \times 3.14 \times 50 = 314$ [rad/s]

4　ニ　540

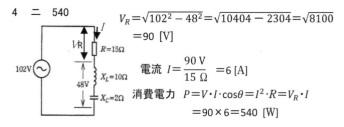

$V_R = \sqrt{102^2 - 48^2} = \sqrt{10404 - 2304} = \sqrt{8100}$
　　$= 90$ [V]

電流　$I = \dfrac{90V}{15\Omega} = 6$ [A]

消費電力　$P = V \cdot I \cdot \cos\theta = I^2 \cdot R = V_R \cdot I$
　　　　　　$= 90 \times 6 = 540$ [W]

5　イ　$\dfrac{3V^2}{5}$

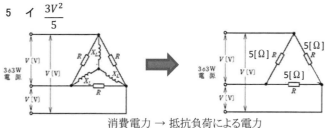

消費電力 → 抵抗負荷による電力
一相分の抵抗電力　　三相分の全消費電力
$P' = \dfrac{V^2}{R} = \dfrac{V^2}{5}$　　$P = 3 \cdot P' = 3 \times \dfrac{V^2}{5} = \dfrac{3V^2}{5}$

6　イ　$\dfrac{P^2 \cdot r}{V^2 \cos^2\phi}$　三相負荷の　　　　電流
消費電力　$P = \sqrt{3}VI\cos\phi$ より　$I = \dfrac{P}{\sqrt{3}V\cos\phi}$

三相交流配線の電力損失
$P_L = 3 \cdot I^2 \cdot r = 3 \times \dfrac{P^2}{\sqrt{3}^2 \cdot V^2 \cdot \cos^2\phi} \times r = \dfrac{P^2 \cdot r}{V^2 \cos^2\phi}$

7　ロ　約 2 [V] 上がる。

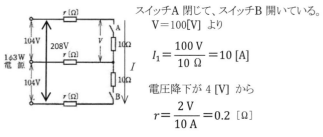

スイッチA 閉じて、スイッチB 開いている。
$V = 100$ [V] より
$I_1 = \dfrac{100V}{10\Omega} = 10$ [A]

電圧降下が 4 [V] から
$r = \dfrac{2V}{10A} = 0.2$ [Ω]

スイッチB 閉じる　$I = \dfrac{104+104}{0.2+10+10+0.2} = \dfrac{208}{20.4} = 10.7$ [A]

$V = 104 - 10.7 \times 0.2 = 101.86 ≒ 102$ [V] : 2 [V] 上がる

8　ロ　8.25

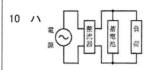

三相定格容量　$S = \sqrt{3} \cdot V \cdot I$ より

定格二次電流　$I = \dfrac{S}{\sqrt{3}V} = \dfrac{150 \times 10^3}{\sqrt{3} \times 210}$
　　　　　　　　　　$≒ 412.4$ [A]

二次短絡電流 = $\dfrac{二次定格電流}{\%Z} \times 100$ A $= \dfrac{412.4}{5} \times 100$
　　　　　　$= 8248$ [A] $≒ 8.25$ [kA]

9　ニ　線路の電圧降下が増加する。

力率改善すると・・・
・消費電力は不変で皮相電力が減少 → 無効電力が減少
・線路電流が減少 → 線路電圧降下が減少
線路電力損失が減少　負荷端電圧が増加

10　ハ

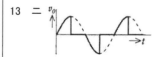

浮動充電方式の直流電源装置
蓄電池を整流器と負荷に並列に接続。
比較的小負荷および蓄電池の自己放電を要する電流を整流器で常時補充している。
蓄電池・整流器の容量が少なくすみ経済的で、蓄電池の寿命が長い。

11　イ　二次抵抗始動
二次抵抗始動は、三相巻線形誘導電動機始動で、三相かご形電動機の始動法は、全電圧(直入れ)始動法、スターデルタ(Y-Δ)始動法、始動補償器法、リアクトル始動法 である。

12　ハ　250

$r = \sqrt{3^2 + 4^2}$　　$\cos\theta = \dfrac{4}{5} = 0.8$
　$= 5$ [m]

水平面照度　$E_h = \dfrac{I}{r^2} \times \cos\theta$ より

光度　$I = \dfrac{E_h \cdot r^2}{\cos\theta} = \dfrac{8 \times 5^2}{0.8} = 250$ [cd]

13　ニ

イ は、ゲート電流：0
ロ は、ゲート電流：小
ハ は、ゲート電流：大

ゲート から カソード に電流を流すことで アノード と カソード を導通させる。ダイオード により、マイナスの電圧は非道通。

14　ロ　コンクリートボックス

バックプレートが取り外せる構造で、電線管を接続する作業が容易。
"ミミ"があるのが、アウトレットボックスとの相違点。

15　イ　シーリングフィッチング
耐圧防爆金属管工事まで、配管内の爆発が伝搬拡大するのを防止する。

16 ニ 回転子は、一般に縦軸形が採用される。

タービン発電機
高速回転のタービンと直結の発電機で、直径が小さく軸方向に長いため、一般に水平軸形を使用する。

17 ロ 電線と同種の金属を巻きつけ補強し、電線の振動による素線切れなどを防止する。

 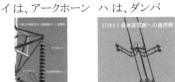
アーマロッド　　イは、アークホーン　ハは、ダンパ

18 ロ 電気と熱を併せ供給する発電システム

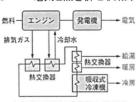
コーゼェネレーションシステムは、ディーゼルエンジンなどにより発電する際の排熱を回収して給湯や冷暖房に利用する。
総合的に熱効率を向上させるシステムである。

19 ニ 各変圧器の効率が等しいこと。
変圧器の並行運転の条件は、イ、ロ、ハ の各項目である。
各変圧器の効率を等しくすることは条件ではない。

20 ハ 無効電力
調相設備は、負荷と並列に接続して電線路における無効電力を調整して、受電端電圧を調整する設備。
分路リアクトル・電力用コンデンサ・同期調相器 など。

21 ハ 高圧交流電磁接触器
高頻度開閉器として使用するのは、電磁接触器で、イの高圧交流負荷開閉器は、負荷電流をかいへいするもので、ロ の高圧交流遮断器は、短絡電流などの事故電流を遮断する。
ニ の高圧断路器は、無負荷状態で電路を開閉する。

22 イ PC

写真は、高圧カットアウトで記号は、PC である。
CB は、高圧交流遮断器
LBS は、高圧交流負荷開閉器
DS は、断路器

23 ハ 遮へい端部の電位傾度を緩和する。

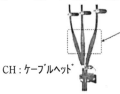
ストレスコーン
遮へい銅テープの端に設け、電気力線の集中を緩和して絶縁破壊を防止する
CH：ケーブルヘッド

24 ニ 熱線式自動スイッチ
人体の体温を検知するスイッチで図記号は、●RAS
遅延スイッチは、●D　自動点滅器は、●A
リモコンセレクタスイッチの図記号は、

25 ニ 亜鉛めっき鋼より線、玉がいし、アンカ

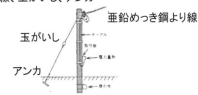

26 ロ パイプベンダ
金属管を曲げるのに使用する。
ケーブルジャッキは、ドラムに巻いてあるケーブルを延線するのに用いる。
延線ローラは、太い電線やケーブルの延線時に使用する
ワイヤストリッパは、絶縁被覆のはぎ取り

ケーブルジャッキ　　延線ローラ　　ワイヤストリッパ

27 イ 人が触れるおそれのある場所で、B種接地工事の接地線を地表上 2[m] まで CD 管で保護した。
A種・B種接地工事で、接地極及び設置線を人が触れる恐れのある場所に施設する場合は、下図のように施設する。

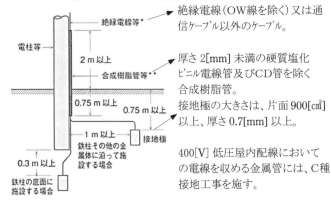

絶縁電線（OW線を除く）又は通信ケーブル以外のケーブル。
厚さ2[mm] 未満の硬質塩化ビニル電線管及びCD管を除く合成樹脂管。
接地極の大きさは、片面900[cm²]以上、厚さ0.7[mm]以上。
400[V] 低圧屋内配線においての電線を収める金属管には、C種接地工事を施す。

28 ニ 高圧絶縁電線を金尾管に収めて施設した。
高圧屋内配線は、がいし引き工事またはケーブル工事

29 ハ ライティングダクトの開口部を人が容易に触れるおそれがないので、上向きに取り付けた。

ライティングの施工方法
・支持点間は 2[m] 以下。
・開口部は下向きが原則。
・終端部は閉そくする。（エンドキャップ）
・造営材を貫通して施設してはならない。
・D種接地工事を施す。ただし、対地電圧 150[V] 以下で4 [m] 以下の場合は省略できる
・漏電遮断器を施設する。

30 ロ 施設場所が重汚損を受けるおそれのある塩害地区なので、屋外部分終端処理はゴムとう管形屋外終端処理とした。
重汚損を受けるおそれのある塩害地区には、「耐塩害屋外終端接続部」を使用する。ゴムとう管形屋外終端処理は、軽汚損・中汚損に使用する。

耐塩害屋外終端接続部　　ゴムとう管形屋外終端処理

31	ニ	避雷器には電路を保護するため、その電源側に限流 ヒューズを施設した。 LA：避雷器 需要電力 500 [W] 以上の需要場所に設置。 ヒューズが溶断すると、避雷器の役割が果たせなくなる。 第一種接地工事を施す。
32	イ	単相変圧器2台を使用して三相 200 [V] の電源を得るには、V-V 結線にする。 正しい結線は、イ である。
33	ニ	進相コンデンサに、コンデンサリアクタンスの 5 [%] の直列リアクトルを設けた。 直列リアクトル容量は、コンデンサ容量の 6[%] 又は 13[%] が標準。
34	イ	高圧ケーブル内での地絡事故を確実に検出できるケーブルシールドの接地方法は、 電源側CH → ZCT を通す。 負荷側CH → ZCT を通さない。 ロ、ニ は高圧側からZCTを通っていないので検出できない。ハ は、地絡電流が相殺され 0 になり検出できない。
35	ハ	1.0 [mA] 定圧電路の絶縁抵抗値は、開閉器又は過電流遮断器で区切ることのできる電路ごとに、次表の値以上でなければならない。 | 電路の使用区分 || 絶縁抵抗値 | |---|---|---| | 300 V 以下 | 対地電圧 150 V 以下 | 0.1 MΩ | | | その他の場合 | 0.2 MΩ | | 300 V を超えるもの || 0.4 MΩ | ただし、絶縁抵抗測定が困難な場合は、漏えい電流を 1[mA] 以下であること。（電技解釈第14条）
36	ハ	D種接地工事を施す金属体と大地との間の電気抵抗値が 10 [Ω] 以下でなければ、D種接地工事を施したものとみなされない。大地との電気抵抗値が、100 [Ω] 以下であれば、D種接地工事を施したものとみなされる。
37	ロ	$6600 \times \dfrac{1.15}{1.1} \times 1.5$ 絶縁耐力試験の交流試験電圧（10,350 [V]）＝最大使用電圧×1.5 最大使用電圧＝公称電圧×$\dfrac{1.15}{1.1} = 6600 \times \dfrac{1.15}{1.1}$ (=6900) 交流試験電圧 = $6600 \times \dfrac{1.15}{1.1} \times 1.5$
38	ニ	一般用電気工事の作業に従事する者は、主任電気工事士がその職務を行うため必要があると認めてする指示に従わなければならない。 電気工事業の業務の適正化に関する法律では、イ は、電気用品安全法の表示が付されていない電気用品は電気工事には使用できない。ロ は、氏名又は名称、登録年月日、登録番号、主任電気工事士氏名が記載された標識を営業所及び電気工事施工場所に掲げなければならない。ハ は、営業所ごとに注文者の氏名又は名称及び住所、電気工事の種類及び施工場所、配線図、施工年月日、主任電気工事士等・作業者の氏名、検査結果が記載された帳簿を 5年間保存しなければならない。
39	ハ	合成樹脂製のケーブル配線用スイッチボックス ケーブル配線用スイッチボックスは、特定電気用品以外の電気用品。差込み接続器は50[A]以下、タイムスイッチは30[A]以下、600 [V] ビニル絶縁ビニルシースケーブルは22 [m㎡] 以下、7芯以下のものが特定電気用品になる。
40	ロ	一般用電気工作物が設置された時に調査が行われなかった。 電気供給者は、電気を供給する一般用電気工作物が電気設備技術基準に適合するかどうか調査しなければならない。 ①一般用電気工作物が設置されたとき及び変更工事が完成したとき ②一般用電気工作物の調査は、4年に1回以上行う。 ③登録点検業務受託法人が点検業務を委託されている一般用電気工作物は、5年に1回以上行う。
41	ハ	PB-2 → PB-1 → PB-3 正転から逆転にするときは、必ず一旦停止状態にする。 静止状態から正転運転は、PB-2 を操作し、停止させるのに PB-1 を、逆転運転はその後、PB-3 を操作する。
42	ロ	OR 回路 MC-1、MC-2 のメーク接点が並列接続になっているので OR 回路。直列接続の状態が AND 回路。
43	イ	SL-1 停止表示 SL-2 運転表示 SL-3 故障表示 SL-1 点灯時は、MC-1・MC-2 共に消磁状態のときで、主回路の接点がOFF。SL-2 点灯時は、MC-1・MC-2 いずれかが励磁状態で、主回路のMC-1・MC-2いずれかがON状態。SL-3 点灯は、THR（熱動継電器）の動作時なので、過負荷状態（故障）になっている。
44	ロ	THR は、熱動継電器。 イ は、リミットスイッチ ハ は、電磁継電器（リレー） ニ は、限時継電器（タイマ）
45	ハ	正転から逆転運転にするには、3線のうち2線を入れ替える。
46	イ	需要家側電気設備の地絡事故を検出し、高圧交流負荷開閉器を開放する。 ①は、DGR付PASで、地絡方向継電器付高圧交流負荷開閉器で、ロ、ハ、ニ の断路器を開放したり、遮断器を遮断したりするものではない。
47	ロ	②は、PF 電力ヒューズで、VCT 計器用変成器に付けるものなので、1台に付 2本必要
48	ニ	③に入るものは、OCR 過電流継電器で正しい記号は ニ である。 ロ は、地絡継電器
49	イ	単相変圧器 3台で Δ-Δ 結線。 ロ、ニ は三相変圧器
50	ニ	D種接地工事 CT 変流器の二次側の接地工事はD種接地工事

平成25年度　筆記試験 解答

1 ニ　電圧 V に比例する。

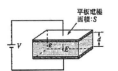

電界の強さ $E = \dfrac{V}{d}$ [V/m]

電界 E は、電圧 V に比例し、電極間距離 d に反比例する。

静電容量 $C = \varepsilon \dfrac{S}{d}$ [F]

静電容量 C は、誘電率 ε、面積 S に比例し、d に反比例する。
なお、蓄えられる電荷 Q [C] は、電圧 V に比例する。 $Q = CV$

2 ロ　2

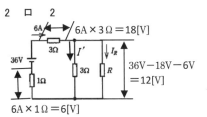

$6A \times 3\Omega = 18[V]$
$36V - 18V - 6V = 12[V]$
$6A \times 1\Omega = 6[V]$

$I' = \dfrac{12V}{3\Omega} = 4$ [A]

$I_R = 6A - 4A = 2$ [A]

ちなみに $R = \dfrac{12V}{2A} = 6[\Omega]$

3 イ　πfCV

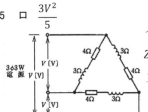

合成静電容量 $C_0 = \dfrac{C}{2}$ [F]

容量リアクタンス $X_C = \dfrac{1}{2\pi fC_0} = \dfrac{1}{\pi fC}$

電流 $I = \dfrac{V}{X_C} = \dfrac{V}{\dfrac{1}{\pi fC}} = \pi fCV$

4 ロ　480

インピーダンス $Z = \sqrt{R^2+X^2} = \sqrt{8^2+6^2} = \sqrt{100} = 10$

電流 $I = \dfrac{V}{Z} = \dfrac{100}{10} = 10$ [A]

熱量 $H = I^2 Rt = 10^2 \times 8 \times 10 \times 60 = 480{,}000$ [J] $= 480$ [kJ]

5 ロ　$\dfrac{3V^2}{5}$

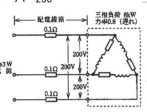

インピーダンス $Z = \sqrt{R^2+X^2}$
$Z = \sqrt{4^2+3^2} = \sqrt{16+9} = \sqrt{25} = 5[\Omega]$

三相皮相電力 $S = \sqrt{3} \cdot V \cdot I$ [VA]
$= 3 \cdot \dfrac{V^2}{Z} = \dfrac{3 \cdot V^2}{5}$

6 イ　104

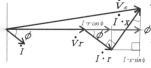

電力 $P = V \cdot I \cdot \cos\theta$ より

$I = \dfrac{P}{V \cdot \cos\theta} = \dfrac{800}{100 \times 0.8} = 10$ [A]

単相3線式(平衡時)配電線路電圧降下
$V = I \cdot (r \cdot \cos\theta + x \cdot \sin\theta)$
$= 10 \times (0.5 \times 0.8 + 0 \times 0.6)$
$= 10 \times 0.4 = 4$ [V]

電源電圧 $V = 100 + 4 = 104$ [V]

7 ハ　250

三相電力 $P = \sqrt{3}VI\cos\theta$ より

$I = \dfrac{P}{\sqrt{3} \cdot V \cdot \cos\theta} = \dfrac{8000}{\sqrt{3} \times 200 \times 0.8}$
$= \dfrac{50}{\sqrt{3}} = \dfrac{50\sqrt{3}}{3}$ [A]

三相配電線路の電力損失
$P_l = 3I^2 r = 3 \times \left(\dfrac{50\sqrt{3}}{3}\right)^2 \times 0.1$
$= \dfrac{3 \times 2500 \times 3 \times 0.1}{9} = 250$ [W]

8 ニ　$\sqrt{3} I(r\cos\phi + x\sin\phi)$

電圧降下分 $I \cdot r \cdot \cos\phi + I \cdot x \cdot \sin\phi$
$= I(r \cdot \cos\phi + x \cdot \sin\phi)$

三相3線式配電線路電圧降下
$v = \sqrt{3} \cdot I(r \cdot \cos\phi + x \cdot \sin\phi)$

9 イ　$\dfrac{V}{141\sqrt{3}}$

9[Ω]の誘導リアクタンスと150[Ω]の容量リアクタンス 直列接続
合成リアクタンス $X_0 = 150 - 9 = 141$ [Ω]

相電圧 $E = \dfrac{V}{\sqrt{3}}$

Y結線線電流 $I = \dfrac{E}{X_0} = \dfrac{\dfrac{V}{\sqrt{3}}}{141} = \dfrac{V}{141\sqrt{3}}$

10 ニ　2.8

毎分60[m]の速さ → 秒速 $v = \dfrac{60}{60} = 1$ [m/s]

巻上機用電動機出力 $P = \dfrac{W \cdot v}{\eta} = \dfrac{1.96 \times 1}{0.7} = 2.8$ [kW]

11 ロ　負荷電流が2倍になれば銅損は2倍になる。

銅損(負荷損)は電流の2乗に比例する。 $= I^2 r$

変圧器損失：
- 鉄損(無負荷損)
  - 渦電流損：鉄心中の磁束変化による渦電流で発生するジュール熱
  - ヒステリシス損：交番磁界による鉄心磁化の際に生じる損失
  - 負荷電流の変化に関係なし。
  - 電圧の2乗に比例。
- 銅損(負荷損)：負荷電流と一次・二次巻線抵抗とのジュール熱
  - 負荷電流の2乗に比例。$= I^2 r$

12 ロ　E

JISによる電気製品の絶縁材料の耐熱クラスごとの許容最高温度

耐熱クラス[℃]	90	105	120	130	155	180	200	220	250
指定文字	Y	A	E	B	F	H	N	R	－

B,E,F,Hで低いのはE

13 イ　電解液は不要である。

アルカリ蓄電池の電解液は、KOH か性カリ水溶液。鉛蓄電池は、H_2SO_4 希硫酸である。

起電力は、鉛蓄が約2[V] でアルカリは約1.2[V] と小さい。
他の特徴は、過充電、過放電に耐える。自己放電が少ない。
電圧変動率が大きい、等である。

14 イ　二種金属製線ぴ

幅が5[cm]を超えると、金属ダクト、4[cm]超えて5[cm]以下が2種金属製線ぴ、4[cm]未満が1種金属製線ぴ。

15 ロ　固定子鉄心

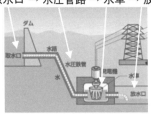

16 ハ　取水口 → 水圧管路 → 水車 → 放水口

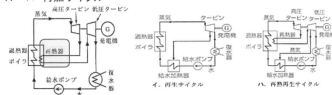

17 ロ　再燃サイクル

18 ニ ディーゼル機関の動作工程は、吸気→爆発(燃焼)→圧縮→排気である。
正しくは、吸気→圧縮→爆発(燃焼)→排気である。

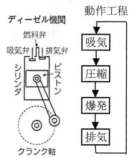

- 吸気弁が開いて、シリンダ内に空気を吸入する。
- 吸気弁が閉じて、空気を圧縮・高温にする。
- 霧状の燃料を噴射して爆発的に燃焼させる。ピストンを押し下げクランク軸を回転させる。
- ピストンを押し上げて、排気弁を開いて燃焼ガスを排気する。

19 ニ

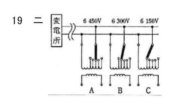 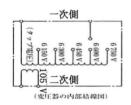

一次側(高圧側)の電源電圧に近いタップを選定
→ 二次側に定格電圧に近い電圧を得る。

20 ハ 高圧カットアウト (PC)

21 ハ 受電点の三相短絡電流
定格遮断容量 [MVA]=√3×定格電圧 [kV] ×定格遮断電流 [kA]
遮断容量は、最も大きな電流である三相短絡電流を基にする。
定格遮断電流 ≧ 三相短絡電流

22 ニ 大電流を小電流に変成する。

写真は、CT 変流器
イは、SR 直流リアクトル。 ロは、変圧器。
ハは、ZCT 零相変流器の用途。

23 ロ ヒューズが溶断したとき、連動して開閉器を開放する。

写真は、PF付 LBS限流ヒューズ付高圧交流負荷開閉器のストライカで、ヒューズが溶断したとき、突起が突き出て開閉器を開放する。

24 ロ 接地極付 125[V] 15[A] コンセント

定格電圧	定格電流	一般	接地極付
125 V	15 A		
	20 A		
250 V	15 A		
	20 A		

25 イ 防水鋳鉄管

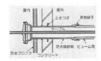

地中管路が外壁を貫通する部分に建物に浸水することを防止する。

26 イ 油圧式パイプベンダ
油圧式パイプベンダは、太い金属管を曲げるもので、CV・CVTケーブルの接続には使用しない。
ロ 電工ナイフは、ケーブルのシース等を剥ぐ。
ハ トルクレンチは、圧着端子などを一定の力でボルトなどで締めつける。
ニ 油圧式圧着工具は、導体に圧着端子を結線する。

27 ハ 平形保護層工事
平形保護層工事は、300[V] 以下の点検できる隠ぺいし乾燥した場所に限って施設できる。

28 ニ 配線は、合成樹脂管工事で行った。
爆発性粉じんおよび可燃性ガスが存在する場所の工事は、金属管工事もしくはケーブル工事で行ない、粉じん防爆特殊粉じん構造、耐圧防爆構造などのものを使用する。
合成樹脂管工事は、可燃性粉じんの存在する場所には施工できるが、可燃性ガスの存在する場所では施工できない。

29 ニ ケーブルを造営材の下面に沿って水平に取り付け、その支持点間の距離を 3 [m] にして施設した。
ケーブルの支持は、造営材の側面又は下面に沿った場合、水平が 2 [m] 以下で、垂直に取り付けた場合は 6 [m] 以下にする。

30 ハ UGSは、電路の短絡電流を遮断する能力を有している。

UGS (Underground Gas Switch) は、地中線用の高圧交流負荷開閉器で、負荷電流は開閉できるが、短絡電流を遮断能力は有していない。
地絡電流を検出し、制御装置が設定以上の電流になると高圧交流負荷開閉器を動作させる。

31 イ ポリエチレン被覆鋼管　舗装下面から 0.2 [m]

<管路式> ・0.3 [m] 以上埋設
・管径 200 [mm] 以下の JIS に適合する波付硬質合成樹脂管(FEP)等
<直接埋設式・車道> ・1.2 [m] 以上埋設で、トラフなど防護装置

32 ハ 100　B種接地抵抗
・1秒以内の遮断装置 → $\frac{600}{I}$ [Ω]以下　$\frac{600}{6}=100$ [Ω]
・1秒超え2秒以内の遮断装置 → $\frac{300}{I}$ [Ω]以下
・2秒超えの遮断装置及びなし → $\frac{150}{I}$ [Ω]以下

33 ロ 鳥獣類などの小動物が侵入しないようにする。
屋外に設置するキュービクルは、小動物が侵入しないように必要以上の開口部を設けない。

34 ハ 高圧ケーブルと弱電流電線を 10 [cm] 離隔して施設した。
高圧ケーブルと低圧ケーブル・弱電流電線とは、15 [cm] 以上離隔しなければならない。なお、低圧ケーブルと弱電流電線とは、接触しないように施設すればよい。

35 イ 対地電圧 200 [V] の電動機回路の絶縁抵抗を測定した結果、0.18 [MΩ] であった。

電路の使用区分		絶縁抵抗値
300[V] 以下	対地電圧 150[V] 以下	0.1[MΩ] 以上
	その他の場合	0.2[MΩ] 以上
300[V] を超えるもの		0.4[MΩ] 以上

絶縁抵抗測定が困難な場合、漏えい電流が 1[mA] 以下。

36 ハ 使用電圧 400 [V] の電動機の金属製の台及び外箱にD種接地工事を施した。

機械器具の使用電圧		接地工事
低圧	300[V]以下	D種接地工事
	300[V]超過	C種接地工事
高圧・特別高圧		A種接地工事

37 ロ 試験電圧を5分間印加後、試験電源が停電したので、試験電源が復電後、試験電圧を再度5分間印加し合計10分間印加した。
絶縁耐力試験は、試験電圧を連続10分間印加し、途中で中断した場合は、改めて10分間印加する。
試験方法は、電路と大地間に試験電圧を加える。
交流試験電圧は、最大使用電圧の1.5倍で、高圧ケーブルの場合、その2倍の直流電圧でもよい。
6.9 [kV] ×1.5＝10.35 [kV] (交流)×2＝20.7 [kV] (直流)

38 ニ 露出型コンセントを取り換える作業
露出型コンセントや点滅器を取り換える作業は、電気工事士でなくてもできる軽微な作業。

39 イ 自家用電気工作物で最大電力 500 [kW] 未満の需要設備の非常用予備発電装置に係る電気工事の作業に従事することができる。
非常用予備発電装置に係る電気工事の作業は、特殊電気工事資格者認定証の交付を受けている者でないと従事できない。
第一種電気工事士試験に合格して、第一種電気工事士の免状を交付される所定の実務経験は、大学、高等専門学校の電気工学課程卒業などは3年間で、その他の場合は5年間。

40 ニ 低圧検電器
一般用電気工作物の電気工事を行う営業所が備え付けなければいけないのは、イ 絶縁抵抗計、ロ 接地抵抗計、ハ 抵抗及び交流電圧を測定することができる回路計で、自家用電気工作物の電気工事を行う営業所は他に、低圧検電器・高圧検電器・継電器試験装置・絶縁耐力試験装置が必要。

41 ハ 熱動継電器

THR 熱動継電器は、電動機の過負荷保護に使用される。

42 ニ
押しボタン
Ⓐ 電動機を停止 ブレーク接点
Ⓑ 電動機を始動 メーク接点

43 ハ 限時動作瞬時復帰のメーク接点

TLR 限時継電器の動作で、電動機の始動をY結線からΔ結線に切り替える。

44 ニ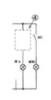
電動機が停止状態で表示灯が点灯するので、MCのブレーク接点。

45 ロ
ブザー　イ 表示灯　ハ 押しボタンスイッチ　ニ ベル

46 イ VCT 電力需給用計器用変成器との組み合わせて使用する電力量計 Wh
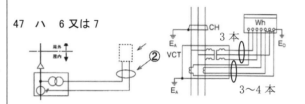
ロ 低圧用電力量計　ハ 電力計　ニ 継電器

47 ハ 6 又は 7
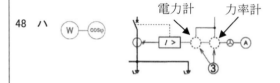

48 ハ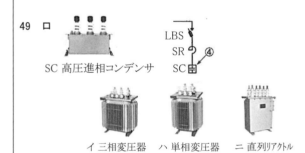
電力計　力率計

49 ロ
SC 高圧進相コンデンサ
LBS / SR / SC
イ 三相変圧器　ハ 単相変圧器　ニ 直列リアクトル

50 ニ 硬質ビニル電線管
合成樹脂管(厚さ2[mm]未満及びCD管を除く)で覆う。
(地上5[cm]から地表上2[m]まで)
A種接地工事
(人が触れる恐れがある)

—161—

平成24年度　筆記試験 解答

1　ロ　3

$I_0 = \dfrac{100\,V}{20\,\Omega} = 5\,[A]$　　　$I_2 = \dfrac{6\,V}{2\,\Omega} = 3\,[A]$

$I_1 = 5 - 3 = 2\,[A]$

$R = \dfrac{6\,V}{2\,A} = 3\,[\Omega]$

2　ロ　12

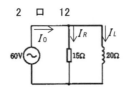

$I_R = \dfrac{60\,V}{15\,\Omega} = 4\,[A]$　　　$I_L = \dfrac{60\,V}{15\,\Omega} = 3\,[A]$

$I_0 = \sqrt{I_R^2 + I_L^2} = \sqrt{4^2 + 3^2} = \sqrt{25} = 5\,[A]$

$Z = \dfrac{V}{I_0} = \dfrac{60\,V}{5\,A} = 12\,[\Omega]$

3　ニ　500

インピーダンス $Z = \sqrt{R^2 + X^2} = \sqrt{10^2 + 10^2} = \sqrt{200} = 10\sqrt{2}$

$I = \dfrac{100\,V}{10\sqrt{2}\,\Omega} = \dfrac{10}{\sqrt{2}}\,[A]$

消費電力　$P = I^2 \cdot R = \left(\dfrac{10}{\sqrt{2}}\right)^2 \times 10 = \dfrac{100}{2} \times 10 = 500\,[W]$

4　ロ　8

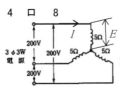

相電圧 $E = \dfrac{V}{\sqrt{3}} = \dfrac{200}{\sqrt{3}}$　　$I = \dfrac{E}{X} = \dfrac{\tfrac{200}{\sqrt{3}}}{5} = \dfrac{40}{\sqrt{3}}$

無効電力　$Q = 3 \cdot I^2 \cdot X = 3 \times \left(\dfrac{40}{\sqrt{3}}\right)^2 \times 5$

$= 1600 \times 5 = 8000\,[Var] = 8\,[kVar]$

5　ハ　15.6

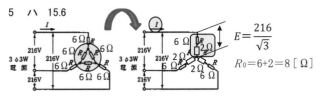

$E = \dfrac{216}{\sqrt{3}}$　　$R_0 = 6 + 2 = 8\,[\Omega]$

$= \dfrac{27}{\sqrt{3}} \times \dfrac{\sqrt{3}}{\sqrt{3}} = \dfrac{27 \times \sqrt{3}}{3} = 9\sqrt{3} = 9 \times 1.73 = 15.56 \fallingdotseq 15.6\,[A]$

6　ロ　202

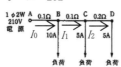

$I_0 = 10 + 5 + 5 = 20\,[A]$　　$I_1 = 5 + 5 = 10\,[A]$　　$I_2 = 5\,[A]$

$V_B = V_A - 2 \times I_0 \times r_{AB} = 210 - 2 \times 20 \times 0.1 = 206\,[V]$

$V_C = V_B - 2 \times I_1 \times r_{BC} = 206 - 2 \times 10 \times 0.1 = 204\,[V]$

$V_D = V_C - 2 \times I_2 \times r_{CD} = 204 - 2 \times 5 \times 0.2 = 202\,[V]$

7　ロ　0.5

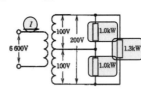

二次側消費電力（抵抗負荷）
$P_2 = 1.0 + 1.0 + 1.3 = 3.3\,[kW]$

一次側供給電力
$P_1 = 6600 \times I = 3.3\,[kW]$

$I = \dfrac{3300\,W}{6600\,V} = 0.5\,[A]$

8　ハ　440

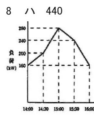

14:00〜14:30　$\left(160 + \dfrac{40}{2}\right) \times 0.5 = 90\,[kWh]$

14:30〜15:00　$\left(200 + \dfrac{80}{2}\right) \times 0.5 = 120\,[kWh]$

15:00〜15:30　$\left(240 + \dfrac{40}{2}\right) \times 0.5 = 130\,[kWh]$

15:30〜16:00　$\left(160 + \dfrac{80}{2}\right) \times 0.5 = 100\,[kWh]$

14:00〜16:00　$90 + 120 + 130 + 100 = 440\,[kWh]$

9　ハ　1.0

三相 200[V] の場合、絶縁抵抗は 0.2[MΩ] 以上

漏えい電流 $= \dfrac{電圧}{絶縁抵抗} \leq \dfrac{200}{0.2 \times 10^6} = 1000 \times 10^{-6} = 1.0 \times 10^{-3}$

10　ロ　X線→紫外線→可視光線→赤外線

電磁波の波長は、およそ次のとおり　　　X線：短い
・X線…………1 pm〜10 nm　　　　　　赤外線：長い
・紫外線………10 nm〜380 nm
・可視光線……380 nm〜780 nm　　　（注）p(ピコ): 10^{-12}　n(ナノ): 10^{-9}
・赤外線………780 nm〜1 mm　　　　　　　m(ミリ): 10^{-3}

11　ニ　周波数が 50[Hz] で使用しても、60[Hz] で使用しても消費電力は同じである。

定格電圧 100[V] は定格消費電力 100[W] の白熱電球は、抵抗負荷で100[Ω] で周波数が変化しても変わらない。

$R = \dfrac{V^2}{P} = \dfrac{100^2}{100} = 100\,[\Omega]$　　2個並列接続した場合、200[W]

使用電圧が増加すると電流も増加するので消費電力が増加し、寿命は縮む。

12　ロ　B

トルク $T\,[N \cdot m]$ は、同期ワット（同期速度で回転しているときの出力電力）に比例し、滑り s が一定であれば、電圧 V の2乗に比例する。
T_s を始動トルク、T_m を停動トルクという。

13　イ　30

三相かご形誘導電動機の回転速度 $N\,[\text{min}^{-1}]$、同期速度 Ns $[\text{min}^{-1}]$、滑り $s\,[\%]$ の関係は、　$N = \left(1 - \dfrac{s}{100}\right)Ns$

滑り　$s = \dfrac{Ns - N}{Ns} \times 100\,[\%]$　　$5 = \dfrac{Ns - 570}{Ns} \times 100$

$0.05 = \dfrac{Ns - 570}{Ns}$　　$0.05Ns = Ns - 570$　　$0.95Ns = 570$

$Ns = \dfrac{570}{0.95} = 600\,[\text{min}^{-1}]$　　$= \dfrac{120 \cdot f}{p}$ より

周波数　$f = \dfrac{Ns \cdot p}{120} = \dfrac{600 \times 6}{120} = \dfrac{600}{20} = 30\,[Hz]$

14　ハ　点灯管（グロースタータ）
予熱始動式蛍光灯に使用する点灯管

15　ハ　石膏ボードの壁に機器を取り付ける。
 ボードアンカーで、ネジや釘の使えない中空構造の壁に機器を取り付けるのに用いる。

16　ニ　VCB
高圧交流真空遮断器の構造図で略号はVCB。
イ. OCB 油入遮断器、ロ. GCB ガス遮断器、
ハ. ACB 気中遮断器。

17　ロ　比率作動継電器
変圧器内部に故障があると、流入電流と流出電流の関係比のバランスが成立しなくなり動作する。
大型変圧器の内部故障を電気的に検出するものの他に、ブッフホルツ継電器がある。

18　ニ　金属シースに発生する起電力による損失である。
単心の電力ケーブルに交流電流を流すと、導体の周囲に発生する磁束が金属シースを通り、変化することで起電力が発生し、電流が流れ生じる電力損のことを言い、銅被損とも言う。

19 ニ がいしにアークホーンを取り付ける。
アークホーンは、異常電圧が浸入してきた
ときに放電させる雷害の防止。
がいしの塩害対策としては、イロハの他に
がいし数を直列に増加するなどがある。

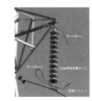

20 ハ 過電流継電器　高圧真空遮断器
過電流継電器や不足電圧継電器の短絡保護装置としては、
高圧真空遮断器と組み合わせ、地絡継電器とは高圧気中負荷
開閉器と組み合わせる。

21 ニ 6.6[kV] / 420 [V] 三相変圧器（二次側：星形結線）の低圧側 の
1端子

二次側の星形結線では、中性点に
B種接地工事を施す。

22 イ 小形、軽量であり定格遮断電流は、5000 [A] 程度である。

限流ヒューズ付高圧交流負荷開閉器で、
矢印は高圧限流ヒューズで定格遮断電
流は、20[kA]、40[kA] 等大きい。

23 ニ 力率を改善する。

高圧進相コンデンサ SC である。
イ・ロ の高調波、突入電流を抑制するのは、
SR 直列リアクトルで、ハ は変圧器。

24 イ 医用コンセント

H のマークがある。
直接接地（リード）線（緑）が結線されている。
接地極刃受部とリード線は、リベット又は圧
着接続する。

25 ニ 専用のプラグの付いたスポットライトなどの照明器具を取り付け
取り外しが容易に出来る給電レールで、店舗や美術館などに
使用する。

写真は、ライティングダクト。

26 イ 抜止用コンセントは、プラグを回転させることによって容易に抜
けない構造としたもので、専用のプラグを使用する。

一般の差込プラグを使用して、回転させる。
専用プラグを必要とするのは引掛形。

27 ハ 低圧屋内配線の使用電圧が 200 [V] で、かつ、人が触れるお
それがないように、接触防護措置を施したので、ダクトの接地
工事を省略した。
バスダクトは、導体に板状のアルミ導体又は銅導体を使用して、
大電流を流す幹線に使用されるもので、使用電圧が 300 [V]
以下の場合、D種接地工事を施さなければならない。
また、300 [V] を超える場合はC種接地工事で、接触防護措置
を施す場合、D種接地工事に出来る。

28 イ 屋外用ビニル絶縁電線（OW）
金属管工事の電線は、OW 線を除く絶縁電線で、より線である
こと。（3.2[mm] 以下を除く）また、金属管内では、電線の接続点
を設けてはいけない。

29 ハ C種接地工事
使用電圧が 400 [V] の場合、C種接地工事を施す。
ただし、接触防護措置を施す場合は、D種接地工事でよい。

機械器具の使用電圧		接地工事
低圧	300[V]以下	D種接地工事
	300[V]超過	C種接地工事
高圧・特別高圧		A種接地工事

30 イ GR付PAS は、地絡保護装置でり、保安上の責任分解点に設
ける区分開閉器ではない。
保安上の責任分界点には、高圧交流負荷開閉器を施設する
ことなっており、地絡継電装置付高圧交流負荷開閉器（GR付
PAS）が一般的である。

31 ニ ちょう架用線及び高圧ケーブルの被覆にする金属体には、
A種接地工事を施す必要がある。
ちょう架用線及び高圧ケーブルの被覆にする金属体には、
D種接地工事を施す。

32 ハ 高圧の計器用変圧器の二次側電路の接地は、B種接地工事
である。
計器用変圧器 VT の二次側には、D種接地工事を施す。

33 イ 高圧交流真空電磁接触器

自動力率調整装置は、自動で頻繁にコンデンサを
開閉するもので、高圧回路を頻繁に自動開閉する
場合には、高圧交流真空電磁接触器を施設する。

34 ニ スターデルタ始動方式の始動電流は、全電圧始動方式の電流
の $\frac{1}{\sqrt{3}}$ にすることができる。

スターデルタ始動方式では、始動電流は全電圧始動方式の
$\frac{1}{3}$ 倍になる。

Δ 結線の線電流 $I_\Delta = \sqrt{3}\frac{V}{Z}$

Y 結線の線電流 $I_Y = \frac{\frac{V}{\sqrt{3}}}{Z} = \frac{V}{\sqrt{3}Z}$

$\frac{I_Y}{I_\Delta} = \frac{\frac{V}{\sqrt{3}Z}}{\frac{\sqrt{3}V}{Z}} = \frac{V}{\sqrt{3}Z} \times \frac{Z}{\sqrt{3}V} = \frac{1}{3}$

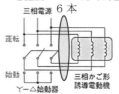

スターデルタ始動方式の配線は6本
必要。

35 ロ 0.2
対地電圧が、200 [V] の三相3線式電路の絶縁抵抗は 0.2
[MΩ] 以上。

電路の使用区分		絶縁抵抗値
300[V]以下	対地電圧 150[V] 以下	0.1[MΩ] 以上
	その他の場合	0.2[MΩ] 以上
300[V] を超えるもの		0.4[MΩ] 以上

36 ロ 取り付け時には、まず電路側金具を電路側に接続し、次に接
地側金具を接地線に接続する。

短絡接地器具は、取り付け箇所が無充電であるこ
とを確認した後、まず、接地側金具を接地線に接
続してから電路側金具を電路側に接続しなければ
ならない。

37 ハ 試験中の制御回路各部の温度上昇を試験する。
　　高圧受電設備におけるシーケンス試験(制御回路試験)を
　　実施する目的は、機器の単体試験終了後に総合的に連動
　　して機能するかどうかを確認することで、試験はイ、ロ、ニ
　　の各項目であり、ハの制御回路各部の温度上昇を試験する
　　ことはない。

38 イ 電気機器(配線器具を除く)の端子に電線をねじ止め接続する。
　　電気工事士でなくてもできる軽微な工事は次項である。

　　① 電圧 600[V] 以下で使用する差込み接続器、ねじ込み接続器、
　　　 ソケット、ローゼットその他の接続器又は電圧 600[V] 以下で使用
　　　 するナイフスイッチ、カットアウトスイッチ、スナップスイッチその他
　　　 の開閉器にコード又はキャブタイヤケーブルを接続する工事。
　　② 電圧 600[V] 以下で使用する電気機器(配線器具を除く)、蓄電
　　　 池の端子に電線をねじ止めする工事。
　　③ 電圧 600[V] 以下で使用する電力量計、電流制限器又は
　　　 ヒューズを取り付け、取り外す工事。
　　④ 電鈴、インターホン、火災感知器、豆電球などの施設に使用す
　　　 る小型変圧器(二次電圧が 36[V] 以下のもの)の二次側の配線
　　　 工事。
　　⑤ 電線を支持する柱、腕木などの工作物を設置し、又は変更する
　　　 工事。
　　⑥ 地中電線用の暗渠又は管を設置し、又は変更する工事。

39 ニ 営業所ごとに、法令に定められた電気主任技術者を選任しなけ
　　ればならない。
　　営業所ごとに、法令に定められて選任しなければならないのは、
　　主任電気工事士である。

40 ハ 定格電流 60 [A] の配線用遮断器
　　定格電流 100 [A] 以下の配線用遮断器は、電気用品安全法の
　　特定電気用品の適用を受け、単相誘導電動機は特定電気用品
　　以外の電気用品の適用を受ける。また、電力量計・進相コンデン
　　サは電気用品の適用を受けない。

41 イ 零相電圧を検出する。
　ZPD 零相基準入力装置で、地絡方向継電器
　　　　　(DGR)を地絡事故が発生したとき端子間の零相
　　　　　電圧を検出する。

42 イ イは、LA 避雷器。
　　　ロ はゴムとう管、ハ はゴムストレスコーン、ニ はブラケット
　　　でいずれもケーブルヘッド(CD)の一部。

43 ニ 負荷電流を遮断してはならない。
　③は、断路器(DS)を示している。
　　　　　電路、機器の点検、修理などを行うとき
　　　　　に無負荷状態の高圧電路の開閉に用いる。

44 ロ ④aは、VCT 電力需給用変成器の
　　　　　　　　　　外箱の接地工事 → A種接地工事
　　　　　　　　　　④bは、VT 計器用変圧器の二次側
　　　　　　　　　　電路の接地工事 → D種接地工事

45 ハ ⑤は CB 高圧遮断器。

イ PC 高圧カットアウト　ロ DS 断路器　ニ PF付LBS
　　　　　　　　　　(限流ヒューズ付高圧交流負荷開閉器)

46 ロ
　　⑥は、OCR 過電流継電器の記号。
　　 ハ は、GR 地絡継電器の記号。

47 イ KIP 高圧絶縁電線

　　ロ 　　　CVケーブル
　　　　　低圧架橋ポリエチレン
　　　　　絶縁シースケーブル
　　　　　　CVケーブル
　　ハ 　　高圧架橋ポリエチレン
　　　　　絶縁シースケーブル

　　ニ 　　IV 600[V] ビニル絶縁電線

48 ニ 低圧電路の地絡電流を検出して警報する。
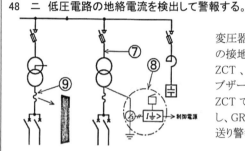
　　　　　　　　　変圧器二次側(低圧側)
　　　　　　　　　の接地線に零相変流器
　　　　　　　　　ZCT、地絡継電器 GR、
　　　　　　　　　ブザーが接続。
　　　　　　　　　ZCT で地絡電流を検出
　　　　　　　　　し、GR でブザーに信号
　　　　　　　　　送り警報する。

49 イ 地震時等にブッシングに加わる荷重を軽減する。
　写真は、可とう導体で変圧器二次側端子(ブッシング)と
　　　　低圧電路の接続箇所に設けて、地震などの揺れによる
　　　　ブッシング等に加わる荷重を軽減する。

50 ロ ⓑ
　　⑩は、非常用予備発電装置用の遮断器で、インターロックとは、
　　二つの回路が同時に動作しないようにすることで、⑩の断路器
　　を投入する時は、ただし書きより必ず常用電源と切り離して
　　おかなければならないのでⓑの遮断器を開放状態にする。

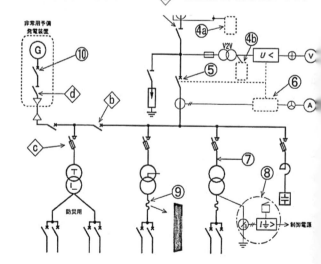

平成23年度　筆記試験　解答

1　ハ　4.5

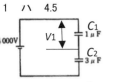

C_1 の電圧
$$V_1 = \frac{C_2}{C_1 + C_2} \times V = \frac{3}{1+3} \times 4000 = 3000 \text{ [V]}$$

1μF コンデンサの静電エネルギー
$$Q = \frac{1}{2}CV^2 = \frac{1}{2} \times 1 \times 10^{-6} \times 3000^2 = \frac{9}{2} = 4.5 \text{ [J]}$$

2　ハ　12

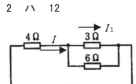

合成抵抗　$R_0 = 4 + \frac{3 \times 6}{3+6} = 4 + \frac{18}{9} = 6 \text{ [Ω]}$

電流　$I = \frac{18 \text{ V}}{6 \text{ Ω}} = 3 \text{ [A]}$

分流　$I_1 = \frac{6}{3+6} \times 3 = \frac{18}{9} = 2 \text{ [A]}$

3 [Ω] での消費電力　$P = I_1^2 \cdot R = 2^2 \times 3 = 12 \text{ [W]}$

3　ロ　1500

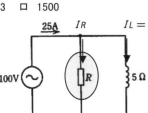

$I_L = \frac{100 \text{ V}}{5 \text{ Ω}} = 20 \text{ [A]}$

$I = \sqrt{I_R^2 + I_L^2} = 25$ より
$I_R = \sqrt{I^2 - I_L^2} = \sqrt{25^2 - 20^2} = \sqrt{225} = 15 \text{ [A]}$

R での消費電力
$P = V \cdot I_R = 100 \times 15 = 1500 \text{ [W]}$

4　ハ　1.6

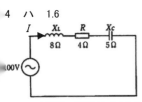

インピーダンス　$Z = \sqrt{R^2 + (X_L - X_C)^2}$
$Z = \sqrt{4^2 + (8-5)^2} = \sqrt{25} = 5 \text{ [Ω]}$

電流　$I = \frac{100 \text{ V}}{5 \text{ Ω}} = 20 \text{ [A]}$

回路の消費電力(有効電力)は、
$P = I^2 \cdot R = 20^2 \times 4 = 400 \times 4 = 1600 \text{ [W]} = 1.6 \text{ [kW]}$

または、力率　$\cos\theta = \frac{R}{Z} = \frac{4}{5} = 0.8$　80 [%] より
$P = V \cdot I \cdot \cos\theta = 100 \times 20 \times 0.8 = 1600 \text{ [W]} = 1.6 \text{ [kW]}$

5　ニ　3.00

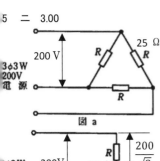

Δ結線
一相分電力　$P_a' = \frac{V^2}{R} = \frac{200^2}{25} = \frac{40000}{25} = 1600 \text{ [W]}$

三相電力　$P_a = 3 \times P_a' = 3 \times 1600 = 4800 \text{ [W]}$

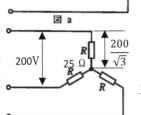

Y結線
一相分電力　$P_b' = \frac{E^2}{R} = \frac{(\frac{200}{\sqrt{3}})^2}{25} = \frac{40000}{3 \times 25}$

三相電力　$P_b = 3 \times P_b' = 3 \times \frac{40000}{3 \times 25} = 1600 \text{ [W]}$

P_a は P_b の何倍　$\frac{P_a}{P_b} = \frac{4800}{1600} = 3$ 倍

6　ロ　600

電線路(2線)電圧降下 = $104 - 100 = 4$ [V]

一線の電圧降下 = 2 [V]　電流　$I = \frac{2 \text{ V}}{0.20 \text{ Ω}} = 10 \text{ [A]}$

抵抗負荷10分間の電気エネルギー
$W = V \cdot I \cdot t = 100 \times 10 \times 10 \times 60 = 600,000 \text{ [J]} = 600 \text{ [kJ]}$

7　ロ　4.8

インピーダンス　$Z = \sqrt{8^2 + 6^2} = \sqrt{64 + 36} = \sqrt{100} = 10 \text{ [Ω]}$

力率　$\cos\theta = \frac{8}{10} = 0.8$

× 点で断線後の等価回路は、

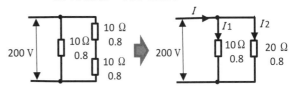

$I_1 = \frac{200 \text{ V}}{10 \text{ Ω}} = 20 \text{ [A]}$ 0.8　$I_2 = \frac{200 \text{ V}}{20 \text{ Ω}} = 10 \text{ [A]}$ 0.8

回路電流 I は、力率が同じ 0.8 (80%) の並列回路なので
$I = I_1 + I_2 = 20 + 10 = 30 \text{ [A]}$　$\cos\theta = 0.8$

消費電力(有効電力)
$P = V \cdot I \cdot \cos\theta = 200 \times 30 \times 0.8 = 4800 \text{ [W]} = 4.8 \text{ [kW]}$

8　ニ　5.95

定格 50[kVA]、%Z = 4 [%] = 0.04 より

短絡容量　$P_s = \frac{P_n}{\%Z} = \frac{50 \text{ kVA}}{0.04} = 1250 \text{ [kVA]}$

二次側短絡電流　$I_s = \frac{P_s}{V} = \frac{1250 \text{ kVA}}{210 \text{ V}} = 5.95 \text{ [kA]}$

9　イ　6

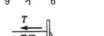

安全率 = 1の場合の水平張力(許容張力)
$T_0 = T_s \cdot \cos\theta = 24 \times \cos 30° = 12 \text{ [kN]}$

安全率 = $\frac{許容張力 T_0}{支線に加わる張力 T}$ より

支線張力 $T = \frac{許容張力 T_0}{安全率} = \frac{12 \text{ kN}}{2} = 6 \text{ [kN]}$

10　イ　誘導加熱

電磁誘導を利用して加熱する方法で高周波誘導加熱、電磁誘導加熱とも呼ばれる。コイルに交流電流を流すとその周りに発生する磁束が変化し、コイルの中や近くにある導体金属の表面に磁束変化を妨げる方向の「うず電流」が流れる。この「うず電流」と金属の電気抵抗とでジュール熱($I^2 Rt$)やヒステリシス損で発生した熱で加熱される。電磁調理器(IH調理器)は、これを利用した物で商用電力をインバータで数10[kHz] に変換した交流を電源としたもの。

11　ニ

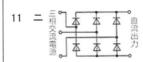

三相交流の全波整流出力は上図のようになる。

12　ロ　Ⓐ 充電時　Ⓑ 放電時　Ⓒ 放電時　Ⓓ 充電時

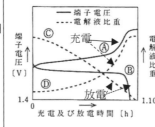

鉛蓄電池は、希硫酸を(H_2SO_4)で放電が進むと水(H_2O)になり、比重が低下しⒸ、充電すると比重が増加する。Ⓓ 端子電圧は、充電するに従い増加しⒶ、放電時には低下する。Ⓑ

―165―

13　イ　無停電電源装置（UPS）

停電時のコンピュータや制御回路のシステムダウン対策に用いる電源装置。通常時は、整流器を通して直流にし、蓄電池を充電しながら、インバータで交流変換させ負荷に電力供給する。停電時は、蓄電池よりインバータを通じて負荷に供給する。

14　イ　合成樹脂製可とう電線管用エンドカバー

PF管によるコンクリート埋込配管の末端に取り付け、二重天井内の配管に接続する。

15　ハ　ホイストなど移動して使用する電気機器に電気を供給する。

絶縁トロリー線で、走行クレーンなどの移動して使用する電気機器に電気を供給する電線。

16　イ　$\dfrac{9.8QH}{\eta_v \eta_m}$

揚水ポンプ電動機の所用出力は、$P = \dfrac{9.8QH}{\eta_v}$ [kW]

電動機の入力を P_i とすると、$P = P_i \eta_m$ より

$P_i = \dfrac{P}{\eta_m} = \dfrac{9.8QH}{\eta_v \eta_m}$ [kW]

17　ニ　太陽電池を使用して 1 [kW] の出力を得るには、一般的に 1 [m²] 程度の受光面積の太陽電池を必要とする。

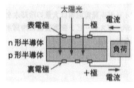
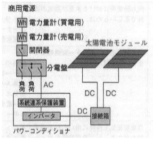

太陽電池は、pn 接合面に光を当てて、太陽エネルギーを電気エネルギー（直流電力）に変換するもので、変換効率は14～19 [%]（140～190 [W/m²]）。1 [m²] の受光面積当たりおよそ 150[W] 程度の発電効率。

18　ロ　直接接地方式は、中性点を導線で接地する方式で、地絡電流が小さい。

電線路や電力機器の保安や絶縁の軽減などのために行われ、変圧器の中性点の接地方式で次のような特徴がある。
・異常電圧発生の可能性がある。
・地絡時に健全相の対地電圧の上昇がほとんどなく、絶縁低減が可能。
・事故時の通信線路への誘導障害が大きいので対策が必要。
・地絡電流が大きいので、保護継電器の動作が確実。
・他の送電系統への影響を小さくするため、高速遮断や高速再閉路が要求される。
・Y 結線の変圧器を使用した、187 [kV] 以上の超高圧送電線路で用いられる。

19　ハ　173

100[kV·A] の単相変圧器2台でV-V結線されている。

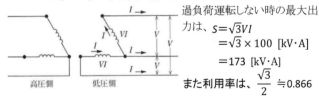

過負荷運転しない時の最大出力は、$S = \sqrt{3}VI$
　　　　　　　$= \sqrt{3} \times 100$ [kV·A]
　　　　　　　$= 173$ [kV·A]

また利用率は、$\dfrac{\sqrt{3}}{2} \fallingdotseq 0.866$

20　ロ　変圧器の高圧側電路の1線地絡電流 [A]　$\dfrac{150}{Ig}$ [Ω]以下

B種接地工事の接地抵抗は、高圧側1線地絡電流を Ig としたとき、

混触時、1秒をこえ2秒以内に遮断する装置有り　$\dfrac{300}{Ig}$ [Ω]以下

混触時、1秒以内に遮断する装置有り　$\dfrac{600}{Ig}$ [Ω]以下

21　ロ　35

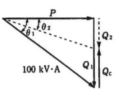

$\cos\theta_1 = 0.80$ 時の有効電力P・無効電力Q_1
$P = S \cdot \cos\theta_1 = 100 \times 0.8 = 80$ [kW]
$Q_1 = \sqrt{S_1^2 - P^2} = \sqrt{100^2 - 80^2}$
　　$= \sqrt{10000 - 6400} = \sqrt{3600} = 60$ [kvar]

$\cos\theta_2 = 0.95$ 時の有効電力P・無効電力Q_2
$P = 80$ [kW]（力率改善後も有効電力は同じ）
$\tan\theta_2 = \dfrac{Q_2}{P} = 0.33$ より $Q_2 = P \cdot \tan\theta_2 = 80 \times 0.33 = 26.4$ [kW]
コンデンサ容量 $Q_c = Q_1 - Q_2 = 60 - 26.4 = 33.6$ [kvar]
から最も近い 35 [kvar]

22　ハ　高調波電流を抑制する。

SR 直列リアクトルで、高圧進相コンデンサに直列に接続して、電路の電圧波形のひずみ（主に第5高調波）の軽減、高調波電流の抑制および投入時の突入電流の抑制をする働きがある。容量はコンデンサ容量の6% 程度。

23　ニ　高圧電路の雷電圧保護

LA 避雷器で、架空電線路に生じる雷などによる異常電圧を大地に放電する。受電電力 500 kW 以上の需要場所の引込口に設置し、A種接地工事を施す。

24　ハ　定格電流 20[A] の配線用遮断器で保護されている電路に定格電流 30[A] のコンセントを施設した。

20[A] の配線用遮断器で保護されている分岐回路に施設できるコンセントは 20[A] 以下のもので、30[A] コンセントは、30[A] もしくは 40[A] の配線用遮断器で保護されている分岐回路。

25　イ　インサート

コンクリート天井などに埋め込んで吊りボルトを取り付ける。

26　ニ　高速切断機は、といしを高速で回転させ鋼材等の切断及び研削をする工具であり、研削にはといしの側面を使用する。

高速切断機は、金属管や鋼材を切断するのに用いるもので、といしの厚さは 3 [mm] 程度で側面を使用すると破損し危険な側面を使用してはならない。

27　イ　フロア内のケーブル配線にはビニル絶縁ケーブル以外の電線を使用できない。

アクセスフロアのケーブル工事は、フロア内の電線にビニル外装ケーブルの他にポリエチレン外装ケーブル、キャブタイヤケーブル等も使用できる。

28　ロ　高圧絶縁電線を金属管に収めて施設した。

高圧屋内配線は、がいし引き工事もしくはケーブル工事のいずれかによるものでなければならない。ただし、高圧ケーブルを金属管や金属ダクトに収めた場合、ケーブル工事として施設できる。

29　イ　人が触れるおそれのある場所の B種接地工事の接地線を地表上 2 [m] まで金属管で保護した。

A・B種接地工事の接地線が人に触れるおそれがある場合の保護は、地下 75 [cm] から地表上 2 [m] 以上までの部分に合成樹脂管で覆うように施設しなければならない。

30	ニ	耐塩害終端接続部
		塩害地区で使用される。　一般地区には、ゴムとう管終端接続部 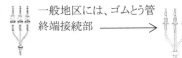

31	イ	地中電線路を直接埋設式により施設し、長さが20 [m] であったので電圧の表示を省略した。
		直接埋設式の場合、ケーブル埋設箇所の表示は15 [m] 以下の場合に省略できるが、電圧の表示は2 [m] の間隔で表示シートをケーブルの真上の地中に連続して埋設する。車両その他の重量物の圧力を受けるおそれがある場所では1.2 [m] 以上、その他の場合は0.6 [m] 以上にトラフなどで保護する。

32	ハ	300 [kVA]
		キュービクル式高圧受電設備で限流ヒューズ付高圧交流負荷開閉器を主遮断器装置を用いた場合、300 [kVA] 以下の設備とする。超える場合いは、高圧交流遮断器を主遮断装置とする。

33	イ	キュービクル式受電設備(消防長が火災予防上支障がないと認める構造を有するキュービクル式受電設備を除く。)を、窓などの開口部のある建築物に近接して施設することとなったので、建築物から2 [m] の距離を保って施設した。
		屋外に設けるキュービクル式受電設備は、建築物から3 [m] 以上の距離を保つこと。金属箱の周囲の保有距離は、1 [m] +保安上有効な距離以上とする。

34	ニ	絶縁耐力試験 高圧受電設備の竣工検査および定期検査 絶縁耐力試験は、竣工時の検査で定期検査では実施しない。

検査項目	竣工検査	定期検査
外観検査	○	○
接地抵抗測定	○	○
絶縁抵抗測定	○	○
絶縁耐力試験	○	
保護継電器試験	○	○
遮断器関係試験	○	○
絶縁油の試験		○

35	ハ	6900×1.5×2
		ケーブルを直流電圧で絶縁耐力試験を行う場合、交流試験電圧の2倍の試験電圧にする。交流試験電圧は、最大使用電圧 (6900 [V])の1.5倍だから、直流の場合はそれの2倍にする。

36	ロ	高圧計器用変成器の二次側電路

機械器具の使用電圧		接地工事
低圧	300 [V] 以下	D種接地工事
	300 [V] 超過	C種接地工事
高圧・特別高圧		A種接地工事

VT 高圧計器用変成器の定格二次電圧は、110 [V] なので、D種接地工事となる。イ、ニはA種接地工事で、ハはB種接地工事。

37	ニ	需要家の主遮断装置は、短絡・地絡事故時に他に波及しないように、いかなる場合にも負荷側の遮断器が先に動作するように設定する。②の受電設備の特性が①の配電用変電所の過電流継電器の動作特性よりも電流・時間とも内側(先に)に動作するようにする。

38	ロ	定格電圧 100 [V] の携帯発電機
		電力量計および進相コンデンサは、電気用品安全法の適応を受けない。また、フロアダクトは、特定電気用品以外の電気用品になる。

39	ハ	最大電力 400 [kW] の需要設備の 6.6 [kV] 変圧器に電線を接続する作業
		第一種電気工事士は、最大電力 500 [kW] 未満の需要設備の自家用電気工作物での作業であるので、イの 600 [kW] 需要設備、ロの発電所、ニの変電所は需要設備とならない。

40	ニ	第一種電気工事士免状の交付を受けた者
		主任電気工事士になれる者は、第一種電気工事士もしくは、実務経験3年以上の第二種電気工事士。

41	ハ	DGR
		 地絡方向継電器

42	ニ	6.6 [kV]　110 [V]
		計器用変圧器 VT で、定格一次電圧が6600 [V] で定格二次電圧が110 [V] である。

43	ニ	 CB 高圧交流遮断器
		イは DS 断路器、ロは LBS 限流ヒューズ付高圧交流負荷開閉器、ハは PC 高圧カットアウト。

44	ロ	CT 変流器 一次側:K-L、二次側:k-l

45	イ	OCR 過電流継電器
		継電器試験装置(マルチリレーテスタ)　ロは、絶縁油耐電圧試験装置。ハは、絶縁抵抗計(メガ)。ニは、接地抵抗計(アーステスタ)。

46	イ	高圧カットアウト用ヒューズ
		ロは、栓形ヒューズ(プラグヒューズ)。ハは、筒型ヒューズ。

47	ニ	300
		⑦の変圧器の開閉装置にPC高圧カットアウトになっているので、変圧器容量は 300 [kV・A] 以下のもの。PCの場合、コンデンサの場合は、50 [kvar] 以下。

48	ロ	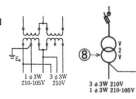 単相変圧器2台のV結線。三相3線 210 [V]、単相3線 105 [V] 210 [V] 配線で、単相3線式の中性線にB種接地工事を施す。

49	ロ	6
		⑨は、SR 直列リアクトルで、容量は、接続されている進相コンデンサ容量の6 [%] を標準とする。

50	ハ	2.6
		SC高圧進相コンデンサの外箱の接地工事なのでA種接地工事となるので、2.6 [mm] 以上の絶縁電線で接地抵抗は10 [Ω] 以下。

平成22年度　筆記試験　解答

1　イ　巻数 n を増加すると、電流 I は減少する。
コイルのインダクタンス　$L = \dfrac{\mu A n^2}{l}$ [H]　　μ:透磁率　l:磁路長さ　A:コイル断面積　n:巻数
誘導リアクタンス $X_L = \omega L = 2\pi f L$ [Ω]：周波数 f、インダクタンス L に比例
$I = \dfrac{V}{X_L}$　電流 I は、電圧 V に比例して、リアクタンス X_L に反比例。
イ 正　n：増 → L：増 → X_L：増 → I：減少
ロ 誤　鉄心を入れる → μ：増 → L：増 → X_L：増 → I：減少
ハ 誤　f：高 → X_L：増 → I：減少
ニ 誤　V：増 → I：増

2　ニ　20

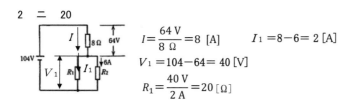

$I = \dfrac{64\text{ V}}{8\text{ Ω}} = 8$ [A]　　$I_1 = 8 - 6 = 2$ [A]
$V_1 = 104 - 64 = 40$ [V]
$R_1 = \dfrac{40\text{ V}}{2\text{ A}} = 20$ [Ω]

3　ロ　10

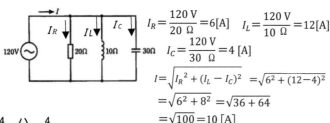

$I_R = \dfrac{120\text{ V}}{20\text{ Ω}} = 6$ [A]　$I_L = \dfrac{120\text{ V}}{10\text{ Ω}} = 12$ [A]
$I_C = \dfrac{120\text{ V}}{30\text{ Ω}} = 4$ [A]
$I = \sqrt{I_R^2 + (I_L - I_C)^2} = \sqrt{6^2 + (12-4)^2}$
$= \sqrt{6^2 + 8^2} = \sqrt{36 + 64}$
$= \sqrt{100} = 10$ [A]

4　ハ　4

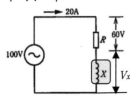

$V_x = \sqrt{100^2 - 60^2} = \sqrt{10000 - 3600}$
$= \sqrt{6400} = 80$ [V]
$X = \dfrac{80\text{ V}}{20\text{ A}} = 4$ [Ω]

5　ロ　7.2

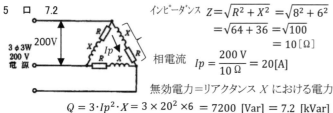

インピーダンス $Z = \sqrt{R^2 + X^2} = \sqrt{8^2 + 6^2}$
$= \sqrt{64 + 36} = \sqrt{100} = 10$ [Ω]
相電流　$I_p = \dfrac{200\text{ V}}{10\text{ Ω}} = 20$ [A]
無効電力＝リアクタンス X における電力
$Q = 3 \cdot I_p^2 \cdot X = 3 \times 20^2 \times 6 = 7200$ [Var] = 7.2 [kVar]

6　イ　$2I(r\cos\theta + x\sin\theta)$

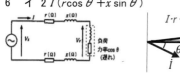 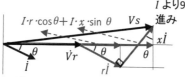

単相2線式配電線路　電圧降下
＝2×1線の電圧降下　$= 2 \times (I \cdot r \cdot \cos\theta + I \cdot x \cdot \sin\theta)$
$= 2 \cdot I \times (r \cdot \cos\theta + x \cdot \sin\theta)$

7　イ　$\dfrac{1}{4}$

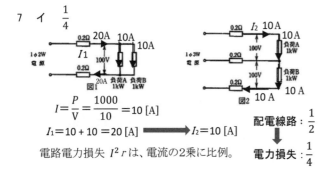

$I = \dfrac{P}{V} = \dfrac{1000}{10} = 10$ [A]
$I_1 = 10 + 10 = 20$ [A]　　$I_2 = 10$ [A]
電路電力損失 $I^2 r$ は、電流の2乗に比例。

配電線路：$\dfrac{1}{2}$
電力損失：$\dfrac{1}{4}$

図1の電路損失 $= 2 \cdot I_1^2 \cdot r = 2 \times 20^2 \times 0.2 = 40$ [W]
図2の電路損失 $= 2 \cdot I_2^2 \cdot r = 2 \times 10^2 \times 0.2 = 10$ [W]
（単相3線式中性線電流＝0[A]）

8　ハ　1.0

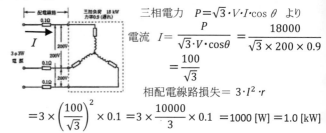

三相電力　$P = \sqrt{3} \cdot V \cdot I \cdot \cos\theta$ より
電流　$I = \dfrac{P}{\sqrt{3} \cdot V \cdot \cos\theta} = \dfrac{18000}{\sqrt{3} \times 200 \times 0.9}$
$= \dfrac{100}{\sqrt{3}}$
相配電線路損失 $= 3 \cdot I^2 \cdot r$
$= 3 \times \left(\dfrac{100}{\sqrt{3}}\right)^2 \times 0.1 = 3 \times \dfrac{10000}{3} \times 0.1 = 1000$ [W] = 1.0 [kW]

9　ニ　線路の電圧降下が 20[%] 程度増加する。
◎ 力率改善
→ 線路電流が減少（負荷の消費電力は変わらない）：イ 正
→ 線路電力損失 $I^2 \cdot r$ が減少：ロ 正
→ 線路電圧降下が減少：ニ 誤　$\sqrt{3} \cdot I \times (r \cdot \cos\theta + x \cdot \sin\theta)$
◎ 力率 1.0（100[%]）に改善
→ 皮相電力＝有効電力 → 無効電力は 0：ハ 正

10　イ　ハロゲン電球（ヨウ素電球）
ハロゲン電球は、白熱電灯の一種で電源投入後すぐに点灯する。
ロ、ハ、ニ は放電灯で、電源を投入してから管内中で放電するまで数分かかり点灯する。

11　ロ　30
かご形三相誘導電動機の同期速度 N_s、回転速度 N、すべり s の関係は、
$N = N_s\left(1 - \dfrac{s}{100}\right)$ ➡ $570 = N_s\left(1 - \dfrac{5}{100}\right)$
同期速度 $N_s = \dfrac{570}{0.95} = 600$　　また、$N_s = \dfrac{120 \cdot f}{p} = 600$
周波数 $f = \dfrac{N_s \cdot p}{120} = \dfrac{600 \times 6}{120} = 30$ [Hz]

12　ロ

リン酸形燃料電池
天然ガス等から取り出した水素（－極）と空気中の酸素（＋極）を化学反応させて電気を取り出し、発電時に水 H_2O が発生。

・水素 H_2 と酸素 O_2 の化学反応で電気を得る。
・出力は直流の電気。
・発電により、水 H_2O を発生する。
・騒音なく負荷変動に対し応答性、制御性がよい。

13　ハ　直流電力を交流電力に変換する装置
インバーターは直流電力を交流電力に（逆変換装置）
コンバーターは交流電力を直流電力に（順変換装置）

14　ロ　ハロゲン電球
イ：キセノンランプ

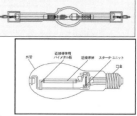

ニ：高圧ナトリウムランプ

ハロゲン電球は、白熱電球の一種で、管内にハロゲン元素を封入して、光束の低下・色温度の変化を抑制する。　小形・高効率・長寿命

15 イ コンクリートボックス

みみ がある

ロ：アウトレットボックス

ハ：フロアボックス

ニ：スイッチボックス

16 ロ Ⓐ：ボイラ Ⓑ：過熱器 Ⓒ：再燃器 Ⓓ：復水器

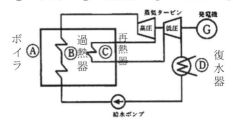

蒸気タービンの効率を高めるために、高圧タービンの排気を再熱器で再加熱し、高温の蒸気として低圧タービンに用いる。

17 イ がいしの両端に設け、がいしや電線を雷の異常電圧から保護する。

イ：アークホーン

ロ：アーマロッド

ハ：ダンパ
ニ：スペーサー

18 イ 1.25
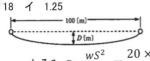
水平径間 $s=100$ [m]
電線 1[m] あたりの重量 $w=20$ [N/m]
水平張力 $T=20$ [kN] $=20000$ [N]
たるみ $D=\dfrac{wS^2}{8T}=\dfrac{20\times 100^2}{8\times 20000}=\dfrac{200000}{8\times 20000}=1.25$ [m]

19 ハ 発電容量が等しいこと。
同期発電機の並行運転の条件は、イ、ロ、ニ。
周波数が等しくなければ、動揺を起こし、脱調する。
電圧の大きさが異なると、無効電流が流れる。
電圧の位相が一致していないと、有効電流が流れる。

20 ニ 進相コンデンサ
高調波の発生源としては、インバータ・整流器・高周波誘導炉・無停電電源装置(UPS)・アーク炉

21 ハ 受電点の三相短絡電流
受電用遮断器の遮断容量は、最も大きな電流の三相遮断電流を基にする。
定格遮断容量 [MVA]＝√3×定格電圧 [kV]×定格遮断電流 [kA]
定格遮断電流 ≧ 三相短絡電流

22 ニ 高電圧を低電圧に変圧する。
VT：計器用変圧器
イは SR 直列リアクトル、ロは CT 変流器、ハは ZCT は零相変流器

23 ハ 停電作業などの際に、電路を開路しておく装置として用いる。
写真は、DS 断路器。 イは、CB 遮断器 ロは、PF付LBS
ニは、PC 高圧 カットアウト。

24 ニ
125V 15A
接地極付

定格電圧	定格電流	一般	接地極付
125 V	15 A		
	20 A		
250 V	15 A		
	20 A		

25 イ 縦 900 [mm] × 横 900 [mm] × 厚さ 2.6 [mm] のアルミ板
接地極としては、
厚さ 0.7[mm] 以上、片面 900 [cm²] 以上の銅板
直径 7[mm] 以上、長さ 0.9 [m] 以上の銅棒
外径 25[mm] 以上、長さ 0.9[m] 以上の厚鋼電線管
アルミ板は、地中では腐食するので不適。

26 ニ 張線器
架空電線のたるみを調整するのに用いる。
トルクレンチ：ボルト・ナットを一定のトルクで締め付ける。
ワイヤストリッパ：絶縁電線の被覆をはぎ取る。
ケーブルジャッキ：ドラムに巻いているケーブルを延線する。

27 ロ 金属ダクト工事
点検できない隠ぺい場所に施工できるのは、ケーブル工事・金属管工事・二種可とう電線管工事・合成樹脂管工事。
なお、フロアダクト工事は乾燥場所に施工できる。

28 ハ 接続部分において、電線の引張り強さが 30 [%] 減少した。
絶縁電線相互の接続は、
・電気抵抗を増加させない。
・電線の強さ(機械的強度)を 20 [%] 以上減少させない。
・接続器具を用いるか直接接続してろう付けし、充電部分の露出箇所には、絶縁効力のある物で被覆する。

29 イ ケーブル工事
高圧屋内配線の施工は、がいし引き工事か、ケーブル工事。

30 ロ DS は区分開閉器として施設される。
DS は断路器で、区分開閉器として施設するのは、高圧交流負荷開閉器である。なお、断路器を区分開閉器として使用できるのは、屋内又は金属製の箱に収めて屋外に施設し、かつ、これを操作するとき負荷電流の有無を容易に確認できる施設。

31 ハ 遮断器の操作電源の他、所内の照明器具として使用することができる。
VT は計器用変流器で、この容量は 50～200[VA] 程度で、照明用電源には使用できない。

32 イ 直列リアクトル容量は、一般に、進相コンデンサ容量の 5 [%] のものが使用される。
直列リアクトルの容量は、接続している進相コンデンサ容量の 6 [%] 又は 13[%] のもの。
進相コンデンサの開路後の残留電荷を放電させるのは、放電抵抗。

33 ニ 同一のケーブルラックに電灯幹線と動力幹線のケーブルを布設する場合、両者の間にセパレータを設けなければならない。
ケーブルラックに電灯幹線と動力幹線を布設する場合、接触してもよく、セパレータを設ける必要はない。

34 ニ 電灯幹線の分岐は、分岐点 a から電灯分電盤への分岐幹線の長さが 10 [m] であり、電源部に施設された過電流遮断器の 35 [%] の許容電流のある電線を使用したので、過電流遮断器 B を省略した。
分岐幹線が 10[m] の場合、過電流遮断器の 55[%] 以上の許容電流のある電線のとき省略可。また、35[%] の場合は、8[m] 以下のとき。
ロ の 50[A] を超える時は電動機の定格電流の 1.1 倍以上の許容電流の電線で、50[A] 以下の場合は、1.25 倍以上の許容電流の電線を用いる。ハ の幹線保護の過電流遮断器定格は、電動機定格電流の 3 倍以下で、電線の許容電流の 2.5 倍以下のもの。

35 ロ 絶縁物の表面の漏れ電流による誤差を防ぐため。
絶縁抵抗計の電圧によって、ケーブルの端末部に表面(漏れ)電流が流れて、測定値に誤差が生じる。漏れ電流が流れる部分に電線を巻き付けてガード端子に接続して誤差を防ぐ。

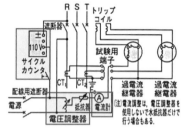

36 イ 電力計

過電流継電器と遮断器の連動試験

37 ニ 対地電圧 100 [V] の電灯回路の漏えい電流を測定した結果、0.5[mA] であった。

電路の使用区分		絶縁抵抗値
300 V 以下	対地電圧 150 V 以下	0.1 MΩ
	その他の場合	0.2 MΩ
300 V を超えるもの		0.4 MΩ

絶縁抵抗測定が困難な場合は、漏えい電流が 1[mA] 以下であること。

38 ハ 最大電力 400[kW] の需要設備の 6.6[kV] 変圧器に電線を接続する作業。
第一種電気工事士が施工できるのは、自家用電気工作物(最大電力 500[kW] 未満の需要設備)で、ニ の配電用変電所は需要設備にあたらない。また、イ・ロ は電気工事士でなくてもできる作業。

39 ロ 自家用電気工作物で最大電力 500[kW] 未満の需要設備の非常用予備発電装置に係る電気工事の作業に従事することができる。
非常用予備発電装置工事は、特殊電気工事資格が必要で、第一種電気工事士では、作業はできない。

40 ロ 定格電流 60[A] の配線用遮断器
配線用遮断器・漏電遮断器・箱開閉器などは、100[A] 以下の物が特定電気用品となる。
150[V] 以上 300[V] 以下、3[kW] 以下のかご形三相誘導電動機や単相電動機などは、特定電気用品以外の電気用品になる。

41 ニ 地絡方向継電器 DGR
地絡過電圧継電器　　過電流継電器　　比率作動継電器
  U=> OVGR　　 I> OCR　　 Id/I> PDFR

42 ニ イ:高圧用進相コンデンサ　 ロ:モールド形変圧器　 ハ:低圧用進相コンデンサ
VCT:電力需給用計器用変成器

43 ハ VT:計器用変圧器　CT:変流器
変流器は、R相とT相に2台設置しアース側はまとめて結線してもよい。

44 ニ 計器用変圧器の短絡事故が主回路に波及するのを防止する。
 VT 1台につき限流ヒューズ2本必要。

45 イ DS 断路器　LS 避雷器　EA A種接地工事
 断路器　 避雷器
ロ.　ハ.　ニ.

46 ハ 高圧電路の電流を変流する。
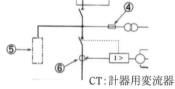 
CT:計器用変流器

47 ハ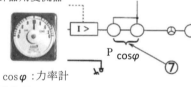
P:電力計 [kW]　cosφ:力率計
A:電流計、Hz:周波数計
P cosφ

48 ハ LBS (PF付)
限流ヒューズ付高圧交流負荷開閉器

49 ニ Δ-Δ 結線なので単相変圧器を3台
(3台)

50 ロ 2.6
変圧器金属製外箱はA種接地工事
:2.6[mm] 以上、10[Ω]以下

解答

平成21年度 筆記試験 解答

1 ロ 電極の面積 S に比例する。

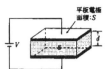

コンデンサの静電容量 C [F] は、
$$C = \frac{Q}{V} = \varepsilon \frac{S}{d}$$
・電圧 V に反比例
・電極の離隔距離 d に反比例
・誘電率 ε に比例

2 ニ 1200

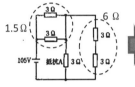
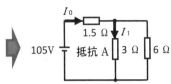

合成抵抗 $R_0 = 1.5 + \frac{3 \times 6}{3+6} = 3.5$ [Ω]

電流 $I_0 = \frac{105 \text{ V}}{3.5 \text{ Ω}} = 30$ [A]　$I_1 = \frac{6}{3+6} \times 30 = 20$ [A]

抵抗 A (3 Ω) での消費電力
$P_A = I_1^2 \times R_A = 20^2 \times 3 = 400 \times 3 = 1200$ [W]

3 イ 350

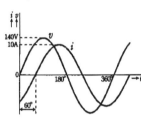

電圧実効値 $V = \frac{V_m}{\sqrt{2}} = \frac{140}{\sqrt{2}} = 70\sqrt{2}$ [V]

電流実効値 $I = \frac{I_m}{\sqrt{2}} = \frac{10}{\sqrt{2}} = 5\sqrt{2}$ [A]

電流と電圧の位相差 $\theta = 60°$
有効電力 $P = V \cdot I \cdot \cos\theta$ [W]
$= 70\sqrt{2} \times 5\sqrt{2} \times \cos 60°$
$= 350 \times 2 \times 0.5 = 350$ [W]

4 イ $\frac{40}{\sqrt{3}}$

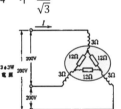

△→Y 変換
$Z_Y = \frac{Z_\Delta}{3} = \frac{12}{3} = 4$ [Ω]

相電圧 E

$Z = \sqrt{4^2 + 3^2} = \sqrt{16+9} = \sqrt{25} = 5$ [Ω]　$E = \frac{V}{\sqrt{3}} = \frac{200}{\sqrt{3}}$

$I = \frac{E}{Z} = \frac{\frac{200}{\sqrt{3}}}{5} = \frac{40}{\sqrt{3}}$ [A]

5 ロ 可動鉄片形　交・直流

イ. 誘導形 交流　ハ. 可動コイル形 直流　ニ. 静電形 交・直流

6 ニ a 50　b 40

需要率 $= \frac{最大需要電力 \text{ [kW]}}{設備容量 \text{ [kW]}} \times 100 = \frac{250}{500} \times 100 = 0.5 \times 100 = 50$ [%]

平均需要電力 $= \frac{72,000 \text{ [kWh]}}{30 \text{ 日} \times 24 \text{ 時間}} = \frac{72,000}{720} = 100$ [kW]

負荷率 $= \frac{平均需要電力 \text{ [kW]}}{最大需要電力 \text{ [kW]}} \times 100 = \frac{100}{250} \times 100 = 0.4 \times 100 = 40$ [%]

7 イ $\frac{V^2}{X_C - X_L}$

インピーダンス $Z = X_C - X_L$

相電圧 $E = \frac{V}{\sqrt{3}}$

線電流 $I = \frac{E}{Z} = \frac{\frac{V}{\sqrt{3}}}{X_C - X_L} = \frac{V}{\sqrt{3} \times (X_C - X_L)}$

無効電力 $Q = \sqrt{3} \cdot V \cdot I$
$= \sqrt{3} \times V \times \frac{V}{\sqrt{3} \times (X_C - X_L)}$
$= \frac{V^2}{X_C - X_L}$

8 ハ c

電動機の始動電流・始動時間（破線）ともに、モーターブレーカの動作が後からにならなければいけないので、a・b は不適。破線により近い電流値・時間のものを選出する。

9 ハ 1.92

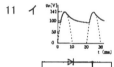

$\cos\theta = \frac{I}{50} = 0.8$ より
$I = 50 \times 0.8 = 40$ [A]

三相の線路電力損失
$P_l = 3 \cdot I^2 \cdot R = 3 \times 40^2 \times 0.4 = 1,920$ [W] $= 1.92$ [kW]

10 イ Y、E、H

耐熱クラス	Y	A	E	B	F	H	N	R	250
許容温度[℃]	90	105	120	130	155	180	200	220	250

許容最高温度の低い順：Y → E → H

11 イ

電源電圧実効値＝100 [V]、
周波数＝50 [Hz]
半波整流（平滑）回路より
最大値 $= \sqrt{2} \times 100 = 141$ [V]
周期 $= \frac{1}{f} = \frac{1}{50} = 20$ [ms]

12 ロ 50

電熱器の熱量 $H = 1$ [kW・h] $= 1 \times 60 \times 60 = 3600$ [kJ]
水1リットルを1℃上げるのに 4.2 [kJ] の熱量が必要。
→水10リットルを1℃上げるのに 42 [kJ] の熱量が必要。
→水10リットルを43℃上げる熱量 $Q = 42 \times 43 = 1806$ [kJ] $= \eta \cdot H$

熱効率 $\eta = \frac{Q}{H} \times 100$ [%] $= \frac{1806}{3600} \times 100 ≒ 50.2$ [%]

13 ハ 即時（約1秒）点灯が可能である。
点灯にグロー放電管を必要としないで、安定器にフィラメント予熱回路を組み込むことで、フィラメントが加熱されるとともに圧が加わり、即時点灯が可能になる。

14 ロ ケーブルを延線するとき、引っ張るのに用いる。
　写真は、延線用グリップ。

15 イ シーリングフィッチング

耐圧防爆金属管工事で、配管内の爆発が伝搬拡大するのを防止する。

16 ニ ペルトン水車　フランシス水車　プロペラ水車

水車の種類	落差	
ペルトン水車	高落差	200 m 以上
フランシス水車	中落差	50 ～ 500 m
プロペラ水車	低落差	3 ～ 90 m

17 ロ がいしにアークホーンを取り付ける。

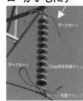

送電線の耐張がいしの両端に取り付け雷などの異常電圧が侵入したら、アークホーンで放電させて、がいしの損傷を防止する。イのダンパは風による送電線の振動防止。ハ・ニは、送電線の塩害対策。

18 ハ 一般に使用されているプロペラ形風車は、垂直軸形風車である。
水平軸形風車で、風速によって翼の角度を変えるなど風の強弱によって出力が調整できるようになっている。

19 イ 275[kV]の送電線は、一般に中性点非接地方式である。
電線路や電力機器の保安や絶縁の軽減などのために行われる、変圧器中性点の接地方式である。主な目的は、電撃によるアーク接地などによる、電線路の異常電圧の発生を防止する。地絡事故時の健全相の電圧上昇を抑制し電線路・電力機器の絶縁を軽減する。地絡事故時に中性点を通じて電流を流し、保護継電器が確実に動作する電流・電圧を確保し、事故区間を早期に開放する。275[kV]送電線では、一般的に直接接地方式が採用されている。

20 ニ 変流器の二次側を短絡した後、電流計を取り外す。

CT変流器は、一次側(高圧側)を通電したまま二次側を開放してはならない。開放すると、二次側に高電圧が発生して、絶縁破壊を起こすことがあるので、一旦二次側を短絡してから電流計の取り外し、交換する。

21 ハ 自家用の引込みケーブルに短絡事故が発生したとき、自動遮断する。

自家用設備の地絡事故を検出して、高圧交流負荷開閉器を開放するもので、短絡事故電流では遮断できない。短絡電流で遮断するのは、遮断器などである。

22 ニ 遮へい端部の電位傾度を緩和する。

写真は、CHケーブルヘッドのストレスコーンで、遮へい銅テープの端部に電気力線が集中して絶縁破壊を起こすのを防ぐ。

23 イ ヒューズが溶断したとき連動して、開閉器を開放する。

写真矢印は、高圧限流ヒューズのストライカで、ヒューズが溶断したとき突出して、高圧交流負荷開閉器を開放する。

24 ハ VVFとは、移動用電気機器の電源回路などに使用する塩化ビニル樹脂を主体としたコンパウンドを絶縁体およびシースとするビニル絶縁ビニルキャブタイヤケーブルである。
VVFは、ビニル絶縁ビニルシースケーブルで、屋内配線などに広く使用される。

25 イ 遅延スイッチ

ロ:熱線式自動スイッチ

ハ:リモコンセレクタスイッチ

ニ:3路スイッチ ●₃

26 ニ 油圧式パイプベンダ

太い金属管を曲げるのに用いる。

イ:延線ローラ 太い電線やケーブルの延線時に用いる。

ロ:ケーブルジャッキ ドラムに巻いてあるケーブルを延線するときに用いる。

ハ:トルクレンチ ボルトやナットを一定のトルクで締め付けるのに用いる。

27 ロ 電線の長さが短くなったので、金属管内において電線に接続点を設けた。
金属管・合成樹脂管などの電線管内で電線の接続点を設けてはならない。

28 ハ ライティングダクトの開口部を人が容易に触れるおそれがないので、上向きに取り付けた。
ライティングダクトの開口部は、ゴミ・埃等の浸入を防ぐために、下向きに施設するのが原則。支持間は2[m]以下で、終端部は閉塞し、造営材を貫通して施設してはならない。

29 ロ ケーブルを造営材の下面に沿って水平に取り付け、その支持点間の距離を3[m]にして施設した。
ケーブル工事の支持は、造営材の側面または下面に沿って水平に取り付ける場合、2[m]以下で、垂直に取り付けた場合は、6[m]以下。キャブタイヤケーブルの場合は、1[m]以下にする。

30 ニ 地絡継電装置には方向性と無方向性があり、他の需要家の地絡事故で不必要な動作を防止するために、無方向性のものを取り付けた。
需要家構内で生じた地絡事故時に他への波及事故を防ぐためには、ZCT零相変流器とZPD零相基準入力装置を設置した、DGR地絡方向継電器を取り付ける。

31 ニ 過電流継電器
PF付・S形は、限流ヒューズと高圧交流負荷開閉器で高圧受電設備の主遮断装置としているもので、CB形が高圧交流遮断器を主遮断装置とするので、OCR過電流継電器を必要とする。

32 ロ 鳥獣類などの小動物が侵入しないようにする。
高圧受電設備内に鳥獣類などの小動物が侵入すると、相間短絡事故や地絡事故が発生させることがあるので、侵入できないように必要以上の開口部を設けないようにする。

33 ロ 高圧進相コンデンサの金属製外箱に施す接地線に、断面積5.5[mm²]の軟銅線を使用した。
高圧進相コンデンサの金属製外箱は、A種接地工事になるので、直径2.6[mm](5.5[mm²])以上の軟銅線の接地線で、接地抵抗は10[Ω]以下にする。

34 ハ 低圧電路に漏電遮断器を設けた場合、接地抵抗値を500［Ω］まで緩和できる。
⑤は、三相変圧器の二次側（低圧側）の中性点または低圧側1端子で、B種接地工事になる。B種接地工事は、直径2.6［mm］（5.5［mm²］）の軟銅線の接地線で、接地抵抗値は、高圧側1線地絡電流を I としたとき、150/I［Ω］以下とする。ただし、混触時に1秒を超え2秒以内に遮断する装置を設けるとき、300/I［Ω］以下、1秒以内に遮断する装置を設けるとき、600/I［Ω］以下とする。

35 イ 最大使用電圧が6.9［kV］のCVケーブルを直流10.35［kV］の試験電圧で実施する。
高圧ケーブルを直流で絶縁耐力試験をする場合、交流試験電圧の2倍の直流試験電圧で連続10分間以上で実施する。
交流試験電圧は、最大使用電圧の1.5倍。
6.9 kV ×1.5＝10.35［kV］
直流の場合をこの10.35［kV］の2倍（20.7［kV］）とする。

36 ハ 変圧器の温度上昇試験
竣工検査は、外観検査・接地抵抗測定・絶縁抵抗測定・絶縁耐力試験・保護継電器試験・遮断器関係試験で、変圧器の温度上昇試験は行わない。

37 ニ OCRの円盤が回転し始める始動電圧を測定する最小動作電圧試験
OCR誘導形過電流継電器の試験項目は、
(1) 動作電流特性試験
・限時要素　動作時間目盛を1にして、電流を徐々に増加させ継電器、遮断器の動作時の電流を測定する。
・瞬時要素　限時要素が動作しないようにロックして、電流を瞬時に増加させ動作電流を測定する。

(2) 動作時間特性試験
・限時要素　動作時間目盛10と選定目盛について、選定値の300［％］の電流を急激に加えたときの動作時間を測定する。
・瞬時要素　最小動作電流値で、選定値の200［％］の電流を急激に流して動作時間を測定する。（サイクルカウンタ）
以上が試験項目であつので、最小動作電圧試験は行わない。

38 ロ 絶縁耐力試験装置
自家用電気工作物の電気工事を行う営業所ごとに備え付ける器具は、・絶縁抵抗計＊・接地抵抗計＊・回路計＊・低圧検電器・高圧検電器・継電器試験装置・絶縁耐力試験装置で、継電器試験装置と絶縁耐力試験装置は、必要な時に使用し得る措置が講じられていれば備えているとみなされる。
（注　＊印は、一般用電気工作物の電気工事を行う営業所が備える器具）

39 ハ 電気機器（配線器具を除く）の端子に電線をねじ止め接続する。
軽微な工事で電気工事と見なされず、電気工事士の資格がなくてできる作業は次の各工事。

①電圧600［V］以下で使用する差込接続器、ローゼット、ナイフスイッチ等の開閉器にコード又はキャブタイヤケーブルを接続する。
②電圧600［V］以下で使用する電気機器（配線器具を除く）又は蓄電池の端子に電線をねじ止めする工事。
③電圧600［V］以下で使用する電力量計もしくは電流制限器又はヒューズを取り付け、又は取り外す工事。
④電鈴、インターホン、火災報知器等に使用する小型変圧器（二次電圧が36［V］以下のものに限る）の二次側の配線工事。
⑤電線を支持する柱、腕木等を設置したり変更する工事。
⑥地中電線路用の暗渠又は管を設置したり変更したりする工事。

40 ハ 第一種電気工事士免状の交付を受けた日から7年以内に自家用電気工作物の保安に関する講習を受けなければならない。
5年以内に自家用電気工作物の保安に関する講習を受けなければならない。

41 ロ
MCCB配線用遮断器の図記号。
イは、負荷開閉器　ハは、断路器の図記号。

42 ハ メーク接点ON－ブレーク接点OFFの押しボタンスイッチ。

43 イ 三相誘導電動機のY－Δ始動制御回路で、Y結線時（MC-1励磁）とΔ結線時（MC-2励磁）が同時に動作しないように互いに他方のブレーク接点を設置する。

44 ニ 電動機が過負荷で停止中に点灯する。
表示灯でTHR熱動継電器のメーク接点になるので、電動機が過負荷になり加熱して熱動継電器が動作して、ブレーク接点が動作し、主接点MCが消磁（OFF）になり電動機が停止し、同時④の表示灯のメーク接点により点灯する。

45 ニ  MC-2がON時に誘導電動機がΔ結線になる。U,V,WからX,Y,Zが一筆描きで繋がるようにする。

46 ハ 零相電流を検出する。
①はZCT零相変流器で、零相電流を検出して地絡事故時にDGR地絡方向継電器を経て開閉器の開放動作をする。

47 イ VCT
②は、電力需給用計器用変成器で、高圧回路の電圧・電流を低電圧・小電流に変成して、電力量計に接続する。

48 ニ ③は、VT計器用変圧器の高圧限流ヒューズPF。
計器用変圧器の内部短絡事故が主回路に波及するのを防止するためのもので1台に2個設置され、V-V結線で2台使用するので限流ヒューズは4本必要。
イ、ロ は、高圧カットアウト PC用ヒューズ。

49 ニ D種接地工事
 VT計器用変圧器二次側の接地工事なので、D種接地工事。

50 イ CVTケーブルは、トリプレックス形架橋ポリエチレン絶縁ビニルシースケーブルで3本撚り。2本撚りをCVDデュプレックス形、ロの4本撚りをCVQカドラプレックスと呼ばれる。
撚り本数が多くなるほど放熱性能が悪くなるので、同一経における許容電流値が減少していく。
ハ は、VVR 3芯、ニ は4芯ケーブル。

平成20年度　筆記試験　解答

1　イ　[V/m]
電界の強さの単位は イ で、ロの [F] はコンデンサの静電容量、ハの [H] はコイルのインダクタンス、ニの [A/m] は磁界の強さの各単位。

2　ハ　5
10 [μF] のコンデンサに 1000 [V] の電圧を加えた時に静電エネルギーは、
$$W = \frac{C \cdot V^2}{2} = \frac{(10 \times 10^{-6}) \times 1000^2}{2} = 5\,[J]$$
この 5 [J] が全て放電により抵抗で熱エネルギーで消費される。

3　イ　2

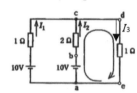

スイッチ S を閉じても電流計に電流が流れない時、ブリッジは平衡状態で、
$\frac{6 \times 3}{6+3} = \frac{18}{9} = 2\,[\Omega]$
$4 \times R_a = 2 \times 8 = 16$ より
$R_a = 2 \times R = 4$ より
∴ $R = \frac{4}{2} = 2\,[\Omega]$

4　ハ　$I_1 + 3I_2 = 10$

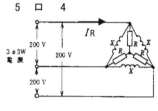

キルヒホッフの第1法則より、$I_1 + I_2 = I_3$ とする。第2法則：閉回路中の起電力の和と電圧降下の和が等しい。
$10 = 2 \cdot I_2 + 1 \cdot I_3 = 2 \cdot I_2 + 1 \cdot (I_1 + I_2)$
$= 2 \cdot I_2 + I_1 + I_2 = I_1 + 3 \cdot I_2$

5　ロ　4

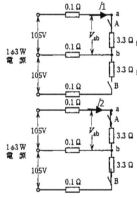

消費電力Pは、抵抗素子における有効電力になるので、Δ結線のリアクタンスは無視できる。
Y結線の抵抗Rの相電圧Eは、
$E = \frac{V}{\sqrt{3}} = \frac{200}{\sqrt{3}}$
線電流＝相電流： $I_R = \frac{E}{R} = \frac{\frac{200}{\sqrt{3}}}{10} = \frac{20}{\sqrt{3}}$
三相有効電力　$P = \sqrt{3} \cdot V \cdot I_R = \sqrt{3} \times 200 \times \frac{20}{\sqrt{3}}$
$= 4000\,[W] = 4\,[kW]$

6　ロ　約 3 [V] 上がる。

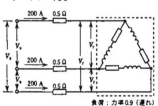

A：閉、B：開
$I_1 = \frac{105}{0.1 + 3.3 + 0.1} = \frac{105}{3.5} = 30\,[A]$
$V_{ab1} = 30 \times 3.3 = 99\,[V]$

A：閉、B：閉
$I_2 = \frac{210}{0.1 + 3.3 + 3.3 + 0.1} = \frac{210}{6.8} ≒ 31\,[A]$
$V_{ab2} = 31 \times 3.3 ≒ 102.3\,[V]$

V_{ab1} から V_{ab2} は、約 3 [V] 上がっている。

7　ハ　156

三相線路電圧降下
$v_r = \sqrt{3} \times I \times (r \cdot \cos\theta + x \cdot \sin\theta)$
$I = 200\,[A], r = 0.5\,[\Omega], x = 0\,[\Omega]$
$\cos\theta = 0.9$ より
$v_r = \sqrt{3} \times 200 \times (0.5 \times 0.9 + 0 \times \sin\theta)$
$≒ 155.7\,[V] ≒ 156\,[V]$

8　ロ　3.8
線路1相あたりインピーダンス　$Z = \sqrt{r^2 + x^2} = \sqrt{0.6^2 + 0.8^2} = 1\,[\Omega]$
三相相電圧　$E = \frac{V}{\sqrt{3}} = \frac{6600}{\sqrt{3}}$
P 点 三相短絡電流
$I_s = \frac{E}{Z} = \frac{\frac{6600}{\sqrt{3}}}{1} = \frac{6600}{\sqrt{3}} ≒ 3811\,[A] ≒ 3.8\,[kA]$

9　ロ　70　$P = 120\,[kW]$

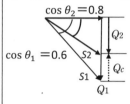

力率 $\cos\theta_1 = 0.6$ において
皮相電力　$S_1 = \frac{P}{\cos\theta_1} = \frac{120}{0.6} = 200\,[VA]$
無効電力　$Q_1 = \sqrt{S_1^2 - P^2} = \sqrt{200^2 - 120^2} = 160\,[kVar]$

力率 $\cos\theta_2 = 0.8$ において
皮相電力　$S_2 = \frac{P}{\cos\theta_2} = \frac{120}{0.8} = 150\,[VA]$
無効電力　$Q_2 = \sqrt{S_2^2 - P^2} = \sqrt{150^2 - 120^2} = 90\,[kVar]$

コンデンサ容量　$Q_c = Q_1 - Q_2 = 160 - 90 = 70\,[kVar]$

10　ハ　$\frac{\sqrt{3}}{2}$
単相変圧器2台 V 結線使用時の利用率は、
利用率 $= \frac{三相出力}{単相変圧器2台の容量} = \frac{\sqrt{3} V \cdot I}{2 \times V \cdot I} = \frac{\sqrt{3}}{2} ≒ 0.866$

11　ハ　486
定格電圧 100 [V]、定格消費電力 1 [kW] 電熱器の抵抗 R は、
$R = \frac{V^2}{P} = \frac{100^2}{1000} = \frac{10000}{1000} = 10\,[\Omega]$
電源電圧 90 [V]、10 分間使用時の発生熱量 H は、
$H = P \cdot t = \frac{V^2}{R} \cdot t = \frac{90^2}{10} \times 10 \times 60 = \frac{8100}{10} \times 600$
$= 486000\,[J] = 486\,[kJ]$

12　ロ　50

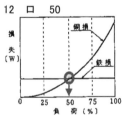

変圧器が最大効率になる条件は、
鉄損＝銅損。
図より、負荷が 50 [%] のとき。

13　ロ　100
照度 E [lx] は、光度 I [cd] に比例し、距離 h [m] の2乗に反比例。
a 点の照度 100 [lx] で b 点は、
光度　$I \to 4I$ ：4倍　→　照度：4倍
距離 1 [m] → 2 [m]：2倍　→　照度：1/4倍
　　　　　　　　　　　　　　　　　　　　1倍

14　イ　固定子鉄心

ロ、固定子巻線
ニ、固定子鉄心
ハ、ブラケット

15　ニ　断熱材の下に使用できる。

　　　　断熱材・遮音材をカットせずに、すっぽりと
　　　　器具の取り付け、冷暖房中の空気や音が
　　　　天井裏に抜けにくい。
　　　　　省エネ・遮音効果がアップする。

16　イ　ディーゼル機関の動作工程は、吸気→爆発(燃焼)→圧縮→
　　　排気である。
　　　　正しくは、吸気→圧縮→爆発(燃焼)→排気である。
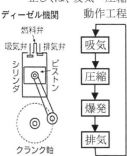

・吸気弁が開いて、シリンダ内に空気を吸入する。
・吸気弁が閉じて、空気を圧縮・高温にする。
・霧状の燃料を噴射し爆発的に燃焼させ、ピストンを押し下げクランク軸を回転させる。
・ピストンを押し上げて、排気弁を開いて燃焼ガスを排気する。

17　イ　同じ容量の電力を送電する場合、送電電圧が低いほど送電
　　　損失が小さくなる。
　　　　同じ容量で電力を送電するのに電圧が、低ければ電流が大きくなる。送電損失は、線路電流が大きくなれば2乗倍に大きくなる。ロ の受電端電圧が送電端電圧よりも高くなることをフェランチ効果といい、ニ の電線の中心部より外側の方が単位断面積当たりの電流が大きいのは、表皮効果で高周波数のときに現れる。

18　ニ　燃料電池本体から発生する出力は交流である。
　　　　電解質を挟んだ2つの電極に「水素(燃料)」と「酸素」を送り込んで電気化学反応で水を発生させ、同時に電気を取り出し出力は直流電気になる。

19　ニ　コージェネレーションシステム
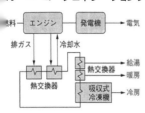
　　　　　コージェネレーション(熱電併給)システムは、ディーゼルエンジンなどによって発電する際に発生する排熱を回収して給湯や冷暖房などに利用することで、総合的に熱効率を向上させるシステム。
　　　　　イ の再生再生システムは、大容量の火力発電所で、ハ のコンバインドサイクル発電システムは、ガスタービンで発電機を駆動するシステム。

20　ニ　160
　　　　高圧交流遮断器の遮断容量 $[MV \cdot A] = \sqrt{3} \cdot V_n \cdot I_n$
　　　　　$= \sqrt{3} \times 7.2 \times 12.5 \fallingdotseq 155.9 \,[MV \cdot A] \fallingdotseq 160 \,[MV \cdot A]$

21　ニ　機器や配線が直接目視できるので、日常点検が容易である。
　　　　キュービクル式高圧受電設備は、コンパクトであるため、直接目視できる配線や機器が限られる。

22　イ　地震時等にブッシングに加わる荷重を軽減する。

　　　　地震時に可とう性のないブッシングに懸かる圧力を吸収する。

23　ニ　開閉部で負荷電流を切ったときに発生するアークを消す。
　　　　高圧交流負荷開閉器の消弧室

　　　　　アークは、周囲の消弧剤(けい砂)の中に広がり消滅する効果がある。

24　ハ　単相 200 [V] 回路のエアコン用のコンセントに下図のような極数、極配置のコンセントを使用した。
　図は、接地極付 125 [V] 15 [A] コンセントを表し、200 [V] 用は右図のコンセント。

25　ハ　ねじを一定のトルクで締め付ける。
　写真は、トルクドライバー。

26　イ　亜鉛めっき鋼より線、玉がいし、アンカ
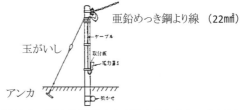

27　ハ　B種接地工事の接地線を人が触れるおそれのある場所の地下75 [cm] から地表上 2 [m] までの部分において、CD管を用いて保護した。
　　　　A種・B種接地工事に使用する接地線を人が触れるおそれがある場所に施設する場合、厚さ 2 [mm] 未満の合成樹脂製電線管および合成樹脂管(CD管を除く)で保護する。
　　　　接地線は、絶縁電線(OW 線を除く) 又は、通信ケーブル以外のケーブル。
　　　　接地極は、900 [cm²] 以上で、地表面下 0.75 [m] 以上の深さに施設する。

28　ロ　地中電線路を管路式により施設する場合に、車両、その他の重量物の圧力に耐える管を使用し、絶縁電線を施設した。
　　　　地中電線路の使用電線は、ケーブル。
　　　　管路式では、管径 200 [mm] 以下の、JIS に適合する波付硬質合成樹脂管(FEP)等にケーブルを収めて、0.3 [m] の埋設深さで施設する。

29　イ　点検できない隠ぺい場所にビニル絶縁ビニルキャブタイヤケーブルを使用して施設した。
　　　　キャブタイヤケーブルを除くケーブル工事は、すべての場所に施工可能。キャブタイヤケーブルとは、固定配線を必要としない移動用電力供給ケーブルのこと。

30　ニ　ストレスコーンは雷サージ電圧が侵入したとき、ケーブルのストレスを緩和するための物である。

　　　　ストレスコーンは、ケーブルの遮へい層(外部半導電層)切断部の遮へい銅テープの端に設けて、電気力線の集中を緩和することで絶縁破壊を防止する。

31　イ　ポリエチレン被覆鋼管　舗装下面から 0.2 [m]
　　　　高圧地中電線路(管路式)の施設は、ポリエチレン被覆鋼管、硬質塩化ビニル管、波付硬質合成樹脂管等を使用し、地表(舗装)面下 0.31 [m] 以上埋設。

32 ニ 地表上 2[m]　地表下 0.2[m]
ケーブルの立下げ、立上げの地上露出部分および地表付近は、堅ろうな管などで、地表から 2[m] 以上、地表下 0.2[m] 以上を防護する。

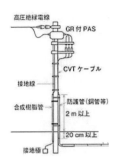

33 ロ コンクリート製支持台を 3[m] の間隔で造営材に堅ろうに取り付け、造営材とケーブルとの離隔距離を 0.3[m] として施設した。
高圧屋上電線路は、電線はケーブルを使用し、電線を展開した場所において、造営材に堅ろうに取り付けた支持台等により支持し、造営材との離隔距離を 1.2[m] 以上として施設する。

34 ロ ケーブルの絶縁耐力試験を直流で行う場合の試験電圧は、交流の 1.5 倍である。
絶縁耐力試験の交流試験電圧は、最大試験電圧の 1.5 倍で、高圧ケーブルの場合は、交流試験電圧の 2 倍の直流試験電圧を連続して 10 分間加えて行う。

35 ニ 検相器
高圧受電設備の定期検査は、外観検査(目視)・接地抵抗測定(接地抵抗計)・絶縁抵抗測定(絶縁抵抗計)・保護継電器試験(継電器試験装置)・遮断器関係試験・絶縁油の試験(絶縁油耐電圧試験装置)
検相器は、相順の検査を調べる物で、竣工時に行うもので、定期点検では通常行わない。

36 ニ 電力量計　無効電力量計

$$平均力率 = \frac{有効電力}{\sqrt{有効電力^2 + 無効電力^2}}$$

により、平均力率は求められるので必要計器は、電力量計(有効電力量計)と無効電力量計になる。

37 ロ 真空度測定
変圧器の劣化診断は、外観試験により絶縁油の濁りやごみがあるか確認し、絶縁耐力試験で絶縁破壊電圧を測定し、全酸価試験で絶縁油の酸価度を測定する。
真空度測定は、真空遮断器等で行う。

38 ロ 600[V] を超え 7000[V] 以下
電気設備技術基準による電圧区分は次表の通り。

低　圧	交流 600[V]以下	直流 750[V]以下
高　圧	～7,000[V]	
特別高圧	7,000[V]を越えるもの	

39 ハ 定格電圧 150[V] の携帯発電機
定格電圧 30[V] 以上 300[V] 以下の携帯発電機は、特定電気用品で を表示する。
フロアダクトは、特定電気用品以外の電気用品で、進相コンデンサ及び電力量計は、電気用品安全法の電気用品に該当しない。

40 イ 営業所ごとに、法令に定められた電気主任技術者を選任しなければならない。
電気工事業の業務の適正化に関する法律において定められてる、営業所ごとに選任しなければならないのは、主任電気工事士。主任電気工事士は、第一種電気工事士または第二種電気工事士で 3 年以上の実務経験のある者。

41 ロ 自家用設備の地絡事故を検出し、高圧交流負荷開閉器を開放する。
区分開閉器のDGR付PAS(地絡方向継電器装置付高圧交流負荷開閉器)である。

42 ハ
②は、ケーブルヘッドの端末処理で、ハ の合成樹脂管用カッタで、硬質塩化ビニル電線管を切断する際に使用する工具。
ケーブルの端末処理には、ロ の金切ノコで切断、イ の電工ナイフでケーブル被覆のはぎ取り、ニ の半田ごてで、電線接続などに使用する。

43 イ ③ は、VCT(電力需給用計器用変成器)から接続されている計器であるので、電子式電力量計で最大電力なども表示できる。
ロ は、普通電力量計で一般家庭用などに使用され、ハ は力率計、ニ は無効電力計である。

44 ハ 6 又は 7
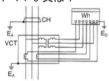
VCT から Wh 電力量計の接続で、VT(計器用変圧器)から3本、CT(変流器)から 3～4本の接続となる。

45 ロ 2
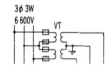
VT(計器用変圧器)で、V結線の2個接続。

46 ニ 電力計　力率計
CT二次側→OCR(過電流継電器)からの接続で、VCT二次側と並列に接続されているので、電力計・力率計の組み合わせとなる。

47 ニ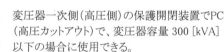
⑥は、OCR(過電流継電器)。
イ の U< は、UVR(不足電圧継電器)、ロ の U> は、OVR(過電圧継電器)、ハ の I↓> は、GR(地絡継電器)である。

48 ニ 変圧器一次側(高圧側)の保護開閉装置でPC(高圧カットアウト)で、変圧器容量 300[kVA] 以下の場合に使用できる。
高圧進相コンデンサの場合、50[kVar] 以下の時に開閉装置として使用できる。
イ は、DS(断路器)。　ロ は、VCB(高圧真空遮断器)。
ハ は、LBS(高圧交流負荷開閉器)。

49 イ コンデンサの残留電荷を放電する。
⑨ は、SR(直列リアクトル)で、高圧進相コンデンサと直列に接続して、電路の電圧波形ひずみの軽減(主に第5調波)、コンデンサ投入時の突入電流の抑制をする。コンデンサリアクトルの 6[％] を標準とする。
残留電荷を放電するのは、コンデンサに並列に接続する放電抵抗。

50 イ
⑩ は、高圧機器(変圧器)の金属製外箱の接地であるので、A 種接地工事になる。